	1B	2B	3B	4B	5B	6B	7B	0
10	11	12	13	14	15	16	17	18
								₂He ヘリウム 4.003
			₅B ホウ素 10.81	₆C 炭素 12.01	₇N 窒素 14.01	₈O 酸素 16.00	₉F フッ素 19.00	₁₀Ne ネオン 20.18
			₁₃Al アルミニウム 26.98	₁₄Si ケイ素 28.09	₁₅P リン 30.97	₁₆S 硫黄 32.07	₁₇Cl 塩素 35.45	₁₈Ar アルゴン 39.95
₂₈Ni ニッケル 58.69	₂₉Cu 銅 63.55	₃₀Zn 亜鉛 65.41	₃₁Ga ガリウム 69.72	₃₂Ge ゲルマニウム 72.64	₃₃As ヒ素 74.92	₃₄Se セレン 78.96	₃₅Br 臭素 79.90	₃₆Kr クリプトン 83.80
₄₆Pd パラジウム 106.4	₄₇Ag 銀 107.9	₄₈Cd カドミウム 112.4	₄₉In インジウム 114.8	₅₀Sn スズ 118.7	₅₁Sb アンチモン 121.8	₅₂Te テルル 127.6	₅₃I ヨウ素 126.9	₅₄Xe キセノン 131.3
₇₈Pt 白金 195.1	₇₉Au 金 197.0	₈₀Hg 水銀 200.6	₈₁Tl タリウム 204.4	₈₂Pb 鉛 207.2	₈₃Bi ビスマス 209.0	₈₄Po ポロニウム (210)	₈₅At アスタチン (210)	₈₆Rn ラドン (222)
₁₁₀Ds ダームスタチウム (281)	₁₁₁Rg レントゲニウム (281)	₁₁₂Cn コペルニシウム (285)	₁₁₃Uut ウンウントリウム (278)	₁₁₄Fl フレロビウム (289)	₁₁₅Uup ウンウンペンチウム (289)	₁₁₆Lv リバモリウム (293)	₁₁₇Uus ウンウンセプチウム (294)	₁₁₈Uuo ウンウンオクチウム (294)

基本からわかる
電気電子材料 講義ノート

湯本雅恵 [監修]
青柳 稔・鈴木 薫・田中康寛・松本 聡・湯本雅恵 [共著]

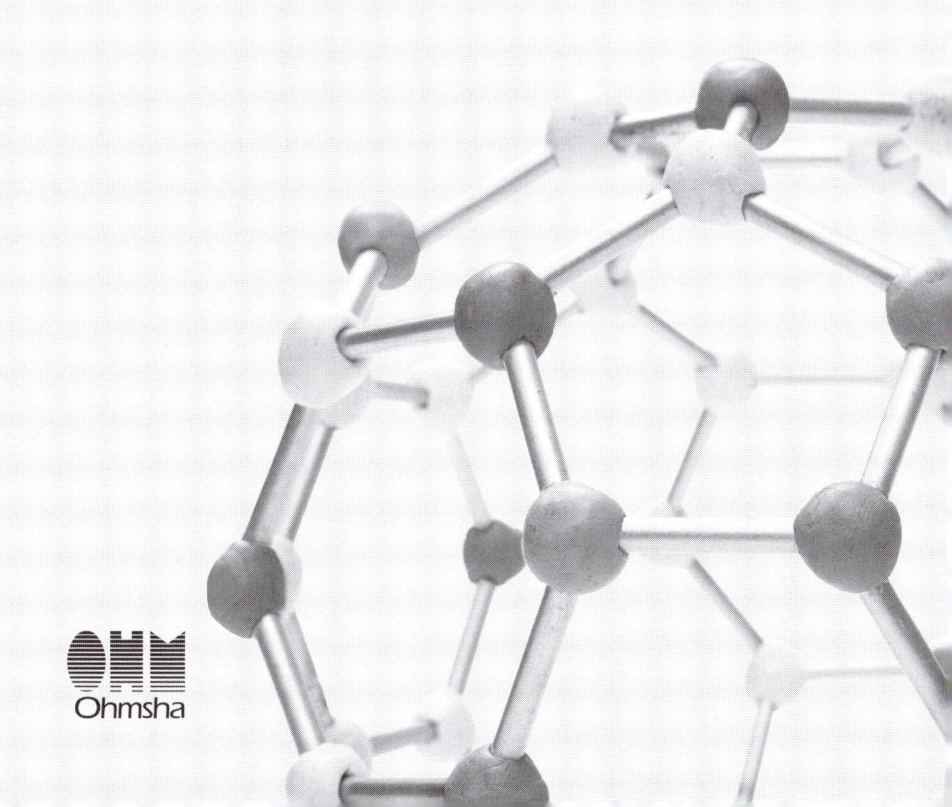

Ohmsha

本書を発行するにあたって，内容に誤りのないようできる限りの注意を払いましたが，本書の内容を適用した結果生じたこと，また，適用できなかった結果について，著者，出版社とも一切の責任を負いませんのでご了承ください．

本書は，「著作権法」によって，著作権等の権利が保護されている著作物です．本書の複製権・翻訳権・上映権・譲渡権・公衆送信権（送信可能化権を含む）は著作権者が保有しています．本書の全部または一部につき，無断で転載，複写複製，電子的装置への入力等をされると，著作権等の権利侵害となる場合があります．また，代行業者等の第三者によるスキャンやデジタル化は，たとえ個人や家庭内での利用であっても著作権法上認められておりませんので，ご注意ください．

本書の無断複写は，著作権法上の制限事項を除き，禁じられています．本書の複写複製を希望される場合は，そのつど事前に下記へ連絡して許諾を得てください．

出版者著作権管理機構
（電話 03-5244-5088，FAX 03-5244-5089，e-mail: info@jcopy.or.jp）

JCOPY ＜出版者著作権管理機構 委託出版物＞

監修のことば

　広く普及している数々の工業製品は，さまざまな物質を用いて作られています．たとえば，机は木あるいは金属を主にして作られていますが，単一の物質だけで作られているわけではありません．用途に合わせて製品を安全，なおかつ機能を高めるように各種の物質を使い分けています．電気電子工学の分野で用いられる装置も同様です．数多くの部品を組み込んで作られている製品が大部分です．たとえば，スマートフォンは多数の物質を用いた多くの機能を有する素子を組み合わせて作られています．これら，電気電子工学の分野で用いられる製品を構成している材料の中で，電気特性に関わる物質が電気電子材料です．

　このような電気電子工学の分野で作られている装置，機器あるいは素子や部品に用いられている材料は電気電子工学分野の発展する初期の段階では金属，ゴム，紙，繊維，磁器，鉱物や油といった天然資源が大部分を占めていました．その当時は，今と比べれば高い性能を要求されていたわけではなく，装置や機器を設計する際，これらの材料を選択するうえで，その巨視的な物性値，たとえば導電率あるいは抵抗率，誘電率そして透磁率といった物理量を把握することで十分に対応できていました．ところが，工学分野の発展に伴い，また原料の精製や合成技術などの進歩によって材料の品質が向上し，材料の用いられる環境は過酷になってきました．その結果，高い性能で信頼性の高い装置を設計するためには，巨視的な物性の理解だけでは対応できないことが増えています．たとえば，各種機器や素子は小型化や軽量化さらに省電力化に応えるために小さくなり，非常に高い電界の加わる場所が生じるようになっています．つまり，材料が電気的に破壊してしまうような高い電界の中に置かれた材料物性の理解が必要になっています．また，大量の情報を伝達するためには高い周波数を用いることが必須となり，光を扱う分野が広がっています．したがって，材料の周波数特性の把握が必要です．さらに，小さくてもパワフルな動力を生み出すために，あるいは精密測定のために非常に強い磁界を扱うことが増え，極低温を利用した超電導磁石が各方面で用いられるようになってきました．リニア新幹線あるいは医療用の診断装置などはその典型例です．

　一方，持続可能な社会を築くため，消費電力の少ない素子や機器の開発が日進月歩で進んでいます．ところが，素子の消費電力は低下しても小型化はそれ以上の早さで進んでいるため，局所的に消費する電力（電力密度）はむしろ高くなり，発熱による温度上昇に耐える材料が必要になっています．放熱の工夫が新しい素子の開発の鍵を握るように

なっているのが現状です．

そこで，本テキストでは以上のような技術動向の流れを汲んで，電気電子工学分野で用いられる材料の微視的に見た基本的な物性とあわせて，各種材料の製法や使途をまとめ，「なぜ」といった疑問に答えるヒントを与えられる内容になるように心がけました．テキストの構成は以下の通りです．

1章では微視的な視点での現象の理解が必要である理由をまとめてあります．

2章では材料物性を理解するための微視的な基礎知識をまとめてあります．

3章以降は多種の素子が用いられているスマートフォンの内部と照らし合わせて示します．

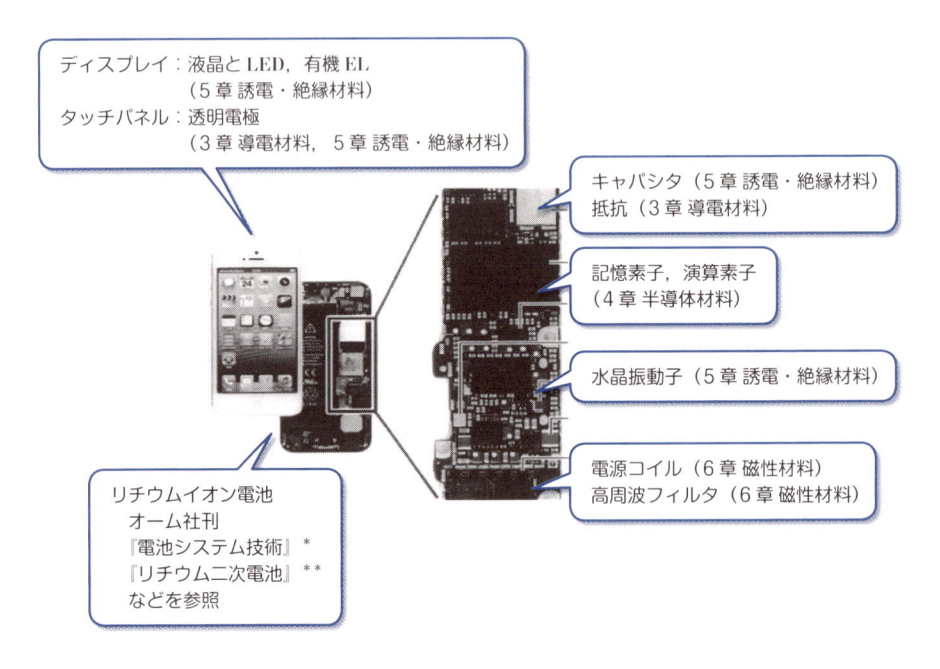

ディスプレイ：液晶とLED，有機EL
（5章 誘電・絶縁材料）
タッチパネル：透明電極
（3章 導電材料，5章 誘電・絶縁材料）

キャパシタ（5章 誘電・絶縁材料）
抵抗（3章 導電材料）

記憶素子，演算素子
（4章 半導体材料）

水晶振動子（5章 誘電・絶縁材料）

電源コイル（6章 磁性材料）
高周波フィルタ（6章 磁性材料）

リチウムイオン電池
オーム社刊
『電池システム技術』*
『リチウム二次電池』**
などを参照

それでは，電気電子材料が多方面で使われることを理解し，その幅の広さ，奥の深さに興味を持って勉強を進めましょう．

2015年5月

監修者　湯本雅恵

＊電気学会・移動体用エネルギーストレージシステム技術調査専門委員会『電池システム技術
―電気自動車・鉄道へのエネルギーストレージ応用』（2012）
＊＊小久見善八『リチウム二次電池』（2008）

目　次

1章　電気電子材料とは

1-1　電気電子材料とは何だろう …………………………… 2
1-2　さまざまな材料 …………………………………………… 6
1-3　電気電子材料のこれから ……………………………… 11
練習問題 …………………………………………………………… 12

2章　電気電子材料の基礎

2-1　物質の構成と電子 ……………………………………… 14
2-2　化学結合とエネルギーバンド図 ……………………… 21
練習問題 …………………………………………………………… 28

3章　導電材料

3-1　電気伝導 ………………………………………………… 30
3-2　温度による抵抗の変化 ………………………………… 34
3-3　導電材料と電線・ケーブル …………………………… 37
3-4　抵抗材料・抵抗器と発熱材料 ………………………… 44
3-5　配線・接触・接合材料 ………………………………… 51
3-6　導体／半導体／絶縁物の界面現象 …………………… 57
3-7　超電導材料 ……………………………………………… 63
練習問題 …………………………………………………………… 72

4章　半導体材料

4-1　半導体とは ……………………………………………… 74

4－2	シリコンと真性半導体	76
4－3	不純物半導体	82
4－4	ダイオード	86
4－5	トランジスタ	90
4－6	化合物半導体	99
4－7	半導体の製造プロセスの概要	105
4－8	CMOSの製造工程	117
4－9	3次元トランジスタ	122
	練習問題	124

5章 誘電・絶縁材料

5－1	誘電・絶縁材料とは何だろう	126
5－2	誘電体とは何だろう	133
5－3	コンデンサの構造と性質	144
5－4	絶縁材料の種類と応用	158
5－5	誘電材料の種類と応用	170
	練習問題	181

6章 磁性材料

6－1	磁性体とは何だろう	184
6－2	磁化のメカニズム	189
6－3	磁性体の種類と磁気特性	193
6－4	強磁性体の磁化特性	198
6－5	磁性材料には何があるのだろうか	203
	練習問題	219

| 練習問題　解答＆解説 | 220 |
| 索　引 | 232 |

1章

電気電子材料とは

　身の回りで用いられている電気製品は，いずれも多種の物質を用いた部品や素子を組み合わせて作られています．これら電気電子工学の分野で用いられる，あるいは作られている製品を構成している物質の中で，電気特性にかかわる材料が電気電子材料です．

　あらゆる物質は原子で構成されています．ところで，皆さんは「空間」とは空っぽであり粒子がほとんど存在しない場所といった感覚があるのではないでしょうか．また，各種の素子を構成する固体はどのぐらいの数の原子で形作られているのか，具体的な数字を思い浮かべることができるでしょうか．本章では，2章以降で学ぶ材料の物性を理解するための，微視的な視点まで掘り下げた現象のとらえ方が必要になる理由をまとめています．

1-1　電気電子材料とは何だろう

1-2　さまざまな材料

1-3　電気電子材料のこれから

1-1 電気電子材料とは何だろう

キーポイント

2章以降で学ぶ材料の電子的なふるまいを理解するためには，物質の中に存在する原子の数や大きさ，さらに電子の数といった数値を認識しておくことがたいへん重要です．電気電子材料のそれぞれの物性，用途などを理解する前に，基礎的なイメージを作りましょう．

1 物質の状態と原子数密度

あらゆる物質は原子から構成されています．同一の原子で構成されている物質でも温度や圧力によって原子間の距離が変わり，**気体・液体・固体**といった三つの状態に分類されることは化学の知識として知っているでしょう．さらに，電気工学の分野では気体よりもさらに希薄な状態である**真空**も一つの材料として利用します．そこで，**電気電子材料**を電気電子工学分野において有用な機能を発揮する「**物質**」ととらえることにしましょう．

ここで，物質に含まれる原子の数を算出してみましょう．なお，単位体積中に存在する原子の数は**数密度**と呼び，単位体積当たりの質量との混乱を避けるようにしています．気体の場合は，ガスの種類によらず標準状態において 1 mol（モル）の体積 22.4 L 中に 6.0×10^{23} 個の原子が存在するので，数密度は

$$数密度 = \frac{6.0 \times 10^{23} \,[1/\mathrm{mol}]}{22.4 \times 10^{-3} \,[\mathrm{m}^3/\mathrm{mol}]} = 2.7 \times 10^{25} \mathrm{m}^{-3}$$

になります．感覚的には物質の存在を感じさせない空間においても 1 m³ の体積中に 10^{25} 個以上もの原子が存在しているのが気体です．固体の場合には 10^{28} 個/m³ 以上の原子が詰まっています．液体は固体よりは少ないものの，桁は 10^{28} 個/m³ です．このように，気体，液体，固体の原子の詰まり具合は**図1・1**に示すような違いになり，感覚的に想像されるほどの大きな差はありません．

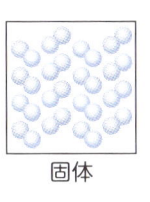

図1・1 ■ 3態の原子の密度差のイメージ図

2 原子の大きさと原子間の距離

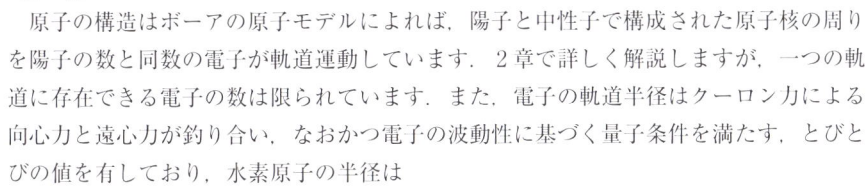

　原子の構造はボーアの原子モデルによれば，陽子と中性子で構成された原子核の周りを陽子の数と同数の電子が軌道運動しています．2章で詳しく解説しますが，一つの軌道に存在できる電子の数は限られています．また，電子の軌道半径はクーロン力による向心力と遠心力が釣り合い，なおかつ電子の波動性に基づく量子条件を満たす，とびとびの値を有しており，水素原子の半径は

$$r_n = 5.3 \times 10^{-11} n^2 \text{ [m]}$$

になります．ここで，n を主量子数と呼び，整数の値になります．電子は主量子数の小さい軌道から，各軌道に存在できる数で満たされ，順に外側の軌道が満たされていきます．このような状態を基底状態と呼び，水素原子の場合は $n=1$ の軌道だけに電子が存在し，その軌道の直径は 1.1×10^{-10} m になります．しかし，外部からエネルギーを与えられると $n=2,3,\cdots$ といった外側の軌道に遷移します．これを励起状態と呼び，$n=2$ の場合，その直径は 4.2×10^{-10} m になります．

　電線材料として用いられる銅原子の基底状態における最も外側の軌道（価電子）の直径は 2.5×10^{-10} m であり，多くの原子では $1 \sim 3 \times 10^{-10}$ m 程度になります．

　次に，原子の大きさと原子間距離との関係を比較してみましょう．原子は密度が高くなると整然と配列し，結晶になります．2章で述べるように配列のしかたは原子によって複数ありますが，ここではきわめて大胆に原子が立方体の頂点に存在すると考えてみましょう．その場合，原子数密度の3乗根の逆数が原子間距離とみなせ，銅の場合 2.3×10^{-10} m になります（例題1参照）．この値は原子の大きさより小さな値になっています．銅は周期表（周期律表）をみると4周期目に存在するので $n=4$ の軌道が隣の銅原子の軌道と重なることを意味します．固体の場合には，ほかの原子でも原子間距離と価電子の軌道直径とを比べると同程度の値になります．つまり，物質を構成している原子の電子軌道は互いに近接している，あるいは重なっている状態であることを認識しましょう．このような理由により，固体の電子的なふるまいを理解するためにはバンド理論が必要になるのです．

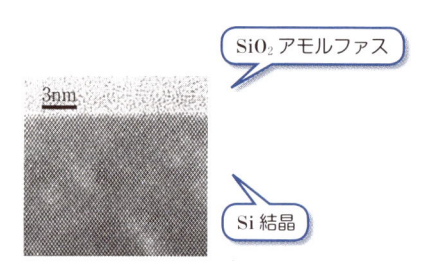

図 1・2 TEM（透過電子顕微鏡）像

3 粒子の熱運動

粒子は温度に応じた熱運動をしており，絶対温度は粒子の平均運動エネルギーの大きさで定義されていることを物理学で学んだことと思います．つまり

$$\frac{1}{2}mv^2 = \frac{3}{2}k_B T$$

ここで，m：粒子の質量〔kg〕，v：粒子の平均熱速度〔m/s〕，k_B：ボルツマン定数 (1.38×10^{-23} J/K)，T：絶対温度〔K〕

で表現できます．

空気の主成分である窒素分子の平均熱速度を算出してみましょう．窒素分子は二つの窒素原子からなり，窒素原子は7個の陽子と7個の中性子で構成されています．陽子と中性子の質量はわずかに違いますが，ここではいずれも 1.7×10^{-27} kg とし，$T = 300$ K（ほぼ室温）の数値を上式に代入して，有効数字2桁で算出すれば

$$\frac{1}{2} \times 28 \times 1.7 \times 10^{-27} v^2 = \frac{3}{2} \times 1.4 \times 10^{-23} \times 300$$

$$\therefore v = \sqrt{\frac{3 \times 1.4 \times 10^{-23} \text{J/K} \times 300 \text{K}}{28 \times 1.7 \times 10^{-27} \text{kg}}} = 510 \text{m/s}$$

となります．つまり，300Kの空気中では，ほぼ音速で窒素分子はランダムに飛び回っていることになります．気体の数密度の3乗根の逆数を平均の原子間距離とすれば，10^{-9} m 程度の間隔になり，このような空間を音速程度でそれぞれが運動しているため，互いに頻繁に衝突を繰り返していることがわかります．

固体の場合には，近接する原子間の力が釣り合う格子点を中心に原子は熱速度で振動していることになります．振動するためには，格子点の周りに隙間が必要です．温度が高ければ広い隙間がなければ速い速度で振動できません．物質が熱膨張をするのはこのような理由によるのです．

ところで，原子の熱速度は非常に大きな値ですが，エネルギーの値は 10^{-21} J というわずかな値です．これを，2章以降でしばしば用いられる eV（エレクトロンボルト）と

いう単位で表現すれば，0.03eVにしかならず，4章で出てくる半導体の禁制帯の数値，あるいは2，3章で出てくる可視光（フォトン）のエネルギーと比べれば小さい値であることをあわせて認識しておくことが必要です．

まとめ

気体といえども，単位体積中には多くの原子が分布しており，固体の場合には原子間の距離と価電子の軌道直径とが同程度の値で配列しています．また，絶対零度でない限り粒子は熱運動していることを認識しておきましょう．

例題 1

銅原子の数密度を求めてみよう．なお，銅のモル質量は 63.5g/mol，密度は 8.9g/cm^3 とする．あわせて，立方体の頂点に原子が配列する結晶構造をしているとした場合，原子間距離を求めてみよう．

解答 1m^3 当たりのモル数は SI 単位を用いて計算すると

$$\frac{8.9 \times 10^3 \text{kg/m}^3}{63.5 \times 10^{-3} \text{kg/mol}} = 1.4 \times 10^5 \text{mol/m}^3$$

となる．次にアボガドロ数を用い 1 m^3 当たりの原子数を算出すると

$$1.4 \times 10^5 \text{mol/m}^3 \times 6.0 \times 10^{23} [1/\text{mol}] = 8.4 \times 10^{28} \text{m}^{-3}$$

原子間距離は

$$\frac{1}{\sqrt[3]{8.4 \times 10^{28} \text{m}^{-3}}} = 2.3 \times 10^{-10} \text{m}$$

1-2 さまざまな材料

キーポイント

電気電子材料は身の回りのあらゆる製品に使われています。どのような電気製品にどのような材料が使われているのか，その一端を把握し電気電子材料を学ぶ動機づけにしましょう。

導電材料？
半導体材料？
誘電材料？
絶縁材料？
磁性材料？
etc...

1 電気電子材料の物性による分類

物性の違い，つまり抵抗率あるいは導電率が指標となる導電材料，誘電率が指標となる誘電材料，そして透磁率が指標として用いられる磁性材料といった分類ができます。さらに，導電率の値により，超電導材料，半導電材料そして絶縁材料に分類されます。なお，旧来では誘電材料は絶縁材料と同類として扱われていましたが，現在では材料の機能性を活用することが多くなり，誘電材料といった分類が確立しています。本書では，このような分類に基づいて章を構成しています。

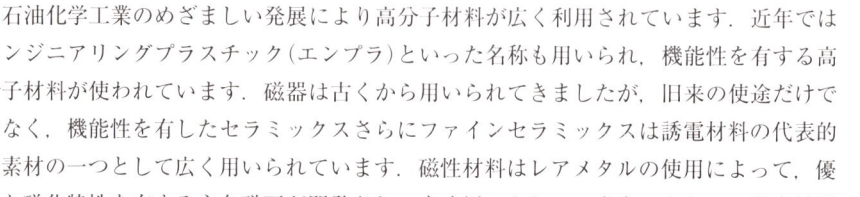

2 電気電子材料の素材による分類

石油化学工業のめざましい発展により高分子材料が広く利用されています。近年ではエンジニアリングプラスチック（エンプラ）といった名称も用いられ，機能性を有する高分子材料が使われています。磁器は古くから用いられてきましたが，旧来の使途だけではなく，機能性を有したセラミックスさらにファインセラミックスは誘電材料の代表的な素材の一つとして広く用いられています。磁性材料はレアメタルの使用によって，優れた磁化特性を有する永久磁石が開発され，広く用いられています。さらに，炭素材料は接点材料や発熱体だけではなく，機能性材料として多くの研究が進められている物質です。

3 電気電子材料の物性による分類

　真空，気体，液体そして固体といった状態の違いによる分類はすでに述べました．さらに固体でも格子点に原子が配列している結晶と，格子点からのずれが存在する無定形状態（アモルファス）とった分類があります．結晶も微結晶が分散した状態の多結晶と単結晶に分類され，物質によっては液体と結晶の中間状態である液晶と呼ばれる状態も存在します．高分子材料は名称のとおり，一つの分子鎖の分子量が数万あるいはそれを超える非常に大きな値を有するため，固体の状態であっても各原子の熱運動の自由度の違いにより，ガラス状態とゴム状態といった違いが存在します．また，分子鎖が3次元に結合する架橋構造を有する場合も多く，複雑な構造を有する材料が多く存在します．

4 装置に組み込まれているさまざまな材料

　電気・電子機器に用いられている材料を本書で取り上げる順番に，いくつか例をあげてみましょう．

　導電材料の典型的な使途は電線です．図1・3のように電力用ケーブルには銅が，鉄塔と碍子（がいし）によって吊り下げられている架空送電線には比重が小さいアルミニウムが，それぞれ細い線を束ねて用いられます．これは3章で述べる表皮効果の対策です．また，同様の理由から各電線の表面には薄い絶縁層（酸化層）が形成されています．図に示す超電導ケーブルは，ビスマス系の高温超電導電線であり，その材質はセラミックスです．なお，高温超電導材料とはいっても，現状では液体窒素温度（−196℃）まで冷やす必要があり，断熱層が必要です．

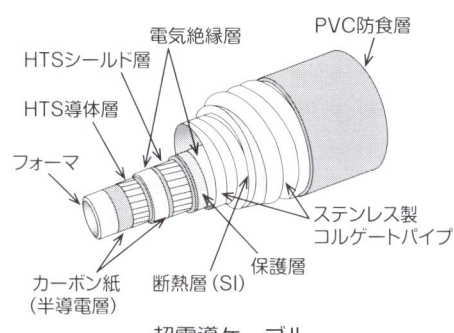

図1・3 電線の種類と構造

電力用ケーブル　架空送電線　超電導ケーブル

超電導ケーブル構成：フォーマ，カーボン紙（半導電層），HTS導体層，HTSシールド層，電気絶縁層，断熱層（SI），保護層，ステンレス製コルゲートパイプ，PVC防食層

　多くの装置に用いられているタッチパネルは透明電極，つまりガラスなどの表面に導

電材料がコーティングされています．プリント基板には導電材料の配線に演算や記憶の機能を有する半導体素子や抵抗，コンデンサ（キャパシタ）といった素子が組み込まれています．太陽電池のパネルは半導体でできた装置です．

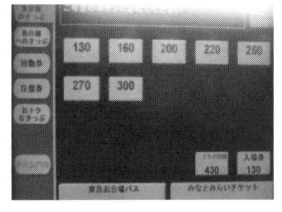

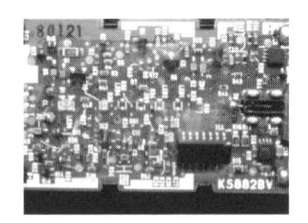

　　　　タッチパネル　　　　プリント基板に組み込まれた素子　　　　太陽電池パネル

図1・4■導電材料と半導体材料の用いられている様子

電力ケーブルの導体間に挿入されている絶縁物は高電界が印加された状態で数十年にわたり性能を保証するために，絶縁物と導体とが接する部分には半導電層を設ける工夫がされています．また，碍子にはセラミックスが古くから用いられており信頼性の高い部品ですが，近年では軽量化のために高分子材料を用いることが増えています．

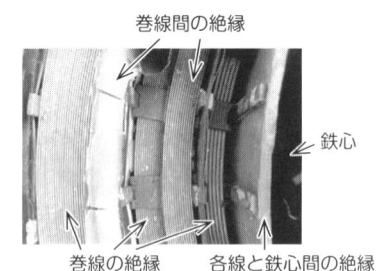

　　　碍子とその下部のひだ　　　　　変圧器（トランス）の巻線と巻線間の絶縁

図1・5■絶縁体の種類と構造

変圧器（トランス）の場合には，巻線自体に，さらに巻線間そして鉄心と巻線との間に絶縁材料が不可欠です．ここには，これまでの長い使用実績により信頼性の高い，紙やプレスボードが用いられています．

ディスプレイにはLED（発光ダイオード）や液晶が，そして小型の画面の場合には有機EL（エレクトロルミネセンス）といった誘電材料が用いられています．信号機は従来の電球から寿命が非常に長く省電力となるLEDに置き換えられています．LEDは液晶のバックライトとしても用いられています．

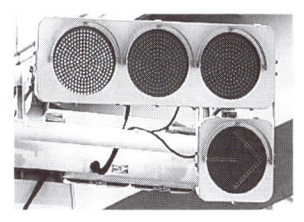

LED の信号機 　　　　プリント基板上の水晶振動子

図1・6 ■半導体材料　　**図1・7** ■誘電材料の用いられている様子

　電子機器の中には，圧電効果を利用する水晶振動子によってクロックを発生させる回路が組み込まれている装置もあり，誘電材料としての使途の一つです．

　磁性体の使途としては変圧器や電動機（モータ）の鉄心があります．省電力化のためにヒステリシス損失や渦電流損失の小さな材料が開発されています．最近は永久磁石の性能の向上により永久磁石を用いた小形モータも多数利用されています．さらに，外部から電気回路に電力を供給するために，配線を用いない無接触給電のためにも鉄心は不可欠です．

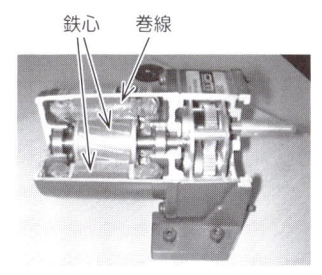

鉄心　巻線　　　　　　鉄心　　コイル

モータのカットモデル　　　無接触給電の受電部

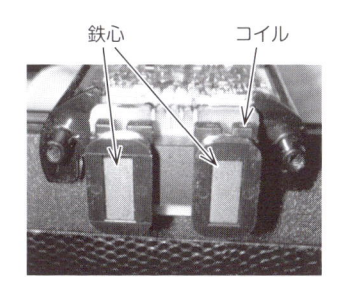

図1・8 ■磁性体の用いられている様子

まとめ

　電気電子工学の分野で用いられている装置や機器あるいは部品は多くの電気電子材料が用いられていることを認識し，学びの動機づけにしましょう．

例題 2

液晶の種類を調べてみましょう．

解答 分子鎖の配列の違いによって，ネマティック液晶，スメクティック液晶，コレステリック液晶などがあります．

より掘り下げた理解のためには

小林駿介：『東京理科大学・坊っちゃん選書 液晶、その不思議な世界へ ―携帯電話、テレビ画面から始める現代の科学―』，オーム社（2007年）

などを参考にしてください．

1-3 電気電子材料のこれから

キーポイント

電気電子材料の将来を夢見てみましょう．

　新しい機能を有する材料，あるいは現在よりもさらに小さく，また省電力化を実現できるような材料が数多く研究されています．

　たとえば，Si を用いた集積回路では性能向上の限界が見え始めており，化合物半導体や Ge を用いた高速動作が可能な半導体素子の研究が進んでいます．特に Ge は結晶にひずみを与えることにより，キャリア（電子，正孔）の移動度（電界によるキャリアの移動のしやすさ）が Si の 10 倍程度になります．なお，これらの用語に関しては 4 章で紹介します．さらに，ひずみ Ge を主体とする量子ドット構造を形成し，オプトエレクトロニクスに展開する研究が進んでおり，光コンピュータの実現が近づいています．また，高分子材料を用い，柔軟性を持たせた光導波路あるいは発光素子などの開発が進んでおり，光導波路や有機発光素子(EL)などはすでに実用化される段階になっています．

　生体適合性，さらには生体由来の分子の配列などを制御するバイオエレクトロニクス材料の研究も進んでいます．

　磁性材料の研究の延長上に電子のスピンの違いを利用するスピントロニクスへの展開が進んでおり，集積度の高い記憶素子などの開発が進んでいます．

　素材としては炭素原子で構成されたカーボンナノチューブやグラフェンなどはキャリアの移動度が Si の 100 倍程度にもなり，機能性材料としてセンサや透明導電膜への応用研究が進められています．また，ダイヤモンドやグラフェンは熱伝導率が高く，グラフェンは Si の 30 倍，金属よりも 10 倍以上も高い熱伝導特性を有し，半導体素子としての開発が進められています．

　ナノテクノロジーの発展により原子自体の配列などを制御することが可能となり，量子ドットを形成することによる単電子トランジスタやオプトエレクトロニクスの研究が進んでいます．誘電体にナノスケールの粒子を混入することにより，誘電率の値を場所によって変化させ，物質内部の電界分布の制御を可能とするナノコンポジットといった技術も進展しています．いずれも，サステイナブルな社会を支える基盤技術の一つとして期待されています．

練習問題

① 10円硬貨が純銅でできているとして,硬貨の中にどのぐらいの銅原子が存在するか計算してみよう.なお,10円硬貨の重さは法律で4.5gと定められている.また,厚さ0.1mmで一辺1.0mmの正方形の銅箔に存在する原子の数を算出してみよう.

② 銅原子の300Kにおける熱速度を算出してみよう.

③ 永久磁石材料を調べてみよう.

④ 高温超電導材料の種類を調べてみよう.

2章

電気電子材料の基礎

電気電子材料は，導体・半導体材料，誘電・絶縁材料，および磁性材料に大きく分類されますが，本章では，これらに共通な電子と物質の性質の関係についての基礎を学習します．

2-1節では，原子の構成や，原子と原子核の大きさ，そして電子の電荷量について，復習を兼ねて簡単に振り返ります．また，主量子数，方位量子数，磁気量子数，スピン量子数で表せる量子状態，そして，電子軌道に電子が配置される際の規則について学習します．

2-2節では，化学結合とバンド構造について，そして結晶について学びます．

2-1 物質の構成と電子

2-2 化学結合とエネルギーバンド図

2-1 物質の構成と電子

キーポイント

電子は，物質の性質にとても大きな影響を与えます．原子における電子の状態を理解するには，主量子数，軌道角運動量量子数，磁気量子数，スピン量子数で表せる電子の量子状態を知ることが重要です．この節では，これら四つの量子数について理解し，かつ，原子における電子配置について学習します．

1 物質と電子状態

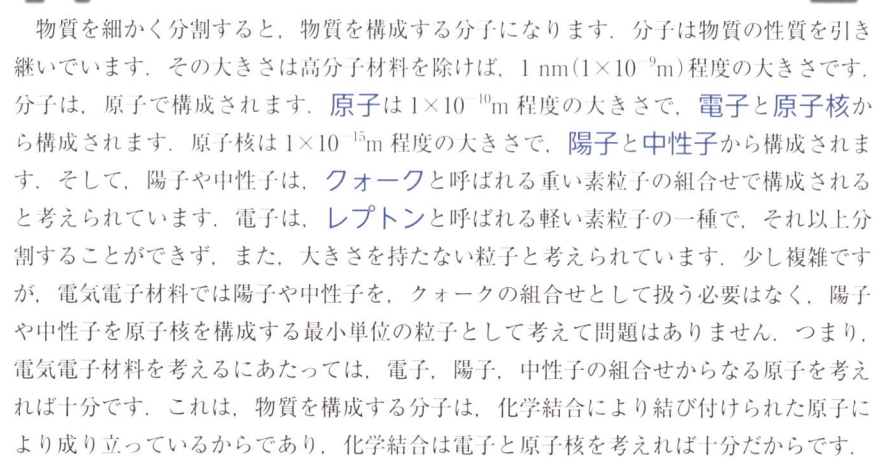

物質を細かく分割すると，物質を構成する分子になります．分子は物質の性質を引き継いでいます．その大きさは高分子材料を除けば，1 nm（1×10^{-9}m）程度の大きさです．分子は，原子で構成されます．原子は1×10^{-10}m 程度の大きさで，電子と原子核から構成されます．原子核は1×10^{-15}m 程度の大きさで，陽子と中性子から構成されます．そして，陽子や中性子は，クォークと呼ばれる重い素粒子の組合せで構成されると考えられています．電子は，レプトンと呼ばれる軽い素粒子の一種で，それ以上分割することができず，また，大きさを持たない粒子と考えられています．少し複雑ですが，電気電子材料では陽子や中性子を，クォークの組合せとして扱う必要はなく，陽子や中性子を原子核を構成する最小単位の粒子として考えて問題はありません．つまり，電気電子材料を考えるにあたっては，電子，陽子，中性子の組合せからなる原子を考えれば十分です．これは，物質を構成する分子は，化学結合により結び付けられた原子により成り立っているからであり，化学結合は電子と原子核を考えれば十分だからです．

電子や原子核など，いずれも非常に小さな領域の話ですが，仮に原子核の半径を1mとすると，電子は原子核から約100km離れた場所に位置することになります．比率で考えると，原子核と電子の間はスカスカであるといえます．それでは，質量のほうはどうでしょうか．電子の質量は9.109×10^{-31}kg，陽子や中性子の質量はそれぞれ1.673×10^{-27}kg です．比率で考えると，電子の質量は陽子や中性子に比べて約1/1 830の質量です．原子の質量のほとんどは原子核ということになります．また，電子1個の電荷は-1.602×10^{-19}C，陽子1個の電荷は1.602×10^{-19}C です．原子核では電子と陽子の数は同じですので，原子は電気的に中性です．

2 量子状態

原子核の周りを電子が運動すると考えると，電子の数やその軌道は，材料を構成する物質の性質に大きな影響を与えます．それらを理解することは，材料の性質の概略を知るうえでの基礎になります．原子核に束縛されながら運動する電子の軌道は，飛び飛びの軌道半径をとり，電子のエネルギーも飛び飛びの値をとります．このような電子の状

補足 ➡ 原子：atom, 原子核：atomic nucleus, 陽子：proton, 中性子：neutron, 電子：electron, レプトン：lepton, クォーク：quark

態を量子状態と呼びます．電子を見た人は誰もいませんが，電子を波動関数として扱うシュレディンガー方程式により得られる量子状態により，さまざまな実験から傍証できる電子の状態を矛盾なく説明することができます．表2・1に示すように，電子の**量子状態(電子状態)**は**主量子数**，**軌道角運動量量子数(方位量子数)**，**磁気量子数**，**スピン量子数**の四つで表されます．

表2・1 ■ 量子数

量子数	量子数の制限	量子数の意味
主量子数	$n = 1, 2, 3, \cdots$	電子の大まかなエネルギーを決める値
軌道角運動量量子数	$l = 0 \sim n-1$	電子軌道の形を決める値 主量子数が同じでも軌道角運動量量子数が異なると若干エネルギーが異なる $l = 0$　s (sharp)軌道 $l = 1$　p (principal)軌道 $l = 2$　d (diffuse)軌道 $l = 3$　f (fundamental)軌道
磁気量子数	$m = -l, -l+1, \cdots, 0, \cdots, l-1, l$	外部から磁界をかけたときに磁界方向に観察される軌道角運動量
スピン量子数	$s = \pm(1/2)\hbar\,*$	電子の自転に伴う量子数

* $\hbar$(エイチバー)$=h/2\pi$，h(プランク定数)$=6.63 \times 10^{-34}$ (J.S)

(1) 主量子数 n (principal quantum number)

主量子数 n は，電子が飛び飛びの半径を持った球殻の軌道上を運動していると考える量子状態で，電子のエネルギーの大まかな値を与えます．最も原子核に近い球殻から，主量子数 $n=1, 2, 3, \cdots$ と整数が与えられ，それぞれの球殻は**K殻**，**L殻**，**M殻**，…と名前が付けられています．この軌道に入ることのできる電子の最大数は $2n^2$ で与えられます．つまり，K殻には最大2個，L殻には最大8個，…という具合に電子が入ることが可能です．

(2) 軌道角運動量量子数 l (azimuthal quantum number)

軌道角運動量量子数 l は，電子軌道の形を決める量子数です．主量子数では，電子は原子核の周りの球殻の軌道上を運動していると説明しました．しかし，この説明は必ずしも正しくなく，電子が多数存在する場合には，負の電荷を持った電子間の相互作用により複雑な軌道になります．この電子軌道の形を表すのが軌道角運動量量子数です．たとえば，L殻では球殻形の軌道(**s軌道**)をとる電子と，亜鈴形(あれいがた)の軌道(**p軌道**)をとる電子があります．どちらの軌道の電子もL殻に属しますので，電子のエネルギーはほぼ同じですが，電子と原子核の相互作用により，p軌道の電子のほうが，

s 軌道の電子よりもエネルギーが若干大きくなります．軌道角運動量量子数は，**表2・1**に示したように $l=0 \sim n-1$ の値をとります．K 殻は $n=1$ ですから $l=0$ のみで，軌道は球殻形になり，この球殻形の軌道を s 軌道と呼びます．L 殻は $n=2$ ですから $l=0$, 1 です．L 殻でも $l=0$ の軌道は s 軌道で球殻形になります．ただし，L 殻の s 軌道は，K 殻の s 軌道より軌道半径の大きな球殻軌道です．$l=1$ の軌道を p 軌道と呼び，亜鈴形の軌道になります．この亜鈴形には，波動関数から 3 種類 p_x，p_y，p_z の軌道が存在します．以下，M 殻，N 殻と主量子数が大きくなるにつれて，電子軌道の種類も **d 軌道**，**f 軌道**と増えていきます．電子のエネルギーは，後述する構築原理を考えなければ，l が大きいほど大きくなります．

（3）磁気量子数 m（magnetic quantum number）

磁気量子数 m は，原子に外部から磁界が印加されたときだけ現れる量子数です．s 軌道の電子は球殻軌道のため，印加される磁界の方向が変わっても電子のエネルギーに変化はありませんが，p 軌道以上の電子では，電子の運動方向が磁界の方向に対して等価でないため，磁界との相互作用によって電子のエネルギーに差が生じます．電子状態の数は，l の値に対して，$-l$, $-l+1$, $-l+2$, …, 0, 1, 2, …, l の合計 $2l+1$ 個あります．

（4）スピン量子数 s（spin quantum number）

スピン量子数 s は，電子自身の自転の向きを表しています．電子が自転すると，回転方向に対応した磁界が発生します．原子に外部から磁界が印加されたとき，スピンによる磁界と外部磁界の相互作用の違いにより，スピン量子数 s は $+1/2\ h$ と $-1/2\ h$ の二つの電子状態が得られます．h を略して $\pm 1/2$，あるいはアップ（↑），ダウン（↓）と記述されることもあります．

図2・1は，四つの量子数の関係を一覧表にしたものです．ただし，図中に示した電子軌道において，電子は，図で示した軌道の近辺に分布していると考えられますが，場所を特定することはできません．

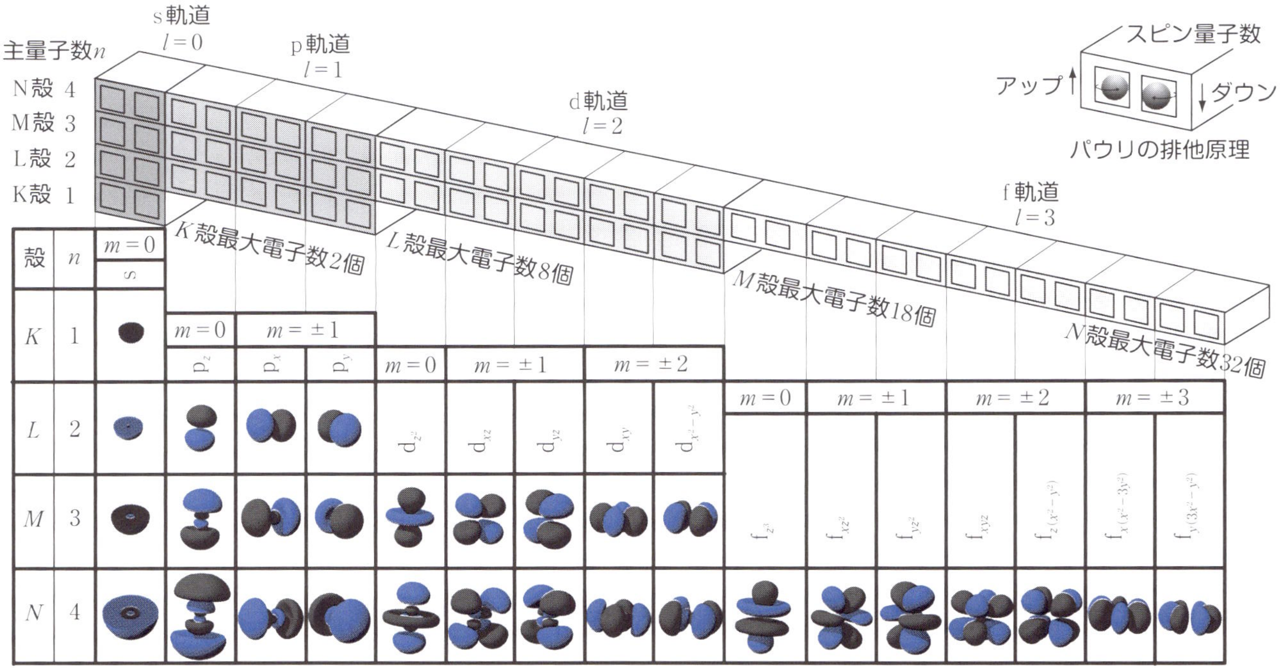

色：波動関数の位相＋，　スミ：波動関数の位相－

図 2・1■主量子数，軌道角量子数，　磁気量子数、スピン量子数

3 電子軌道への電子の入り方

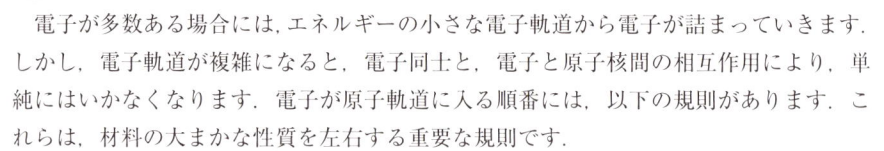

電子が多数ある場合には，エネルギーの小さな電子軌道から電子が詰まっていきます．しかし，電子軌道が複雑になると，電子同士と，電子と原子核間の相互作用により，単純にはいかなくなります．電子が原子軌道に入る順番には，以下の規則があります．これらは，材料の大まかな性質を左右する重要な規則です．

(1) 構成原理(Aufbau principle)

構築原理あるいは築き上げの原理とも呼ばれています．原則的に，電子はエネルギーの低い殻，そして，エネルギーの低い電子軌道から順に入ります．しかし，電子数が多くなり，電子軌道が複雑になると，主量子数が大きな電子でも電子軌道が原子核に近くなり，正の電荷を持つ陽子の静電ポテンシャルの影響で，電子のエネルギーが小さくなる軌道があります．この影響を考慮して，電子が軌道に入る順番を表すのが，図2・2に示す構成原理です．電子は，3p軌道の次は4s軌道に入ります．ただし，Cr，Cu，Mo，Pd，Au などの例外もあるので注意が必要です．

(2) パウリの排他原理(Pauli exclusion principle)

量子数 n, l, m で決まる一つの軌道には，電子スピンの向きが違う電子が二つまでしか入れません．これは，電子(フェルミ粒子)の性質です．

(3) フントの法則(Hund's rule)

図2・3に示すように，電子は，エネルギーが同じ軌道に入る場合には，できるだけ別々の軌道に入ります．たとえば，p軌道に電子が詰まる場合，電子は p_x 軌道にスピン量子数の異なる2個の電子が詰まってから，p_y 軌道や p_z 軌道に詰まるのではなく，p_x，p_y，p_z に1個ずつ詰まってから，スピン量子数の異なる電子が p_x，p_y，p_z と詰まっていきます．

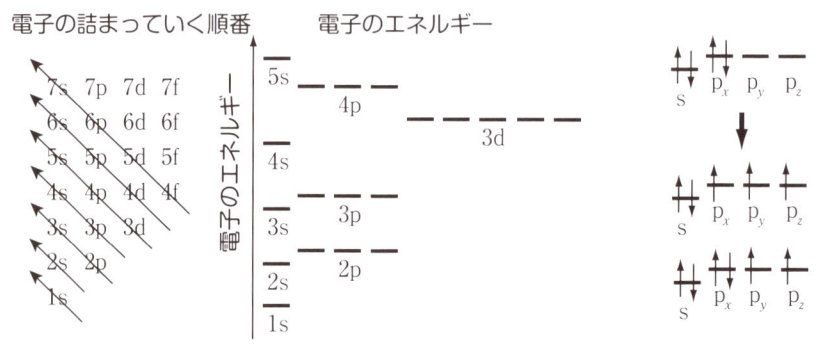

図2・2 構成原理

図2・3 フントの法則

これらの規則に従って，原子に電子が詰まった結果を**表2・2**に示します．H原子は電子数1個ですから，1s軌道に電子が1個配置されます．He原子は電子数2個ですから，1s軌道に電子が2個詰まると1s軌道が満杯になります．この満杯の状態を<u>閉殻</u>といいます．Ne原子は電子数10個なので，1s，2s，2p軌道が閉殻状態です．HeやNeは希ガスと呼ばれ安定な気体です．電子軌道が閉殻になっている原子は，化学的に安定です．H原子以外の1族のLi原子やNa原子は，閉殻状態に対して電子が1個多い状態なので，1個の電子を放出して1価の陽イオンになりやすい性質があります．これらの元素はアルカリ金属と呼ばれています．FやClは，閉殻状態に対して電子が1個足りない状態なので，1個の電子を受け取って，1価の陰イオンになりやすい性質があります．これらの元素はハロゲンと呼ばれています．また，3d軌道が閉殻となっていない遷移金属や，4f軌道が閉殻となっていない希土類元素の場合，磁気モーメントを生じ，磁性材料の性質を有しています．

原子を扱うにあたり，電子が原子軌道に詰まった状態を表記する方法が必要です．たとえば，原子番号13のAl原子は，電子の数は13個あります．この13個の電子は表2・2のように詰まっています．この状態は，$1s^2 2s^2 2p^6 3s^2 3p^1$と表します．

表2・2■原子の電子配置　　　　　　　　　　　遷移金属

殻	軌道	$_1$H	$_2$He	$_3$Li	$_7$N	$_8$O	$_9$F	$_{10}$Ne	$_{11}$Na	$_{13}$Al	$_{14}$Si	$_{17}$Cl	$_{19}$K	$_{20}$Ca	$_{21}$Sc	$_{25}$Mn	$_{26}$Fe	$_{29}$Cu
K	1s	1	2	2	2	2	2	2	2	2	2	2	2	2	2	2	2	2
L	2s			1	2	2	2	2	2	2	2	2	2	2	2	2	2	2
	2p				3	4	5	6	6	6	6	6	6	6	6	6	6	6
M	3s								1	2	2	2	2	2	2	2	2	2
	3p									1	2	5	6	6	6	6	6	6
	3d														1	5	6	10
N	4s												1	2	2	2	2	1
	4p																	
	4d																	
	4f																	

4 電子の励起

電子は原子のエネルギーが最小となるように，エネルギーの低い軌道から詰まっています．水素原子では，K殻に電子が1個だけ存在しているときが<u>基底状態</u>です．基底状態にある原子に，光，熱，電界，磁界などを与えると，最も外側の軌道にある電子（<u>価

補足➡基底状態：ground state，価電子：valence electron

19

電子）が，エネルギーの高い外側の軌道に移動する（遷移する）ことがあります．このような状態を励起状態といいます．たとえば，図2・4に示すように，基底状態にあった電子は，光などの外部エネルギー $E_i(=h\nu)$ が与えられると，エネルギー $\varDelta E(=E_2-E_1)$ を受け取り，励起状態になります．電子が励起された分，光のエネルギーは $\varDelta E$ だけ減少し，波長の長い光 $(\nu'=(E_i-\varDelta E)/h)$ に変化します．励起された電子は，$\varDelta E$ のエネルギーに相当する波長 (ν'') の光を放出して，基底状態に戻ります．

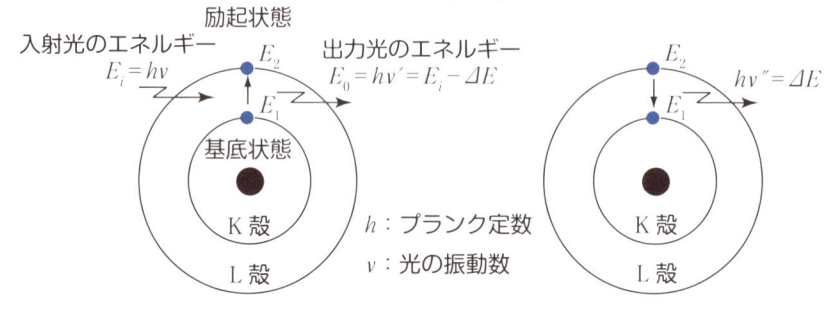

図2・4 ■ 励起による光の吸収と放出

まとめ

(1) 原子，原子核，電子の大きさ，電子，陽子，中性子の質量と電荷
(2) 主量子数 n，軌道角運動量量子数 l，磁気量子数 m，スピン量子数 s
(3) s軌道，p軌道，d軌道，f軌道
(4) 構成原理，パウリの排他原理，フントの法則
(5) 電子の励起

例題 1

Si，Ti，Au の電子配列を記述しなさい．

解答
Si: $1s^2 2s^2 2p^6 3s^2 3p^2$
Ti: $1s^2 2s^2 2p^6 3s^2 3p^6 3d^2 4s^2$
Au: $1s^2 2s^2 2p^6 3s^2 3p^6 3d^{10} 4s^2 4p^6 4d^{10} 4f^{14} 5s^2 5p^6 5d^{10} 6s^1$ （構成原理の例外）

補足 → 遷移：transition，励起状態：excited state

2-2 化学結合とエネルギーバンド図

キーポイント

原子が集まって固体になるには，原子と原子の間に結合力が働く必要があります．そして，原子が結合する場合，電子の量子状態が変化し，エネルギーバンドができます．このエネルギーバンドが，材料としての性質の概要を決めます．これらについて理解をしておくことは，導体，半導体，絶縁体，磁性材料などの電気電子材料を理解する共通の基礎として重要です．

1 化学結合

化学結合は，原子同士を結び付ける力のことです．原子の結合は，ある原子の電子のエネルギーが，別の原子と相互作用することにより，結合する前のエネルギーよりも低くなるために生じる現象です．これにより，多数の原子が結合して，分子や結晶を生じます．化学結合には，図2・5に示すように，共有結合，イオン結合，金属結合，水素結合，ファンデルワールス結合などがあります．これらについて説明します．

(a) 共有結合 隣接原子が互いに電子を出し合って，安定な閉殻構造を形成することによって結合する方式です．

(b) イオン結合 陰イオンと陽イオン間での静電気力により結合する方式です．

(c) 金属結合 金属原子がいくつかの価電子を放出してイオン化し，放出された電子は結晶全体を自由電子として広がることによって，自由電子と正イオンになった原子が結合する方式です．電子の海の中に原子が浮かんでいるようなイメージです．

(d) 水素結合 水素と電気陰性度が水素より大きい原子(酸素や窒素など)が結合すると，水素からは電子が離れやすく若干正の電荷を帯びます．電気陰性度が大きい原子は若干負の電荷を帯びます．このようにして永久双極子を形成した分子と，ほかの原子(分子)との間に静電引力が作用して結合する方式です．次に述べるファンデルワールス結合と同様の結合方式ですが，水素結合は指向性を持ち，ファンデルワールス結合よりも結合力が大きく，結合距離が短いなど共有結合的な性質があり，ファンデルワールス結合とは区別されています．

(e) ファンデルワールス結合 配向力，誘起力，分散力の三つの結合力の総称です．配向力は，永久双極子を持つ原子や分子間に働く，静電引力に起因した結合力です．誘起力は永久双極子を持つ原子や分子と，無極性の分子や原子に生じる結合力です．無極性の分子や原子でも，近くに存在する永久双極子の電荷による静電誘導により，電荷が誘起されます．その誘起された電荷と双極子による電荷の間の静電引力による結合力です．また，双極子を持たない原子や分子でも，分子内の電子の運動により瞬間的に電子の偏りができ，双極子が生じることがあります．その双極子により，無極性の分子や原子に誘起された双極子との間に働く静電引力による結合力が分散力(ロンドン分散

補足 → 化学結合：chemical bond, 共有結合：covalent bond, イオン結合：ionic bond, 金属結合：metallic bond, 水素結合：hydrogen bond

21

力)です．これら，ファンデルワールス力による結合は非常に弱い結合です．

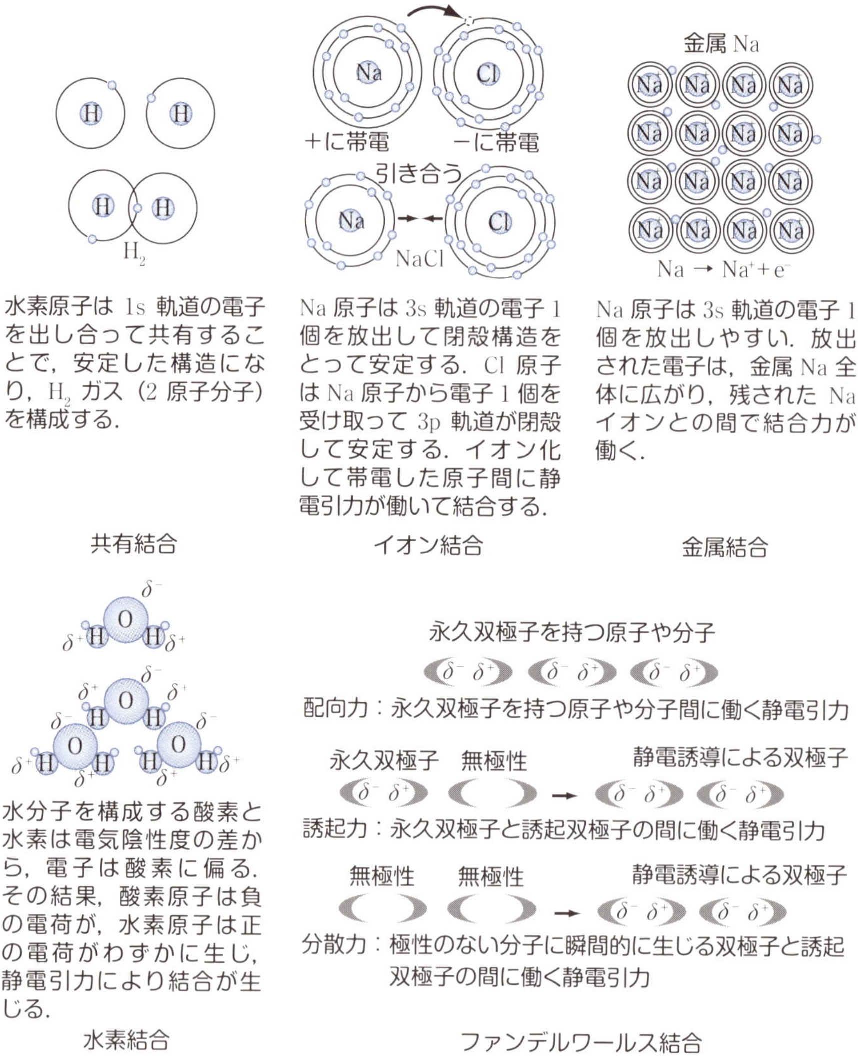

水素原子は 1s 軌道の電子を出し合って共有することで，安定した構造になり，H₂ ガス（2 原子分子）を構成する．

共有結合

Na 原子は 3s 軌道の電子 1 個を放出して閉殻構造をとって安定する．Cl 原子は Na 原子から電子 1 個を受け取って 3p 軌道が閉殻して安定する．イオン化して帯電した原子間に静電引力が働いて結合する．

イオン結合

Na 原子は 3s 軌道の電子 1 個を放出しやすい．放出された電子は，金属 Na 全体に広がり，残された Na イオンとの間で結合力が働く．

金属結合

水分子を構成する酸素と水素は電気陰性度の差から，電子は酸素に偏る．その結果，酸素原子は負の電荷が，水素原子は正の電荷がわずかに生じ，静電引力により結合が生じる．

水素結合

永久双極子を持つ原子や分子

配向力：永久双極子を持つ原子や分子間に働く静電引力

永久双極子　無極性　　　　静電誘導による双極子

誘起力：永久双極子と誘起双極子の間に働く静電引力

無極性　　無極性　　　　静電誘導による双極子

分散力：極性のない分子に瞬間的に生じる双極子と誘起双極子の間に働く静電引力

ファンデルワールス結合

図 2・5 ■ 原子間結合力

2　原子同士の結合とエネルギーバンドの形成

　原子が集合すると，電子は孤立した状態とは異なるエネルギー状態になります．**図 2.6**(a)は，二つの原子が近づいたときの電子のエネルギー状態を示しています．原子

22

が遠く離れている場合，原子間には力は働きません．しかし，原子同士が近づくと，任意の原子に属する電子の負の電荷と，他方の原子の陽子の正電荷の間に静電引力が働きます．これにより，原子同士が近づいたほうが，電子のエネルギーは低下します．しかし，さらに原子同士が近づくと，陽子の正電荷同士による反発力(斥力)が働き，近づくことが難しくなります．これらの結果，特定の位置 r_0 で電子のエネルギーが最も低くなり安定します．原子同士の距離は，このようにして決まります．図 2.6(b) は，水素原子が結合する際の水素原子の電子のエネルギー(**エネルギー準位**)を示しています．水素電子は 1s に 1 個の電子を持っています．1s 軌道には，スピン量子数の異なる 2 個の電子が入ることができます．2 個の水素原子がスピンの異なる電子を 1 個ずつ出し合うことで，1s 軌道はスピンの異なる電子 2 個で満たされ，共有結合により水素分子が形成されます(2 原子分子になる)．図 2·6(c) は，ヘリウム原子 2 個が近づく場合を示しています．ヘリウム原子は 1s 軌道に電子 2 個入った閉殻構造をしているので，元来

(a) 原子の接近に伴うエネルギー変化

(b) 水素原子の結合

(c) ヘリウム原子の結合

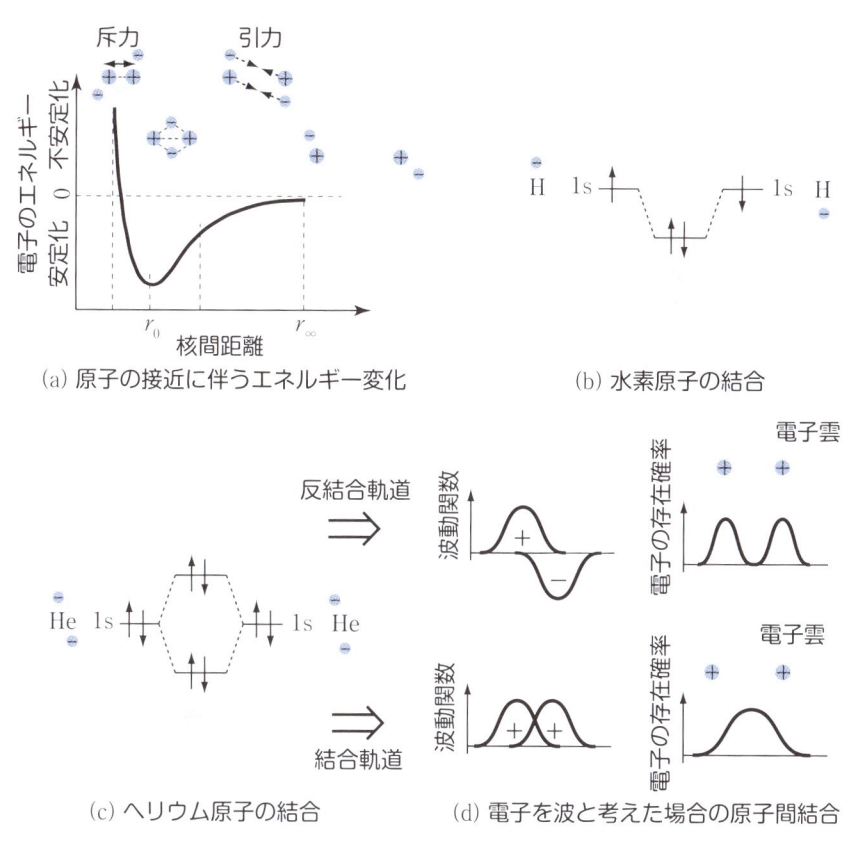

(d) 電子を波と考えた場合の原子間結合

図 2·6 ■原子同士の結合

安定した原子です．ほかのヘリウム原子が近づいても，パウリの排他原理により1s軌道に4個の電子は入れません．その場合，互いに1s軌道のエネルギー準位をわずかにずらして，4個の電子が入れるように電子のエネルギーの変化が起こります．しかし，電子を波動関数で表される波として考えた場合，図2·6(d)に示すように，原子間に電子が存在しない波の重なりと，原子が存在できる波の重なりの二つが考えられます．前者を<u>反結合軌道</u>，後者を<u>結合軌道</u>と呼びます．反結合軌道では原子と原子の間に電子が存在しないため，結合できない状態になり，分子としては安定することができずに分子は分解して，原子2個に戻ってしまいます．これが，ヘリウム分子などの希ガスが単原子分子である理由です．

　以上は，二つの原子が結合する場合ですが，固体のようにもっと多くの原子が結合する場合はさらに状況が変わります．**図2·7**に示すように，結合前は，それぞれの電子は電子の軌道に対応したエネルギー状態にあります．原子がいくつか集まると，同じ軌道にはスピンの異なる2個の電子しか入れないというパウリの排他原理より，互いの電子が少しずつエネルギーをずらして結合します．さらに，多くの原子が集まり，接近して，原子の間隔が狭くなり，結晶を形成する場合，原子の結合のために電子のエネルギー状態が大きく変わり，エネルギーの帯を形成します．エネルギーの帯は<u>伝導帯</u>，<u>禁制帯</u>，<u>価電子帯</u>に分かれます．そのうち電子が入りうる帯域を<u>許容帯</u>，そして，許容帯のうち絶対零度で電子が完全に詰まっている許容帯を<u>充満帯</u>，充満帯の中で最もエネルギーの高い帯域を価電子帯と呼びます．また，価電子帯よりもエネルギーが高く，電子が空，または一部詰まっている許容帯を伝導帯と呼びます．価電子帯の頂上から，伝導帯の底までの電子の存在できない帯域を禁制帯と呼びます．価電子帯と伝導帯が重なり，その間に禁制帯が存在しない物質が金属材料です．また，禁制帯の幅が広い場合は絶縁体材料に，そして，禁制帯の幅がそれらの中間の場合は半導体材料になります．それらの詳細については，以降の章で説明されます．

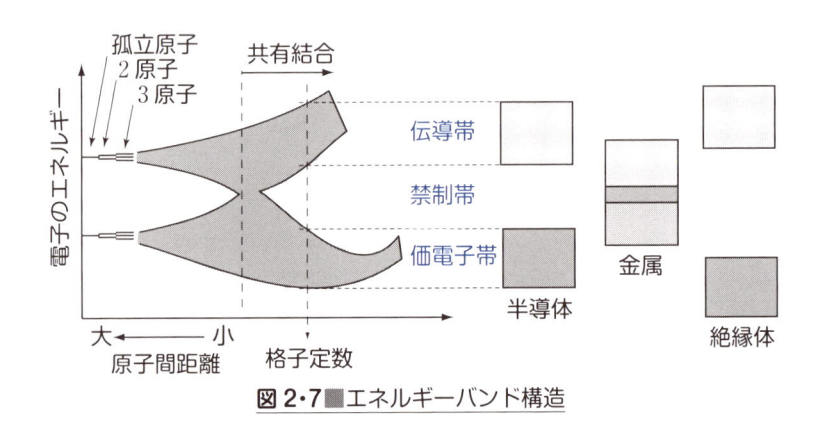

図2·7 ■エネルギーバンド構造

補足⇒伝導帯：conduction band, 禁制帯：forbidden gap, 価電子帯：valence band

3 結晶・多結晶・非晶質

原子同士(あるいは分子同士)が結び付き，3次元的に規則的かつ周期的に長距離にわたって原子が並んだものを結晶，そして，その3次元空間における配列のしかたを結晶構造といいます．原子の並び方にはいくつかの種類がありますが，電気電子材料として有用なものを図2・8に示します．金属材料の70%は，体心立方格子(BCC: body centered cubic)，面心立方格子(FCC: face centered cubic)，六方最密格子(HCP: hexagonal closed packed)の構造を持つといわれています．

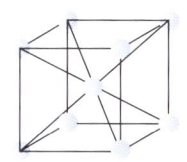

体心立方格子
Li, Na, K, Ti, V, Cr, Fe, Rb, Mo, Cs, Ba, Ta, W

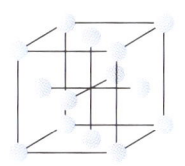

面心立方格子
Al, Ca, Sc, Ni, Cu, Sr, Rh, Pd, Ag, Pt, Au, Pb

六方最密構造
Be, Mg, Ti, Co, Zn, Y, Zr, Cd, Hf, Re

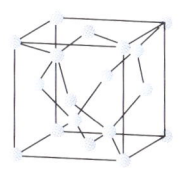

ダイヤモンド構造
C(diamond), Si, Ge, α-Sn

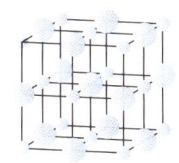

NaCl 構造
NaCl, AgCl, AgBr, CaO, KI, KCl, MgO, NaF, NiO, LiF

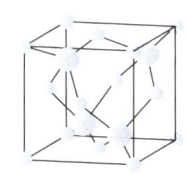

せん亜鉛鉱構造
GaAs, GaP, InP

ウルツ鉱構造
ZnS, GaN, AlN

図2・8 結晶構造

結晶は，同じ結晶構造が3次元的に繰り返されますが，その構造の単位となるのが単位格子です．図2・8に示した結晶構造は単位格子です．結晶は，3次元の方向性を持ちますが，その方向により性質が異なります．したがって，結晶を材料として使う場合には，結晶のどの部分を使うのかを明らかにする必要があります．結晶の方向性による性質の違いを表すには，結晶の面と方位を明確にする必要があります．結晶の面(格子面)を定義するのが，ミラー指数です．ミラー指数は(h k l)のように，丸括弧の中の三つの整数で表示します．図2・9を参考にして，ミラー指数の表し方を示します．①単位格子の三つの主軸を座標軸にとり，それぞれの単位格子の辺の長さ(格子定数)を単位

補足➡ミラー指数：Miller index

として目盛をとります．②格子面と座標軸の交点を，目盛の単位で表します．たとえば，x,y,z軸と2,1/2,1で交わるとします．③これらの逆数をとります．1/2,2,1となります．④分母の最小公倍数を掛けて，最小の整数比に直します．1,4,2となります．⑤この面のミラー指数は（1 4 2）となります．丸括弧（ ）内の数字の区切りにカンマは付けません．なお，結晶面の交点がマイナス方向で座標軸を切ったときは指数の上に ￣ を付けて表記します．

結晶の方向は結晶方位と呼ばれ，方向に垂直な面のミラー指数で表すことができますが，次のように簡単に求めることができます．たとえば，[1 2 2]方向は，①結晶方位が単位格子と交わる座標は1/2,1,1です．②分母の最小公倍数を掛けて，最小の整数比に直します．1,2,2になります．③この場合の結晶方向は，四角括弧[ ]で括って[1 2 2]と表します．

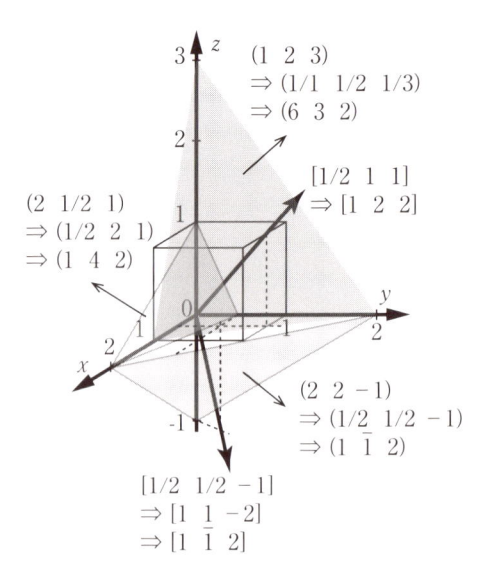

図2・9 ■結晶面と結晶方位の表し方

図**2・10**に示すように，結晶の中でも，全体が一つの結晶で構成され，欠陥や不純物のない結晶を<u>単結晶</u>と呼びます．また，全体が大きさ数nmから数mm程度の複数の結晶（微小な結晶粒の集まり）からできているものを<u>多結晶</u>といいます．さらに，3次元的に規則的かつ周期的に原子が並んではいるものの，長距離にわたってその規則性が保たれていない構造を<u>非晶質</u>（アモルファス）といいます．セラミックスやガラスはアモルファスです．

単結晶　　　多結晶　　　非晶質

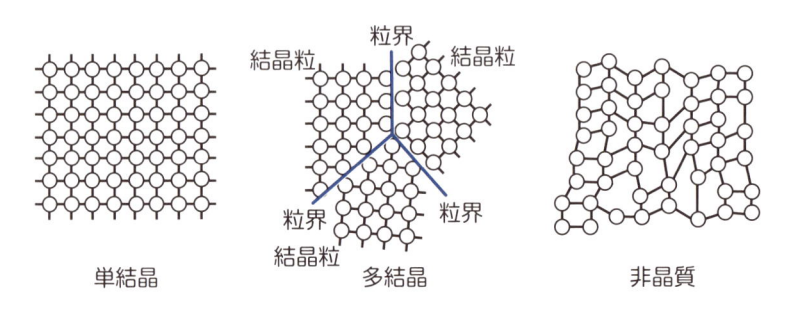

図2・10 ■単結晶・多結晶・非晶質

補足➡単結晶：single crystal，多結晶：polycrystals，非晶質：amorphous

まとめ

(1) 共有結合，イオン結合，金属結合，水素結合，ファンデルワールス結合
(2) 配向力，誘起力，分散力
(3) エネルギーバンド，伝導体，価電子帯，禁制帯
(4) 金属，半導体，絶縁体のエネルギーバンド
(5) 結晶，多結晶，非晶質
(6) ミラー指数

例題 2

(1) 金属材料は，一般的に熱伝導が良い．その理由について考察しなさい．
(2) 図 2・9 で示された結晶面と結晶方位を求めなさい．

解答 (1) 金属材料は，金属結合により結合している．金属結合では自由電子は結晶内部に広がっている．結晶の一部が加熱された場合，熱エネルギーを受け取った自由電子が，結晶内部に拡散し，その熱エネルギーを拡散した先で放出するため熱伝導が良い．

(2) 図 2・9 を参照せよ．

練習問題

① 電子のエネルギー準位を考える場合，エレクトロンボルト〔eV〕という単位が使われる．この定義について調べなさい．また，1eV は何〔J〕であるか．

② ボーアの量子条件について調べ，ボーアの水素原子模型から，水素電子のボーア半径 r と，水素電子の全エネルギー（運動エネルギーとクーロンポテンシャルを合わせたエネルギー）を求めなさい．ただし，電子の電荷 $e=-1.6\times10^{-19}$C，電子の質量 $m=9.1\times10^{-31}$kg，真空の誘電率 $\varepsilon_0=8.85\times10^{-12}$F/m，プランク定数 $h=6.63\times10^{-34}$m$^2\cdot$kg/s とする．

③ 下記の表を，N殻まで記述しなさい．

軌道	主量子数 n	方位量子数 ℓ	軌道名	磁気量子数 m	スピン量子数 s	最大収納電子数
K殻	1	0	1s	0	+1/2, −1/2	2	2
L殻	2	0	2s	0	+1/2, −1/2	2	8
		1	2p	−1	+1/2, −1/2	2	
				0	+1/2, −1/2	2	
				+1	+1/2, −1/2	2	

④ C, P, Ar, Fe, Ni, Ga, Ge, As, In, Sn, Sb について**表 2・2** を作成しなさい．

⑤ 300K の熱エネルギーと，波長 500nm の光のエネルギーを計算しなさい．

⑥ 共有結合，イオン結合，金属結合，ファンデルワールス結合を，結合力の強さ，融点・沸点，電気伝導，硬さについて整理しなさい．

⑦ 右の図の六方最密格子において，ミラー指数の表し方を調べ，①から③の結晶面と，①から③の結晶方位をミラー指数で示しなさい．ただし，結晶方位は 3本の基本ベクトル a_1, a_2, c で表しなさい．

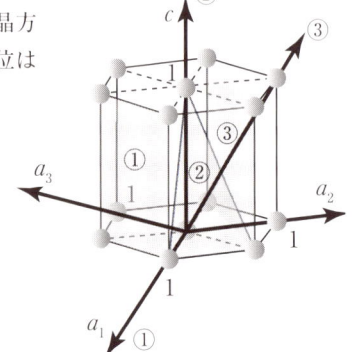

3章

導電材料

　導電材料は金属の中に存在する電子が自由に移動することができる電子伝導性物質です．電子は外部電界による力によって加速され，電界と反対方向に運動するときに，周囲の格子や不純物と衝突して抵抗を受け，力の平衡を保つ速度に安定します．したがって，衝突確率が低ければ抵抗は少なく電流を流しやすい材料になります．また，衝突により発熱，いわゆるジュール損失が発生します．

　本章の3-1節では電気伝導の考え方とオームの法則の導出について，3-2節では温度による抵抗の変化と応用製品であるサーミスタについて，3-3節では実際の導電材料と電線やケーブルを，3-4節では抵抗材料・抵抗器と発熱材料などについて，3-5節では配線や接触・接合用の導電材料を，3-6節では導体と半導体および絶縁物の界面における現象を，3-7節では抵抗が零の超電導材料のしくみなどについて学びます．

- 3-1　電気伝導
- 3-2　温度による抵抗の変化
- 3-3　導電材料と電線・ケーブル
- 3-4　抵抗材料・抵抗器と発熱材料
- 3-5　配線・接触・接合材料
- 3-6　導体／半導体／絶縁物の界面現象
- 3-7　超電導材料

3-1 電気伝導

キーポイント

電子や正孔などの荷電粒子は電界による力によって加速され，ニュートンの法則に従って運動します．金属では伝導帯中の電子が自由に移動する自由電子モデルに従い，この運動方程式を解くことによってオームの法則を導き出すことができます．微分方程式を解くことは難しいので，1個の電子について交流電界に限定して考えれば，理解しやすいでしょう．

1 電子はどのように移動するのか

電子が媒質中をどのように移動するのかを考えていきましょう．電流は荷電粒子の運動による時間的変化分 $i = dq/dt$ 〔A〕= 〔C/s〕で表されるため，以下のように考えることができます．

(1) 電界 $E = 0$ のとき

電界を加えなければ図 3·1(a) のように電子は中性原子と衝突しながらでたらめな熱運動を行っています．しかし，熱運動は乱雑ですから平均速度は 0 となり，外部には平均として電流は流れません．

(2) 電界 $E (\neq 0)$ を印加したとき

この系に図 3·1(b) のような外部電界 E を加えると，電子は熱運動をしながら x 方向に $-qE$ の力で引かれます．これを**ドリフト**(drift：駆動)**運動**といいます．$p = m\bar{v}$ を平均運動量とすると，電界によって電子に与えられる運動量の変化はニュートン(Newton)の運動法則 $F = m\alpha$ と静電気力 $F = -qE$ が等しいから

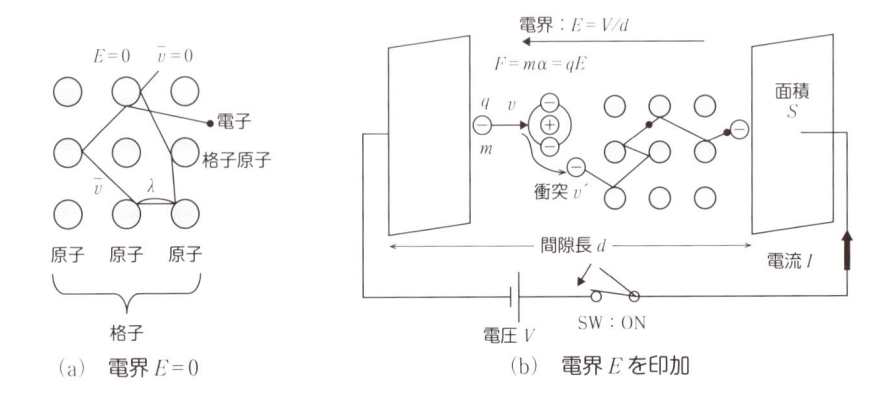

(a) 電界 $E = 0$

(b) 電界 E を印加

図 3·1 ■ 導体内の電子の振舞いと，電界印加による移動

$$\left(\frac{dp}{dt}\right)_{電界} = m\alpha = m\frac{d\bar{v}}{dt} = -qE \tag{3・1}$$

となります. ここで α は加速度です.

そうすると, 電界が一定であれば加速も一定なため, 速度は上昇し続け, 無限大(超電導)になるのでしょうか. 実際には電子が中性粒子と衝突して減速され x 方向の平均運動量を失います. 衝突によって失う運動量は単位時間の衝突回数 ν(ν：衝突周波数(collision frequency), $\nu = 1/\tau$, τ：緩和時間(relaxation time), 衝突から次の衝突までの時間) と 1 個の衝突で失う運動量の積ですから

$$\left(\frac{dp}{dt}\right)_{衝突} = -k\nu \cdot p = -m\nu'\bar{v} \tag{3・2}$$

となります. ここで, k は衝突で失う運動量の割合, $\nu' = k\nu$ です.

たとえばデッドボールでは
　　m：ボールは重いほうが痛い.
　　ν：1 秒間に何回も当たると痛い.
　　v：ボールは速いほうが痛い.
と考えられるのじゃ.

$$\therefore \quad m\frac{d\bar{v}}{dt} + m\nu'\bar{v} = -qE \tag{3・3}$$

となります. いま, 電界として交流電界 $E = E_0 e^{j\omega t}$ を印加すると, 電子は $\bar{v} = Ae^{j\omega t}$ で運動するものと仮定します. すると式(3・3)は

$$mj\omega Ae^{j\omega t} + m\nu'Ae^{j\omega t} = -qE_0 e^{j\omega t} \tag{3・4}$$

$$Am(\nu' + j\omega) = -qE_0 \tag{3・5}$$

よって

$$A = \frac{-qE_0}{m(\nu' + j\omega)} \tag{3・6}$$

$$\therefore \quad \bar{v} = \frac{-qE_0 e^{j\omega t}}{m(\nu' + j\omega)} \tag{3・7}$$

となります. ここで, 電流を電極の面積で除した電流密度 J は

$$J = -qn\bar{v} = \frac{q^2 nE_0 e^{j\omega t}}{m(\nu' + j\omega)} = \frac{q^2 n \cdot (\nu' - j\omega)}{m(\nu'^2 + \omega^2)} E_0 e^{j\omega t} \tag{3・8}$$

なぜならば

$$J\left[\frac{A}{m^2}\right] = q\left[\frac{C}{個}\right] \cdot n\left[\frac{個}{m^3}\right] \cdot v\left[\frac{m}{s}\right] = \left[\frac{C}{s}\right] \cdot \left[\frac{1}{m^2}\right] \tag{3・9}$$

よって

$$\sigma^* = \frac{J}{E} = \frac{q^2 n}{m(\nu' + j\omega)} = \frac{q^2 n \cdot (\nu' - j\omega)}{m(\nu'^2 + \omega^2)} = \sigma' - j\sigma'' \tag{3・10}$$

交流では荷電粒子の移動により

$$\text{抵抗成分}\quad \sigma' = \frac{q^2 n \nu'}{m(\nu'^2 + \omega^2)} \tag{3・11}$$

$$\text{インダクタンス成分}\quad -j\sigma'' = -j\frac{q^2 n \omega}{m(\nu'^2 + \omega^2)} \tag{3・12}$$

が同時に内在することを意味しています(図3・2).

直流では,$\omega = 0$ と置き

$$J = \frac{q^2 n \nu E}{m \nu'^2} = \frac{q^2 n E}{m \nu} = \frac{q^2 n \tau \cdot E}{m} \tag{3・13}$$

ここで,緩和時間 $\tau = 1/k\nu$ です.

$$\sigma = \frac{nq^2 \tau}{m}, \quad \rho = \frac{1}{\sigma} = \frac{m}{nq^2 \tau} \tag{3・14}$$

断面積 S,間隙長 d の一様な物質では $I = JS$,$V = Ed$ と書けるので

$$\frac{V}{d} = \rho \frac{I}{S} \quad \therefore\quad I = \frac{V}{R} \quad \left[\therefore\quad R = \rho \frac{d}{S}\right] \tag{3・15}$$

となり,オーム(Ohm)の法則が得られます.

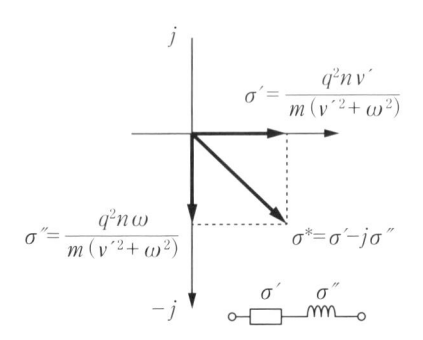

図 3・2 ■ 導電率のフェーザ図

数学では $y=ax$ という式において，y は結果，a は比例係数，x は変数(原因)を意味しておる．したがって図のように，電流 I が流れることにより抵抗 R に比例した逆起電力 V が発生して平衡することを意味し，電気回路における考え方に相当するのじゃ．

電気材料では $I=(1/R)V \rightarrow J=\sigma E$ と表し，電圧 V や電界 E を印加することにより抵抗 R に反比例，または導電率 σ に比例した電流 I や電流密度 J が流れることを意味しているのじゃ．

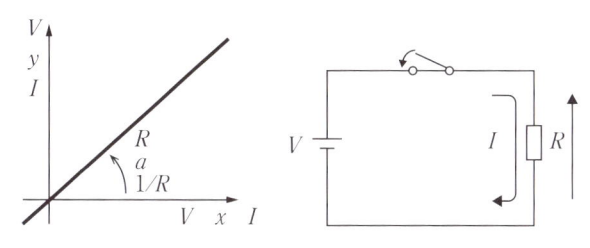

オームの法則を考える：電圧 - 電流特性と等価回路

まとめ

導体中の電子は電界の印加によって移動し，電流密度は

$$J=\frac{q^2 n(\nu'-j\omega)}{m(\nu'^2+\omega^2)}E=\sigma E$$

と表されます．また，$I=JS$, $V=Ed$ と書けるので

$$\therefore \quad I=\frac{V}{R} \quad \left[\therefore \quad R=\rho\frac{d}{S}\right]$$

となり，オーム(Ohm)の法則が得られます．

例題 1

銀の分子容量 $M=$ 原子量 107.868，密度 $10.5\times 10^3 \mathrm{kg/m^3}$ で，20℃での抵抗率を $\rho=16.2\ \mathrm{n\Omega \cdot m}$ としたとき，緩和時間 τ の式を示し，その値を求めなさい．

解答 銀は伝導電子数が金属中の原子数に等しいため，電子密度 n はアボガドロ数 N_A から

$$n=\frac{N_A}{M} \quad \rightarrow \quad \tau=\frac{m_e \cdot \sigma}{n \cdot e^2}=\frac{m_e}{n \cdot e^2 \cdot \rho}=3.74\times 10^{-14}\mathrm{s}$$

3-2 温度による抵抗の変化

キーポイント

導電材料や抵抗材料は温度が上昇すると，抵抗値も増加します．温度が変化しても抵抗値が変わりにくい標準抵抗器や，逆に高感度な温度検出センサであるサーミスタなどを製造するうえで必要な知識になります．

1 マティッセン（Matthiessen）の関係

一般に導体の温度が上昇すると，中性の原子で構成される格子の振動が増えるので衝突周波数は増加し，抵抗も増大するため，その関係は**図3・3**の実線で示され

$$R = R_0 + at \tag{3・16}$$

t を絶対温度 T〔K〕に直せば

$$R = b + aT \tag{3・17}$$

ここで，$b = R_0 - 273a$ です．

抵抗率について示せば

$$\rho = \beta + \alpha T \tag{3・18}$$

ここで，α は抵抗率の温度係数で，導体では正（$\alpha > 0$）となり，マティッセンの関係が得られます．

半導体や絶縁物の電圧-電流特性も比例の特性となりオームの法則を示す関係が得られます．しかし，抵抗率の温度係数は図3・3の破線や一点鎖線のように負（$\alpha < 0$）となり，導体とは異なった電気伝導機構を有することがわかります．**表3・1**に代表的な電線材料と半導体材料の物性値を示します．

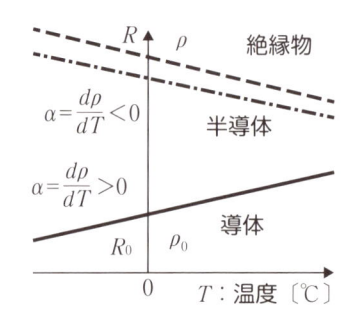

図3・3 抵抗率の温度特性

表 3・1 代表的な電線材料と半導体材料の物性表

導電材料	元素記号	抵抗率 ρ 〔n$\Omega \cdot$m〕(20℃)	抵抗率の温度係数 α (×10^{-3})(20℃)	融点〔℃〕	引張強さ〔kg/mm^2〕	密度(×10^3)〔kg/m^3〕	原子量
銀	Ag	16.2	4.1	961.8	15.0	10.50	107.87
銅	Cu	17.2	4.3	1 084.6	20.0	8.96	63.55
金	Au	22.0	4.0	1 064.2	10.0	19.32	196.97
アルミニウム	Al	27.5	4.2	660.3	8.0	2.70	26.98

真性半導体	元素記号	抵抗率 ρ 〔$\Omega \cdot$m〕(20℃)	抵抗率の温度係数 α (×10^{-3})(20℃)	融点〔℃〕	引張強さ〔kg/mm^2〕	密度(×10^3)〔kg/m^3〕	原子量
ゲルマニウム	Ge	0.69	-50	937.4	——	5.32	72.63
シリコン	Si	3 970.0	-70	1 412.0	——	2.33	28.08

2 サーミスタ（thermistor）

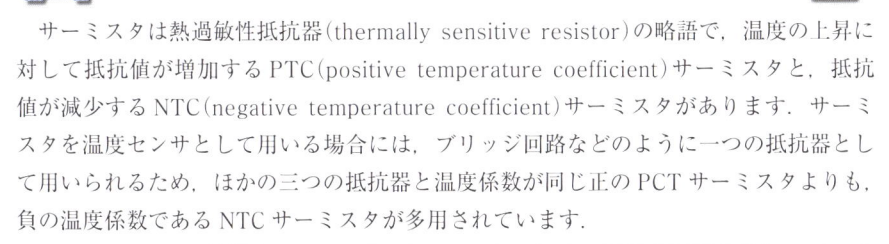

　サーミスタは熱過敏性抵抗器(thermally sensitive resistor)の略語で，温度の上昇に対して抵抗値が増加するPTC(positive temperature coefficient)サーミスタと，抵抗値が減少するNTC(negative temperature coefficient)サーミスタがあります．サーミスタを温度センサとして用いる場合には，ブリッジ回路などのように一つの抵抗器として用いられるため，ほかの三つの抵抗器と温度係数が同じ正のPCTサーミスタよりも，負の温度係数であるNTCサーミスタが多用されています．

　NTCサーミスタ材料はマンガン(Mn)，ニッケル(Ni)の遷移金属酸化物にコバルト(Co)，アルミニウム(Al)などの酸化物を混合してプレスで円板状に成型した後焼結する大電流用のディスク型や，積層構造型・マイクロチップ型など(**図3・4**)小型で小電流用のものまで多岐にわたっています．自動車産業や医療産業における温度・流量センサなどに多用されています．

　PCTサーミスタはチタン酸バリウム(BaTiO$_3$)に微量の希土類(ストロンチウム(Sr)，鉛(Pb))をキュリー点(Curie point)シフタ不純物として添加し，常温で抵抗値は小さいが，キュリー温度以上で急激に抵抗値が増加する特性を利用しており，電子炊飯器やファンヒータ，USB回路などの過電流保護やモータ，パワーMOSFETなどの過熱防止な

どに用いられています．

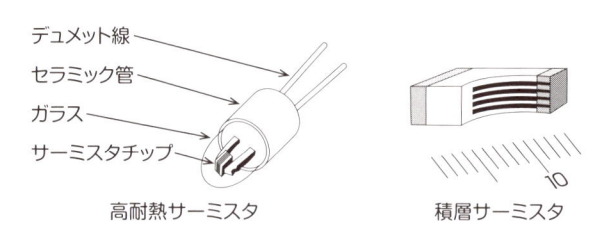

図3・4■高耐熱サーミスタと積層サーミスタの構造

例題 2

ニクロム（Ni-Cr 合金）の抵抗率は 20℃で 1 080 nΩ·m であって，これを 700℃に加熱すると抵抗率が 7% 増加する．マティッセンの法則を示し，これが成り立つとしてニクロム中の格子欠陥や不純物の散乱のみに基づく抵抗率の式を示し，その値を求めなさい．

解答 温度を絶対温度に変換し

$$a = \frac{(1.07-1) \cdot 1\,080 \times 10^{-9}}{(700+273)-(20+273)}, \quad \rho = \rho_i + aT \;\rightarrow\; \rho_i = 1\,047.4\,\text{n}\Omega\cdot\text{m}$$

3-3 導電材料と電線・ケーブル

キーポイント

導電材料の応用製品には，導体を線状に引き伸ばして2地点間を電気的に接続する電線と，導体が絶縁物や保護被覆で覆われているケーブルがあります．一般的な配電用の電線には銅（Cu）が，長距離送電用の電線には軽量なアルミニウム（Al）が多用されています．高周波における表皮効果の低減や，半導体の集積回路（IC：integrated circuit）においては展延性に優れた金（Au）が用いられています．

1 導電材料

金属の中で抵抗率が最も小さい材料は銀ですが，酸化しやすいために抵抗率は悪化します．また銀は高価なため，ほかの金属との合金やめっき材料として用いられることはまれにありますが，単体での利用はほとんどありません．

> 銀製品は酸化すると黒色化するため手入れが面倒である．しかし殺菌作用があるため，魚を食べるときのフォークやナイフに用いられていたのじゃ．また，皿やスプーンに銀を用いると毒（ひ素）を検知することができるため，昔の王族が毒殺を恐れて使用したといわれておる．日本では古くから島根県の石見で銀が，栃木県の足尾で銅が，新潟県の佐渡などで金が産出されてきたのじゃ．

(1) 銅(Cu)

一般的な電線（表3・2）に使用されている電気銅は電気分解で精製したもので，99.96％以上の純度を有し，鉄（<0.01％）や硫黄（<0.005％）・鉛（<0.005％）などの不純物が抵抗率を増加させています．また，酸素を0.05％程度含んでおり，電気銅を水素還元反応させ酸素含有率を0.01％以下にしたものを無酸素銅と呼んでいます．硬銅線は電気銅を鋳造・熱間圧延・室温で伸線加工したもので，電車のトロリー線（Cu-Be：2％）などに用いられています．軟銅線は硬銅線を焼きなましたもので，適度な硬度と引張強さを持っているため，電線に多用されています．

めっき線は銅線の表面にすず（Sn）を電気めっきしたもので，耐食や耐酸化に優れています．また，銀(Ag)やニッケル(Ni)めっきは高分子被覆の高温酸化防止に用いられています．

表3・2■代表的な銅線材料の物性表

導電材料	抵抗率 ρ [nΩ・m] (20℃)	融点 [℃]	引張強さ [kg/mm^2]	密度 ($\times 10^3$) [kg/m^3]	伸び率 [%]
鋳造銅	17.1 ~ 17.6	1 083.0	15 ~ 20	8.90	15 ~ 20
軟銅線	17.1 ~ 17.8	1 083.0	23 ~ 28	8.89	63.5
硬銅線	17.6 ~ 18.0	1 083.0	35 ~ 47	8.89	197.0

(2) アルミニウム(Al)

アルミニウムはボーキサイトを電解精錬して作られる軽量な材料のために長距離の送電線に用いられていますが，軟らかいために中心を鋼心にしたより線構造になっています．表3・3のように，硬度を増すために熱間圧延を行った硬引アルミ線は焼なましによって抵抗率が低減します．一般に350 ~ 450℃で短時間焼なましするほうが結晶粒の成長が少なく，抵抗率の低減効果が高くなります．アルミニウムの引張強さを改善するために，溶解度の異なる金属であるSiを0.5 ~ 0.6%，Mgを4%，Feを0.3%添加したアルドライ合金を焼きなましたものが最も優秀です．半導体集積回路(IC)の配線には数%のシリコンや銅を混合したAl:SiやAl:Si,Cu合金が用いられています．母材のSiにAlが拡散し，接合破壊を防止しています．Cuは電流や応力による原子の移動現象であるマイグレーションを防ぐために添加されています．

表3・3■代表的なアルミニウム線材料の物性表

導電材料	抵抗率 ρ [nΩ・m] (20℃)	引張強さ [kg/mm^2]	熱膨張係数 (20℃)	伸び率 [%]
硬引アルミ線	28.3	15 ~ 17	24×10^{-6}	40
アルデュール	35.9	35	24×10^{-6}	—
アルドライ	31.2	37	24×10^{-6}	4

(3) 金(Au)

金は耐酸化性や耐薬品性があり，展延性に優れ薄膜化や細線化が容易なため，ICのリード線や電極に多用されています．また，銅線を金めっきして高周波特性(表皮効果)を改善した音響機器用高級ケーブルに用いられています．

2 導体を応用した素子：電線

電線は裸で使用されることもありますが，一般的には図3・4のように絶縁物で被覆して用いられます．ケーブルは多数の被覆電線を束にして，その外側を被覆しているために，外界からの湿気や化学的な変化を受けにくいように保護されています．

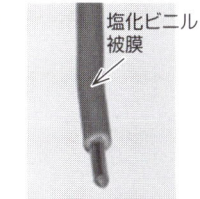

エナメル被膜 — 銅単線
塩化ビニル被膜 — 銅単線
塩化ビニル被膜 — 銅より線
鋼心アルミニウムより線
編銅線

図3・4 代表的な電線の断面構造

(1) 単線

裸単線は円形の断面が多く用いられていますが，大電流用には平角形や電車のトロリー線のように溝の入った特殊な形状をしているものもあります．電線を被覆する絶縁物の種類は多種多様で，一般的には塩化ビニルを被覆した電線が用いられています．軟銅線の表面に絶縁性のエナメルを焼き付けたものは機械的に弱いために，ポリビニルホルマールやポリイミドを被覆した強靭かつ耐熱性を持つ電線が機器の小型化に利用されています．ゴム絶縁電線はゴム中の硫黄と銅の反応を防止するために，すずやニッケルめっき線が用いられています．

無限長直線導体に電流 i が流れている往復線路における，線路導体 n 本，長さ l の自己インダクタンス L は次式で求められるのじゃ．

$$L = \frac{n\phi}{i}$$

線路の間隔 D よりも線路の半径 r が非常に小さいとき，磁束 ϕ は

$$\phi = \frac{\mu_0 l i}{2\pi} \ln \frac{D}{r} \quad (\ln：常用対数)$$

$n=1$ 本のときは次式となる．

$$L_O = \frac{\mu_0 l}{2\pi} \ln \frac{D}{r} \; [\mathrm{H}]$$

また，導体内部の自己インダクタンスは次式で求められるのじゃ．

$$L_I = \frac{\mu l}{8\pi}$$

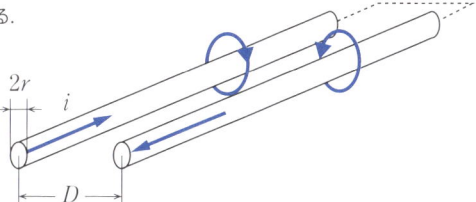

往復線路の自己インダクタンス

例題 3

線路の半径 1 mm，間隔 5 mm の平行往復銅線路 1 km 当たりの自己インダクタンスを求めなさい．

解答 往復線路は自己インダクタンスの和を 2 倍し，銅の比透磁率 $\mu_r \fallingdotseq 1$ として

$$L = 2(L_1 + L_0) = 2\left(\frac{\mu_0 \mu_r \times 1\,000}{8\pi} + \frac{\mu_0 \times 1\,000}{2\pi} \ln \frac{0.005}{0.001}\right) = 743\,\mu\text{H}$$

が求まります．

（2） より線

同心より線は中心線の周りに同心状により線を配置したもので，集合より線は一般的なより線です．複合より線は同心より線と集合より線を複合したもので，平形より線は大面積のより線で平形にしたもの，編組線は平形より線を組み網にして形状を保持したものでアース線などに用いられています．鋼心アルミニウム線は引張強さを鋼のより線に持たせ，電流は周囲のアルミニウムに流しています．長距離の送電線として用いられ，軽量でたるみが少ないので，鉄塔を低く少なくできます．

表皮効果

導体の電流密度 J は深さ δ に対し，$J = e^{-\delta/d}$ のように減少しておる．ここで d は表皮深さで，電流が表面電流の $1/e$（約 0.37）になる深さであり $d = \sqrt{(2\rho/\omega\mu)}$ と求められるのじゃ（ここで，ρ：抵抗率，ω：角周波数 $= 2\pi f$，f：周波数，μ：透磁率）．交流電流に対して電線は直流電流に対する厚さ d のパイプのような抵抗を示し，円形断面の電線の抵抗は

$$R = \frac{\rho}{d}\left(\frac{L}{\pi(D-d)}\right) \fallingdotseq \frac{\rho}{d}\left(\frac{L}{\pi D}\right)$$

ここで，L：導体の長さ，D：導体の直径

のように周波数が高くなると実効断面積が減少し，抵抗が増加して損失も大きくなっておる．この対策として，断面積が同じになるように複数の絶縁導体線（エナメル線など）をより合わせたリッツ線が用いられているのじゃ．

例題 4

直径 1cm の銅線における表皮深さを周波数 50Hz と 10kHz および 10MHz について求めなさい．

解答 銅の抵抗率 $\rho = 17.2 \, n\Omega \cdot m$，比透磁率 $\mu_r \fallingdotseq 1$ とすると

$$d = \sqrt{\frac{2 \times 17.2 \times 10^{-9}}{2\pi \times 50 \times \mu_0 \mu_r}} = 9.3 \text{ mm}$$

$$d = \sqrt{\frac{2 \times 17.2 \times 10^{-9}}{2\pi \times 10 \times 10^3 \times \mu_0 \mu_r}} = 660 \, \mu m$$

$$d = \sqrt{\frac{2 \times 17.2 \times 10^{-9}}{2\pi \times 10 \times 10^6 \times \mu_0 \mu_r}} = 20.9 \, \mu m$$

が求まります．

(3) 許容電流

単線に流すことができる電流は電線の断面積によって**表 3・4** のように規定されています．より線は線の本数と線の直径から求められる公称断面積によって許容電流が規定されています．許容電流が大きくなると単線では曲げや切断などの加工が困難になるため，より線が用いられています．

表 3・4 単線とより線の規格値

単線 素線直径 [mm]	断面積 [mm²]	許容電流 [A]	より線 素線数	素線直径 [mm]	公称断面積 [mm²]	許容電流 [A]	素線数	素線直径 [mm]	公称断面積 [mm²]	許容電流 [A]
1	0.8	16	7	0.4	0.9	17	19	1.8	50	190
1.2	1.1	19	7	0.45	1.25	19	19	2	60	217
1.6	2.0	27	7	0.6	2	27	19	2.3	80	257
2	3.1	35	7	0.8	3.5	37	19	2.6	100	298
2.6	5.3	48	7	1	5.5	49	19	2.9	125	344
3.2	8.0	62	7	1.2	8	61	37	2.3	150	395
4	12.6	81	7	1.6	14	88	37	2.6	200	469
5	19.6	107	7	2	22	115	61	2.3	250	556
			7	2.3	30	139	61	2.6	325	650
			7	2.6	38	162	61	2.9	400	745
							61	3.2	500	842

3 導体を応用した素子：ケーブル（cable）

（1） 屋内配線

屋内配線には図3・5のように平行ケーブルやVVF(vinyl insulated vinyl sheathed flat-type)ケーブルが用いられています．電線の周囲を塩化ビニル絶縁物で覆い，その上に塩化ビニルで外皮(シース)を施したもので，600V以下の電圧で使用されています．

平行ケーブル　　VVFケーブル

図3・5■平行・VVFケーブル

（2） 電力用ケーブル

電力用ケーブルは送配電線に用いられるもので，CV(crosslinked poly-ethylene insulated poly-vinyl chloride sheathed)ケーブル（図3・6）は電線の周囲を架橋ポリエチレン絶縁物で覆い，その周囲を塩化ビニルシースで被覆したケーブルで，使用電圧は600V～500kVの交流用です．多心電力ケーブルには，電線上に絶縁紙を巻いて金属シースを施して内部に絶縁油を充填したOF(oil filled)ケーブル（使用電圧：66～500kV）や，油浸絶縁紙を巻いた電線を防食鋼管内に高粘度の絶縁油を高圧で充填したPOP(pipe-type oil filled)ケーブル（使用電圧：154～500kV）などがあります．

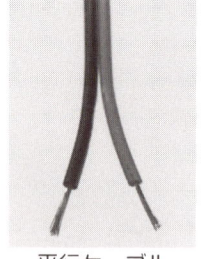

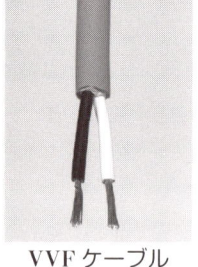

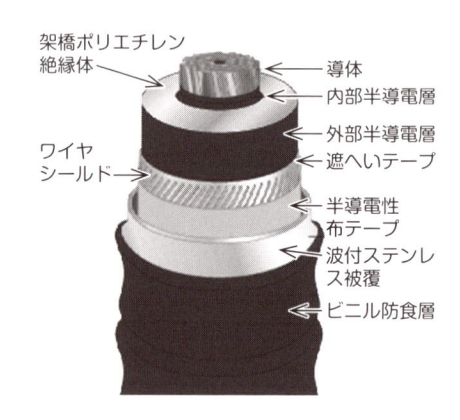

架橋ポリエチレン絶縁体／導体／内部半導電層／外部半導電層／遮へいテープ／ワイヤシールド／半導電性布テープ／波付ステンレス被覆／ビニル防食層

図3・6■CVケーブル

（3） 通信用ケーブル

市内ケーブルはポリエチレン(PE)やポリ塩化ビニル(PVC)線を往復線としてより合わせたもので，遠距離用の市外ケーブルは漏話を少なくするために星形や重信(DMカッド)と呼ばれる構造を有しています．高周波用には同軸ケーブルが用いられ，伝送路を伝播する電磁波の電界と磁界の比である特性インピーダンスが75Ω系の3C2V, 5C2V, 7C2V(最初の数字はケーブルの直径をmm単位で表記)などや，特性インピーダンスが50Ω系の3D2V, 5D2V, 7D2Vなどがあります．

> 同軸ケーブルは図のように 75 Ω系がアンテナに用いられ，M 型コネクタが，50 Ω系はオシロスコープなどの計測用として BNC コネクタが取り付けられます．

(a) 3C-2V ケーブルと M 型コネクタ

(b) 3D-2V ケーブルと BNC コネクタ

同軸ケーブルとコネクタ

まとめ

　電線やケーブルの導電材料には主に銅が，軽量化が求められる送電ケーブルには鋼心アルミニウムが使用されています．絶縁には塩化ビニルやポリエチレンなどの高分子材料を電線の周りに被覆しています．また，許容電流や表皮効果などを考慮して，単線やより線を選択する必要があります．

3-4 抵抗材料・抵抗器と発熱材料

キーポイント

抵抗材料は抵抗率が大きな金属や炭素など，あるいはそれを合金または酸化物にして使用します．抵抗値が一定の固定抵抗器と，つまみを回すと回転角度によって抵抗値を変えることができる可変抵抗器（ボリューム：volume）があり，高精度の抵抗器は薄膜型に，大電力用の抵抗器は巻線型などが用いられています．また，抵抗に生じるジュール損失を用いた発熱により，高耐熱のものが電熱器（ヒータ：heater）や電気炉などに使用されています．

1 合金

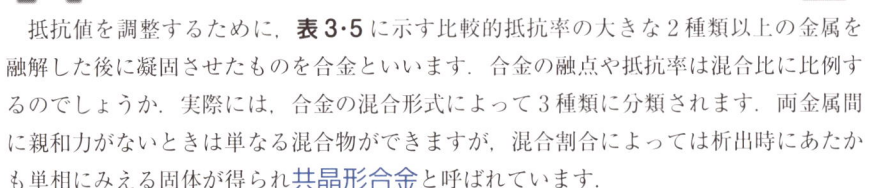

抵抗値を調整するために，表 3・5 に示す比較的抵抗率の大きな 2 種類以上の金属を融解した後に凝固させたものを合金といいます．合金の融点や抵抗率は混合比に比例するのでしょうか．実際には，合金の混合形式によって 3 種類に分類されます．両金属間に親和力がないときは単なる混合物ができますが，混合割合によっては析出時にあたかも単相にみえる固体が得られ共晶形合金と呼ばれています．

たとえば図 3・7(a) のように鉛（Pb）中にすず（Sn）を混入したものを融解し，温度を低下させると，Pb の結晶が析出し始め Sn の割合が多くなるために凝固温度は低下します．凝固温度が最低（Pb：37％－Sn：63％で 183℃）な共晶点を超えると Pb の析出よりも Sn の析出が強くなり凝固温度は増加します．このとき抵抗率は Pb が 100％ の値からほぼ直線的に減少し，Sn が 100％ の値に至ります．また，図 (b) に示すコンスタンタンのように銅（Cu）の結晶格子の中にニッケル（Ni）が侵入や置換の形で入り込むものを固溶体と呼びます．図中の液相線以上では液体に，固相線以下では固体で，両曲線に挟まれた部分は液体と固体が共存しています．Ni の原子半径は 0.125 nm，Cu は 0.128 nm となり，結晶構造は面心立方格子で同じです．合金にすると結晶格子のひずみが現れ，抵抗率は異種原子の格子不整合により両金属の成分比率から計算した値よりも著しく増加し，格子のひずみが最も著しい比率で極大値を示します．さらに図 (c) のように，マグネシウム（Mg）は最密六方格子で Pb は面心立方格子と結晶構造が異なる場合に，Mg_2Pb という金属間化合物（intermetalic compound）ができ，独自の融点をもっています．これは重量百分率で Mg：19％－Pb：81％ のときが，原子組成百分率で Mg：33at％－Pb：67at％ と 2 対 1 の割合になり，この組成比を境にして二つの共晶形合金の状態図を横に並べたときと同じになります．

補足 ⇒ 共晶形合金：eutectic alloy, 共晶点：eutectic point, 固溶体：solid solution

表 3・5 代表的な抵抗・発熱材料の物性表

抵抗材料	元素記号	抵抗率 ρ 〔nΩ・m〕(20℃)	抵抗率の温度係数 α (×10^{-3})(20℃)	融点〔℃〕	密度 (×10^3)〔kg/m^3〕	原子量
マグネシウム	Mg	45	4.0	650	1.738	24.305
ナトリウム	Na	46	5.5	97.8	0.97	22.99
モリブデン	Mo	47.7	4.7	2 623	10.2	95.95
ロジウム	Rh	51	4.4	1 960	12.41	102.91
タングステン	W	55	5.3	3 407	19.3	183.84
亜鉛	Zn	59	4.2	419.5	7.14	65.38
コバルト	Co	70	6	1 495	8.9	58.93
ニッケル	Ni	72.4	6.7	1 455	8.9	58.69
ルテニウム	Ru	76.4	——	2 250	12.4	101.07
インジウム	In	83.7	5.1	156.6	7.31	114.82
オスミウム	Os	95	4.2	3 045	22.57	190.23
鉄	Fe	98	6.6	1 536	7.87	55.845
白金	Pt	106	3.9	1 769	21.45	195.08
パラジウム	Pd	108	3.7	1 552	12.02	106.42
すず	Sn	114	4.5	231.93	7.31	118.71
クロム	Cr	129	6.0	1 857	7.19	51.996
タンタル	Ta	155	3.3	2 985	16.7	180.95
ベリリウム	Be	185	3.3	1 287	1.85	9.012
鉛	Pb	219	4.2	327.5	11.35	207.2
アンチモン	Sb	390	4.7	630.74	6.7	121.76
チタン	Ti	420	3.47	1 666	4.5	47.87
マンガン	Mn	1 440	——	1 246	7.44	54.938
炭素	C	35 000	0.9	[3 370]	1.8～2.1	12.01

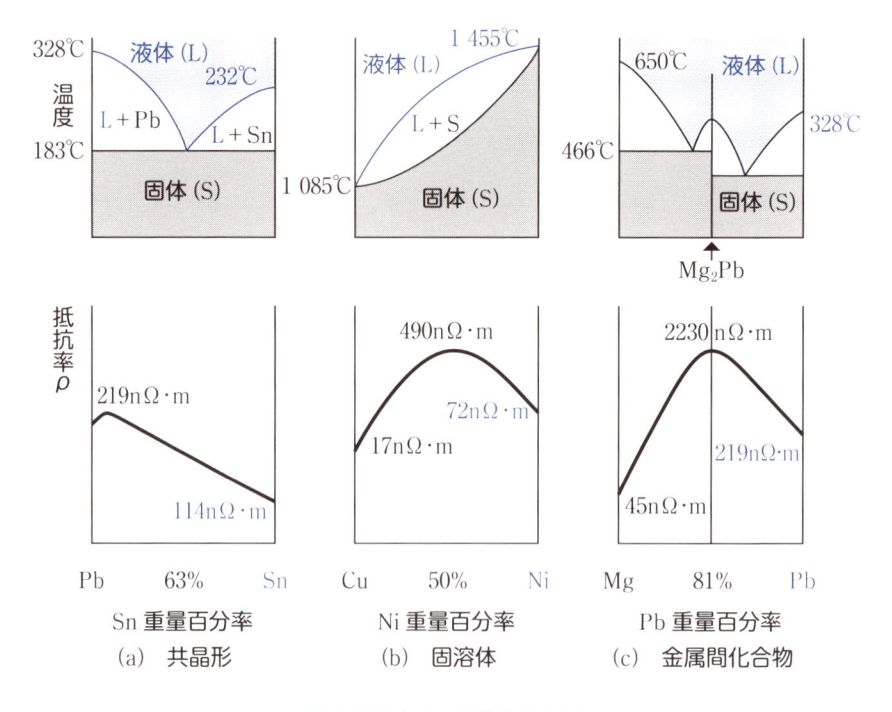

図 3・7 ■ 合金の種類と抵抗率

　マンガニンは Cu(83～86%)・Mn(12～15%)・Ni(2～4%)の合金で抵抗率は420～480 nΩ·m で，常温付近の温度計数は$(1～3)×10^{-5}$/℃と非常に小さいため，標準抵抗器に使用されています．

　ニクロムはニッケル・クロム・マンガンの合金で抵抗率が高く，耐熱性が高いため，1 000℃程度までのヒータ線に用いられています．第1種は Ni(75～79%)・Cr(18～20%)・Mn(2.5%以下)・C(0.15%以下)・Si(0.5～1.5%)・Fe(1.5%以下)で抵抗率は1 080 nΩ·m，第2種は Ni(57%以上)・Cr(15～18%)・Mn(3.0%以下)・C(0.2%以下)・Si(0.5～1.5%)・Fe(残部)で抵抗率は1 120 nΩ·m と非常に大きな値を示します．

　コンスタンタンは Cu(55%)・Ni(45%)の二元合金で抵抗率が490 nΩ·m と高く，温度係数が$1.5×10^{-5}$/℃と非常に小さいため，標準抵抗器などに使用されています．また，熱起電力が高いため，銅線と組み合わせて熱電対を作り，T型と呼ばれる1 000℃までの温度測定に用いられています．同じ Cu-Ni 系の合金であるアドバンスは Cu(54.5%)・Ni(44.68%)・Mn(0.54%)・Fe(0.11%)で抵抗率が475.6 nΩ·m と高く，温度係数がほぼ0であるため，標準抵抗器の代表的な材料です．

2 抵抗器

表3・6に抵抗器の分類を示します。抵抗器は抵抗値が一定の固定抵抗器と回転の角度によって抵抗値が変わる可変抵抗器があります。表に示したように，皮膜抵抗器としては，炭化水素系の原料ガスを熱分解して炭素をセラミックスなどの円筒上に析出させたものや，金属を蒸着法やマグネトロン放電によるスパッタ法でそのままないしは酸化や窒化させてセラミックスなどの円筒上に堆積させたものがあります．

表3・6 抵抗器の分類

炭素系	皮膜系（熱分解析出被膜）	ベンゼン系炭化水素	$5\Omega \sim 5M\Omega$	$1/8 \sim 2W$
	コンポジッション（炭素粉末と樹脂）	ソリッド形（体形）	$10\Omega \sim 20M\Omega$	$1/8 \sim 2W$
		皮膜形	$5\Omega \sim 5M\Omega$	$1/8 \sim 2W$
金属系	皮膜系（薄膜系）	金属系	$50\Omega \sim 2M\Omega$	$1/8 \sim 1W$
		金属酸化物系	$10\Omega \sim 200k\Omega$	$1/2 \sim 7W$
		金属窒化物系	$10\Omega \sim 200k\Omega$	$1/2 \sim 7W$
		薄膜サーメット	$10\Omega \sim 10M\Omega$	$1/2 \sim 3W$
	厚膜系	厚膜サーメット	$10\Omega \sim 10M\Omega$	$1/2 \sim 3W$
		メタルグレース	$510k\Omega \sim 1G\Omega$	$1/8 \sim 4W$
	巻線形	電力用	$0.1\Omega \sim 90k\Omega$	$5 \sim 100W$
		高周波用標準抵抗	温度係数 α：小	

合金皮膜にはNi-Cr合金の蒸着膜があり，皮膜表面をSiO_2で被覆して安定させています．金属窒化膜の代表はTa:Nで，窒素とアルゴン中でTaをスパッタしています．金属酸化膜には$SnCl_4$とSbOの混合水溶液を約800℃に加熱したセラミックスやガラスに吹き付けたSnO_2とSbO固溶体皮膜があります．

炭素皮膜はベンゾールやメタンなどの炭化水素ガスを約1200℃に加熱した石英やセラミックス上に析出させたものです．炭化水素ガスと塩化ほう素を混合して析出させたボロカーボン皮膜や，炭化水素ガスとトリメチルクロロシランを混合して析出させたカーボンアロイ皮膜などによって，表面抵抗を高めると同時に温度係数を改善しています．

皮膜型抵抗器はらせん状に溝切り（図3・8）し，抵抗値を調整するため，高精度で抵抗値を選択でき，量産性にも優れています．また，携帯電話などの小型電子機器において

は，チップ抵抗器と呼ばれる角板状のアルミナ(Al₂O₃)絶縁基板の上にNi-Cr合金などを蒸着したリード線のない小型(0.4mm×0.2mm以上)の表面実装部品が用いられています．膜厚が1μm以上のものを厚膜と呼び，ガラス粉末にパラジウムや銀粉末を混合した水溶液を約800℃に加熱したセラミックスに吹き付けたサーメット(cermet：ceramic＋metal)やメタルグレースが用いられています．ソリッド(solid：固体)形抵抗器はカーボンブラックのような無定形炭素あるいは粉末状の黒鉛(graphite)をシリカやレジンと混合焼成し，セラミックスや高分子の円筒内に詰めたものです．小型抵抗器として量産に適していますが，精度が悪く抵抗値を所定の値に調整することが困難な欠点があります．

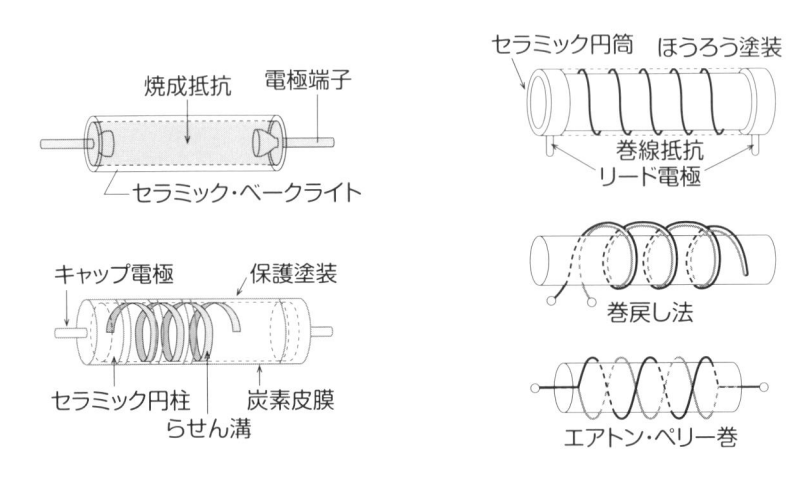

図3・8■ソリッド・皮膜抵抗器　　　図3・9■各種の巻線抵抗器

巻線抵抗器は図3・9のように，マンガニンやアドバンス・コンスタンタン・ニクロム線などをエナメルなどで絶縁し，高分子樹脂やセラミックスの円筒ボビン上にコイル状に巻き付けて作られます．100kΩ以下の低抵抗しか作れませんが，100W程度の大電力用の抵抗器に用いられています．巻線抵抗器はコイルと同じ構造であるため，高周波においてインダクタンス成分(図3・10)が無視できないほど大きくなります．これを改善する方法がエアトン・ペリー巻(Ayrton-Perry winding)や巻戻し法です．

可変抵抗器は円形の薄膜または巻線抵抗の上を，摺動子と呼ばれるすべり接触電極を回転させて抵抗値を調整しています(図3・11)．回転角に対して抵抗値が比例して増加するB形や，最初は徐々に増加するが後に急激に増加するA形，逆に最初は急激に増加し後に飽和するC形があります．

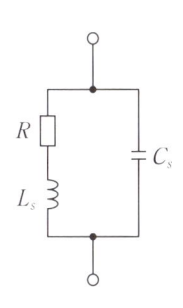

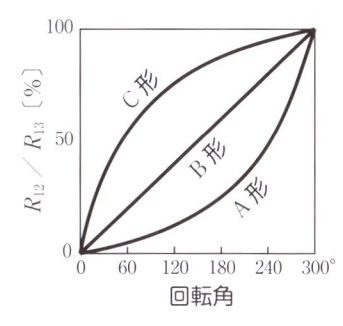

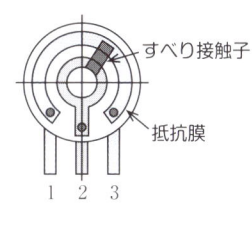

図3・10 抵抗器の等価回路　　**図3・11** 可変抵抗器の回転角-抵抗値特性

3 発熱材料

　金属発熱材料としてはニクロム(Ni-Cr)合金が1 100℃以下の電熱線として多用されています．また，耐熱性に富み(～1 300℃)安価な発熱材料としてカンタル(Fe-Cr-Al)合金も用いられています．高耐熱性として，白金(Pt)は高価ですが耐酸化性に優れ約1 600℃(還元雰囲気中で弱い)で，加工困難な高硬度材料のタングステン(W)は約2 500℃で，モリブデン(Mo)は約1 650℃の還元雰囲気(水素ガス)や窒素ガス中および真空中などで使用されています．非金属発熱材料としては炭化けい素(SiC)．発熱体はSiC粉末とSiおよびCを2 000℃で焼結した1 600℃耐熱の空気中で使用できる電気炉です．黒鉛発熱体は真空中や不活性もしくは還元酸素雰囲気中で棒状や管状で利用します．クリプトル炉は粒状とし粒間の接触抵抗で発熱し，ジルコニアはZrO_2にCaOやMgO，Y_2O_3を添加したもので，大気中で2 400℃まで使用できます．けい酸モリブデンは$MoSiO_2$粉末またはMoとSiの混合粉を成形して水素などの非酸化性雰囲気中で焼結したもので，1 700℃までの空気中で使用できます．

4 抵抗ひずみセンサ（ストレインゲージ：strain gage）

　抵抗ひずみセンサには応力が加わったときに生じるひずみで抵抗値が変化する感歪抵抗体を利用しています．ひずみの感度を表すゲージ率は$G=(\Delta R/R)/(\Delta L/L)$で与えられ，コンスタンタンが$G=1.7～2.1$，クロメルが$G=2.5$，アドバンスが$G=2.04～2.12$，アイソエラスティック(Ni：36%, Cr：8%, Mo：0.5%, Mn+Si+Cu+V：3.5%, Fe：52%)が$G=2.8～3.5$です．

5 磁気抵抗効果

電流の経路に対して磁界を垂直に加えると，電子の移動方向が曲げられて格子との衝突の機会が増すために電気抵抗値が増加する現象を磁気抵抗効果と呼びます．ビスマス(Bi)の1Tにおける抵抗の増加率 $\Delta\rho/\rho=0.45$ はゲルマニウムの $\Delta\rho/\rho=0.3$ よりも大きく，インジウム-アンチモン(In-Sb)は $\Delta\rho/\rho=23.6$ と非常に大きな変化を示しています．

まとめ

抵抗材料や発熱材料には抵抗値が大きく，調整が容易な合金材料が用いられています．抵抗器は固定抵抗器と可変抵抗器があり，炭素系や金属系の皮膜形や巻線形が抵抗値や許容電力などによって使い分けられています．また，抵抗ひずみセンサや磁気抵抗効果を利用したセンサが応用されています．

3-5 配線・接触・接合材料

キーポイント

電子機器の小型化により電子回路はモジュール化や集積化が促進され，デバイス間の配線もマイクロメートル（μm：10^{-6}m）からナノメートル（nm：10^{-9}m）オーダへと狭まっています．

従来の電線やケーブルによる配線に加えて，プリント基板における薄膜配線技術や光学素子に用いられる透明電極材料，スイッチやブラシなどの接触材料，はんだなどの接合材料について学びます．

1 プリント配線

装置の小型化に伴い，部品や配線法の小型化が求められています．プリント配線はフェノール系やガラスエポキシ樹脂などの絶縁基板表面に厚さ 35〜70 μm の電解銅箔を接着剤で張り付けた積層板を用いて，写真腐刻（photoetching）や凸版・スクリーン印刷などにより配線のパターン部分を残し，不要部分を塩化第二銅溶液や過硫酸アンモニア溶液のエッチング液で化学的に取り除いています．耐食感光膜（photoresist）には未硬化なポリけい皮酸ビニルなどの上に配線のネガフィルムを置き，そこに紫外光を照射して光重合硬化反応をさせます．未硬化部分のレジスト膜を除去液で取り除くと銅箔が露出し，この部分をエッチングします．エッチング液を用いる方法を**ウエットエッチング**，プラズマによる方法を**ドライエッチング**と呼んでいます．最後にレジスト膜を除去して完成させます．

めっき法（絶縁基板上に配線部のみを無電解めっきや電解めっきを施す方法）は経済的ですが，廃液の処理や洗浄工程に問題があり，さびの発生やはんだ付け性の低下を招くなどの障害を起こすことも危惧されています．また，導電性塗料を印刷塗布する配線法には，接着性フィルムで裏打ちされた銅箔を配線パターンの金型治具で打ち抜くと同時に基板に加熱圧着するスタンピング法やインクジェットプリンタで直接的（マスクレス）にコンピュータから CAD データを書き込む方法があります．

2 薄膜の導電率

薄膜（film）は膜の厚さが数 μm 以下のもので，基板表面に被着した他の固体物質の薄い層をいい，基板なしで存在しません．これに対して，箔（foil）は基板なしでも存在できる薄い層です．薄膜内の自由電子が格子に衝突してから次に衝突するまでの距離の平均値を**平均自由行程** λ といいます．膜の厚さが薄くなると，**図 3・12** のように膜面上の点 O〜P で電子が衝突散乱することで平均自由行程 λ が実質的に短縮し，導電率が低下します．全体の平均自由行程 λ_{eff} は

$$\lambda_{\mathrm{eff}} = \int_0^{\phi_0} x \sin\theta d\theta + \int_{\phi_0}^{\phi/2} \lambda \sin\theta d\theta \tag{3·19}$$

膜厚を d とすると $d = x\cos\theta = \lambda\cos\theta_0$ ですので

$$\lambda_{\mathrm{eff}} = d\left(1 + \ln\frac{\lambda}{d}\right) \tag{3·20}$$

となります。電子は点O以外からも出発しますので

$$\overline{\lambda}_{\mathrm{eff}} = \left[\int_0^d \lambda_{\mathrm{eff}} dz\right]/d = d\left(\frac{3}{4} + \frac{1}{2}\ln\frac{\lambda}{d}\right) \tag{3·21}$$

のようになります。薄膜の導電率を σ とし、固体の塊(バルク：bulk)における導電率を ∞ で示すと以下のようになります。

$$\frac{\sigma}{\sigma_\infty} = \frac{\overline{\lambda}_{\mathrm{eff}}}{\lambda} = \frac{d}{\lambda}\left(\frac{3}{4} + \frac{1}{2}\ln\frac{\lambda}{d}\right) \tag{3·22}$$

これにより導電率の低下、抵抗率の増大をきたしますが、実際にはもう少し複雑で、**形状効果**と呼ばれています。

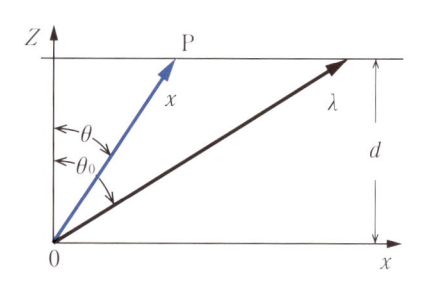

図3・12■薄膜中電子の自由行程

3 透明電極材料

金属は自由電子が光を反射するために不透明になります。しかし膜厚が薄くなると、局在する電子群が**プラズモン**と呼ばれる分極物質と同様な働きをして、光を透過します。たとえば厚さ300nmの金薄膜は可視光領域で60%の透過率を、厚さ10nmのアルミニウム薄膜は40%の透過率を示し、シート抵抗が10Ω程度の透明電極になります。液晶ディスプレイや太陽電池などに用いられる透明電極にはITO(indium tin oxide：$In_2O_3:SnO_2$)が用いられており、抵抗率が $10^{-3} \sim 10^{-5}$ Ω·m と低く、酸化物のワイドギャップ半導体に不純物をドープしてドナー準位を形成したn形縮退半導体です。

金属の電磁波に対する比誘電率 ε_r はドルーデモデル(Drude model)から

補足➡形状効果：size effect, プラズモン：plasmon

$$\varepsilon_r = 1 - \frac{n \cdot e^2}{\varepsilon \cdot m_0 \{\omega^2 - (\omega_0^2 + j\nu\omega)\}} \tag{3・23}$$

ここで

$$プラズマ周波数 \omega_p = \sqrt{\frac{n \cdot e^2}{\varepsilon \cdot m_0}} \tag{3・24}$$

とし，$\omega_p^2 \gg \omega_0^2 + j\nu w$ が成り立つ光学的な周波数領域では

$$\varepsilon_r \fallingdotseq 1 - \frac{\omega_p^2}{\omega^2} \tag{3・25}$$

と近似できます．反射率 R は

$$R = \left| \frac{\sqrt{\varepsilon_r} - 1}{\sqrt{\varepsilon_r} + 1} \right|^2 \tag{3・26}$$

で表されるために，ω_p 以下の $\varepsilon_r < 0$ のときに $\sqrt{\varepsilon_r}$ は虚数のため $R=1$ になるので光は100％反射されます．逆に ω_p 以上の $\varepsilon_r > 0$ のときに $\sqrt{\varepsilon_r}$ は実数となるため $R < 1$ で光は透過します．

4 導電性高分子材料

高分子材料は絶縁性ですが，ポリアセチレンフィルムに臭素(Br)やよう素(I)・ナトリウム(Na)・カリウム(K)をドープすると，対数的に導電率が上昇します．この導電性高分子はリチウムイオン電池の電解質や太陽電池などに応用が広がっています．また，通常の絶縁性高分子に，金属やカーボンの微粒子を混入した導電性プラスチックは，可塑性や加工性などに優れているため実用化されています．

> 2000年白川, Heeger, MacDiarmid は導電性ポリマーの発見と開発の業績によりノーベル化学賞を受賞しているのじゃ．

5 接点材料：スイッチ (switch)，リレー (relay)

接点の開閉により電流の導通と遮断を行うもので，導電率・熱伝導率・融点・硬度が高く，加工性・耐摩耗性・耐酸性に優れた低接触抵抗の材料が用いられます．接点の開閉時に生じるアーク放電による消耗や転移(変形)が少なく，接触面が溶着しないことも重要です．導体の接触面には，ほかの部分に比べて高い抵抗が現れることがあり，接触抵抗と呼び，集中抵抗と境界抵抗が考えられています．図 3・13 のように集中抵抗(接触非平面)は導体の表面が平らではないため，接触面積が減少し，電流の経路が狭められるために，局所での抵抗が増大する現象です．したがって，やわらかい材料を高い圧

補足 ➡ 接触抵抗：contact resistance

力で接触させればよいのですが,溶着する可能性が高まります.境界抵抗は導体表面の油脂や酸化絶縁膜およびガス吸着層が形成されている場合に生じる抵抗をいいます.被膜が1～3nmと薄いときにはトンネル効果で導通しますが,膜厚が1μm以上では電圧が充分に大きくなると被膜が絶縁破壊を起こし通電する**コヒーラ現象**が生じます.小電流用接点材料としては,低接点圧力で小接触抵抗の貴金属系(耐酸化)のPt,Au,AgやCu,Cu合金が用いられています.大電流用接点材料としては,転移消耗や溶着が問題となるために高融点で高硬度のW,Cuの焼結合金やMoなどが用いられています.

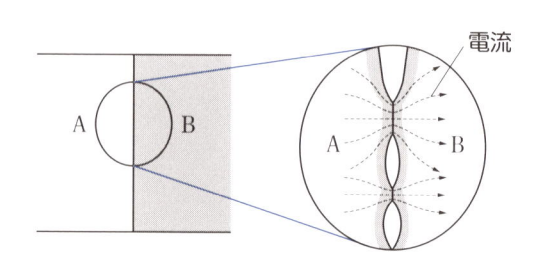

図3・13■接点における集中抵抗

6 ブラシ (brush) 材料

摺動接触子材料とも呼ばれ,回転機械(モータや発電機)の回転子を電気的に接触させて電流を流すためのものがブラシと呼ばれています.潤滑性が良く,耐摩耗性に優れ,電圧降下が小さいことが求められ,小電流用ではPt,Pd,Au,Ru,Rhなどの貴金属やPd-Au合金が用いられています.大電流用では,木炭やコークス・油煙を原料とした非晶質炭素から作られる炭素質ブラシ,天然黒鉛が原料の黒鉛質ブラシ,炭素の微粉末を高温(2 000～2 500℃)で処理し黒鉛化した電気黒鉛質ブラシ,金属粉末(Cu＞50％以上)に天然黒鉛を配合し焼結した金属黒鉛質ブラシが大型の直流モータや電気自動車用に使用されています.

補足⇒コヒーラ現象:coherer action

> グラファイトはブラシ材料以外にも鉛筆の芯としておなじみじゃ．このグラファイトの板からスコッチテープで1層分だけ剥離させたものがグラフェン（graphene, 2008年, Geim, Novoselov）であり，これが丸まったものがカーボンナノチューブ（carbon nano tube）である．グラフェンは完全な2次元構造であるため厚み方向の衝突損失がないので移動度は $15\,000 \sim 200\,000\ \text{cm}^2/(\text{V}\cdot\text{s})$ となり，グラファイトの $10^{-4}\ \text{cm}^2/(\text{V}\cdot\text{s})$ や，シリコンの $1350\ \text{cm}^2/(\text{V}\cdot\text{s})$ に比べて高い値を示しており，透明な高電導性超薄膜として期待されておる．カーボンナノチューブはグラフェンシートがらせん状に丸まったもので，らせんの角度であるカイラルベクトル（chiral vector）によって，金属導体的な性質を示すものや半導体的な性質を示すものが作成されておる．また，チューブに内包される物質の影響を強く受けるために，強磁性材料などを内包する素子も検討されているのじゃ．

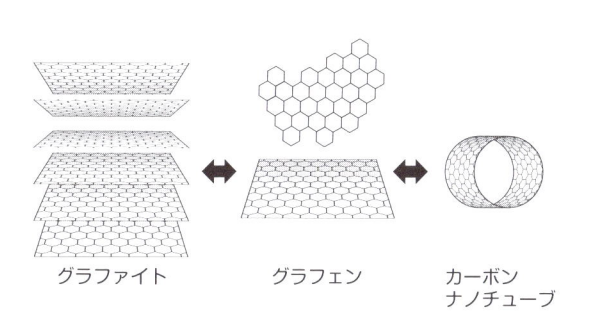

グラファイト ⇔ グラフェン ⇔ カーボンナノチューブ

代表的な炭素系物質の構造

7 ヒューズ材料

ヒューズ（fuse）は一定値以上の過大電流が流れたときに回路を遮断するための低融点の合金線です．低圧用ヒューズは定格200A以下で，145%電流に5分以上耐え，200%電流で1分以内に遮断するもので，Pb-Sn合金などが用いられています．高圧用ヒューズは200%電流で2分以内に遮断するもので，WやCu-Niなどの高融点材料が用いられています．

8 ろう付け材料

電線や金属部品をそれよりも融点の低い金属によって接続することをろう付けといいます．400℃以下の融点のものを軟ろうといい，Pb-Sn合金（Pb：45～65%）のはんだ（solder）が，接合強度は弱いものの，低温度で接続できるために多用されてきました．しかし，人体に有害なため，鉛フリーはんだとして三元共晶形のSn：96.5%－Ag：3%－Cu：0.5%などが開発され，使用が拡大しています．硬ろうは高融点ですが大接合強

度の銀ろう(Ag：40～75%－Cu：15～29%－Zn：3～13.6%－Cd：5～20.5%, 融点：671～748℃)や黄銅ろう(Cu：40～66%－Zn：34～60%, 融点：836～919℃)があります．アルミニウムは酸化しやすいため,特別なろうを使用します．高温ろうとしては，Al に Cu, Sn, Zn を少量添加したもので，融剤にハロゲン化アルカリを用いて 500～600℃でろう付けします．低温ろうは Zn, Sn, Cd, Pb に Cu, Al, Ag, Sb を添加し，300～400℃でろう付けします．

まとめ

　配線材料は小型化の要請によりマイクロメートル(μm)からナノメートル(nm)へと薄膜化が図られています．また，透明電極はディスプレイやタッチパネルなど応用範囲が拡大しています．接点材料やブラシ材料・ヒューズ材料・ろう付け材料は，用途に合わせて融点や硬度などを調整しています．

3-6 導体／半導体／絶縁物の界面現象

キーポイント

金属導体の内部において電子は自由に移動できますが，それに接する材料が導体以外の半導体や絶縁物および真空の場合には物質固有のエネルギー障壁を越えなければ移動することができません．金属から真空への電子放出には熱や光などのエネルギーが必要となります．また，金属や半導体同士の接合界面における熱電効果や電圧抵抗効果について学びます．

1 電子放出（electron emission）

金属内部には自由電子が多数存在しますが，自由といっても金属内部の話であって外部へ出ることまでは自由ではありません．なぜならその表面にはプラスのイオン（たとえば Na^+ 核）が2次元の格子を形成しているため，外へ出ようとする電子をクーロン力で引き戻してしまうからです．しかし電子に外部からエネルギーが与えられて，その大きさが束縛力よりも大きくなると金属から放出され，これを電子放出と呼びます．外部エネルギーの与えられ方により次の分類があります．

（1）熱電子放出

金属内の電子を放出させるエネルギーを熱が与える現象を熱電子放出と呼びます．たとえば図3・14に示すように Na は金属で原子番号は11番であるため，主量子数 $n=1$ の s 軌道（1^2s 準位）に2個の電子と，$n=2$ の s 軌道（2^2s 準位）に2個の電子および p 軌道（2^2p 準位）に6個の電子で充満帯になっています．その上のエネルギー帯である $n=3$ の s 軌道（3^2s 準位）には2個の電子が入れますが，1個しか電子がなく，1個は空いているため伝導帯になっています．電子が存在する最上のエネルギーがフェルミ（Fermi）準位 E_f であり，外部エネルギーとして仕事関数 ϕ 以上のエネルギーが与えられれば，真空準位 E_S を越えて金属の外へ飛び出すことができます．いま金属表面を y-z 面にとると面に垂直な x 方向への電子の運動量 $P_x=mv$ が次の条件

$$E_x = \frac{1}{2}mv_x^2 - \frac{P_{x0}^2}{2m} \geq E_S (= \phi + E_f) \tag{3・27}$$

ここで，$P_{x0}=P_x(x=0)$，E_S：真空準位，ϕ：金属の仕事関数，E_f：フェルミ準位を満たすとき，電子は金属表面から脱出することができます．

$$J = \frac{4\pi e k_B T}{h^3} \exp\left(\frac{E_f}{k_B T}\right) \times \frac{1}{2} 2mk_B T \exp\left(-\frac{E_S}{k_B T}\right) \tag{3・28}$$

ここで

$$\frac{4\pi m e k_B^2}{h^3} = A \fallingdotseq 1.2 \times 10^6 \mathrm{A}\,(\mathrm{m}^2 \cdot \mathrm{K}^2) \tag{3・29}$$

をダッシュマン（Dushman）定数と置くと

$$J = AT^2 \exp\left(\frac{-e\phi}{k_B T}\right) \quad (\text{リチャードソン(Richardson)の式}) \tag{3・30}$$

この式を変形すると

$$\frac{J}{T^2} = A\exp\left(\frac{-e\phi}{k_B T}\right) \quad \therefore \quad \ln\left(\frac{J}{T^2}\right) = \ln A - \frac{e\phi}{k_B}\frac{1}{T} \tag{3・31}$$

したがって、$\ln(J/T^2)$ 対 $1/T$ のグラフ(図3・15)を描けば直線関係が得られ、その傾きは

$$\frac{\Delta \ln(J/T^2)}{\Delta(1/T)} = \frac{e\phi}{k_B} \tag{3・32}$$

すなわち仕事関数 ϕ が求まります.

実際の金属表面では気体分子の吸着や酸化, 表面の不均一により A は変化します. 熱電子放出源としての材料には高融点のタングステン(W)($\phi=4.52\mathrm{eV}$)やタンタル(Ta)($\phi=4.2\mathrm{eV}$)および $\mathrm{LaB_6}$($\phi=2.7\mathrm{eV}$)が電子顕微鏡用の電子銃に用いられています.

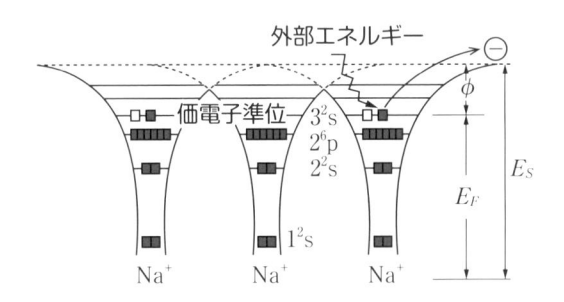

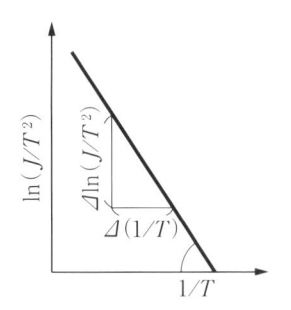

図3・14■金属表面のエネルギー準位　　図3・15■リチャードソン線法

(2) 光電子放出

金属の表面に波長 ν の光を照射すると、光量子のエネルギー E_P が

$$E_P = h\nu \geq q\phi \tag{3・33}$$

となれば金属表面から電子が飛び出すことができ, 熱電子放射と同様な考え方ができます.

$$J = AT^2 \varphi\left(\frac{h\nu - \phi}{k_B T}\right) \tag{3・34}$$

光電子を放出する材料としては, アルカリ金属とその合金が限界波長よりも短い波長で最大の光電子放出を行います. $\mathrm{Ag\text{-}Cs_2O\text{-}Cs}$ は可視光領域で感度が良く, 波長依存性も少ないので, 実用化されています.

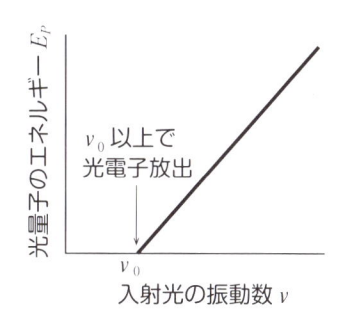

図3・16 ■光電子放出の特性

真空中の金属に光を照射すると電子が放出され電流が流れる現象はエジソン（Edison）が発見しました．しかし，エジソンは研究の対象とはせず，この効果をアインシュタイン（Einstein）は光量子仮説に利用したのじゃ．

（3）電界放出

電界を高くして電子軌道上の電子を電離させるためには，たとえば原子半径を $0.2\mathrm{nm}$，電離エネルギーを $4\mathrm{eV}$ とすると，静電界の値は $2\times10^{10}\mathrm{V/m}$ となります．ショットキー（Schottky）効果で実効的な仕事関数 ϕ_{eff} が低下する電界を $\sqrt{e^3E/4\pi\varepsilon_0}\fallingdotseq 2\mathrm{eV}$ とすると $E\fallingdotseq 3\times10^9\mathrm{V/m}$ となり電子放出が起きます．

これは電子を粒子として考えると位置エネルギー U_0 障壁を越えられませんが，波であると考えるとトンネル効果（図3・17）で壁を通り抜けることができるというものです．電流は

$$J_F \fallingdotseq BE^2\exp\left(-\frac{C}{E}\right) \tag{3・35}$$

ここで

$$B=\frac{e^3}{8\pi h\phi[t(g)]^2}, \quad C=\frac{8\pi\sqrt{2m\phi^3}}{3he}v(g) \tag{3・36}$$

と近似できファウラー・ノルドハイム（Fowler-Nordheim）の式と呼ばれます．補正項の $v(g)$ と $t(g)$ は，変数 $g=\sqrt{(e^3\cdot E)/\phi}$ に対してゆるやかに変化する関数であるため，縦軸に $\ln(J/E^2)$，横軸に $(1/V)$ をとって描けば直線となり，F-Nプロットと呼ばれ，電界放出の判断に用いられています．電子顕微鏡の電界放出型電子源には直径が $10\mathrm{nm}$ 程度の針状や線状のW，Taが用いられています．

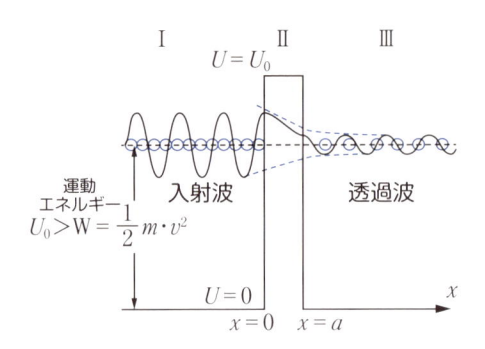

図3・17 ■ トンネル効果

(4) 二次電子放出

固体（金属）表面に 10eV 以上の運動エネルギーの電子やイオンが衝突すると，固体表面から電子が弾き出されることがあり，二次電子放出と呼びます．表面から深さ x のところで一次粒子が失っていくエネルギーの割合を dW/dx とし，そこで2次的に放出される電子が入ってくる一次粒子数と dW/dx の積に比例すると考えます．原子から放出された電子が固体外に飛び出す確率は深さに対して指数関数的に減少し，$x \sim (x+dx)$ において放出された電子が実際に固体外に放出される電流は

$$dI_S = KI_P \frac{dW}{dx} \exp(-\alpha x) dx \tag{3・37}$$

ここで，I_P：一次電流，I_S：二次電流，α：二次電流の固体内吸収係数

金属では W_{Pm}：300～800eV で δ_m：1.0～1.5 とあまり大きくありません．しかし金属表面の汚れや気体分子を吸着すると大きくなります．半導体や絶縁物では $\delta_m=20$ 程度のものもあります．

光電子増倍管は光が光電面に入射すると光電子が放出され，これを電界で加速して電極（ダイノード）へ衝突させることにより二次電子を多数個放出しておる．これを繰り返して陽極で捕集すると，光電子が数千から数百万倍へと増幅され，微弱光の検出を行うことができるのじゃ．口径の大きな光電子増倍管を1000個岐阜県の神岡鉱山地下に設置し，ニュートリノが純水に衝突した際の微弱な発光を観測するカミオカンデが有名である．また，走査型電子顕微鏡は高速に加速した電子ビームを絞り試料表面を走査しその際に放出された二次電子から試料表面の凹凸状態や，構成している元素の組成を分析評価しているのじゃ．

2 熱電対 (thermocouple)

　2種類の金属や半導体を環状に接続し，一方の接点を冷やし(冷接点)，もう一方の接点を温める(温接点)と，回路内に熱起電力が発生して電流が流れます．これをゼーベック効果といいます．逆に環状回路に外部から電流を流すと，一方の接点では熱を発生し，もう一方の接点では熱を吸収し，この効果はペルチエ効果と呼ばれています(図3・18)．また，1種類の導体内でも温度勾配がある部分を電流が流れると熱の吸収や発生が起こり，トムソン効果といいます．熱電対はゼーベック効果を示す白金-白金ロジウム合金や銅-コンスタンタン，アルメル-クロメル合金など(表3・7)が用いられています．

(a) ゼーベック効果　　(b) ペルチエ効果

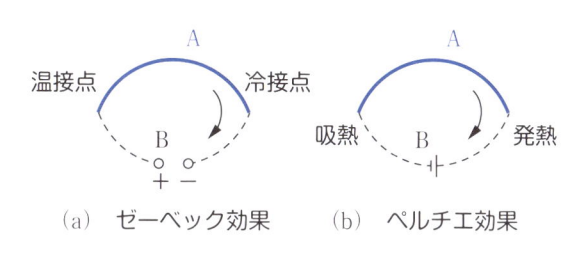

図3・18 熱電現象

表3・7 代表的な熱電対材料の特性

(＋)極	(－)極	種類(記号)	熱電性能定数 $\alpha\,[\mu V/℃]$	測定温度	特　性
Pt30%＋Rh	Pt	R	6.47	0℃～1 600℃	酸化性・不活性雰囲気
Ni-Cr	Ni	K	40.96	－40℃～1 200℃	酸化性・不活性雰囲気
Fe	Cu-Ni	J	52.69	－40℃～750℃	酸化性・還元性・不活性雰囲気
Cu	Cu-Ni	T	42.79	－200℃～350℃	還元性・不活性雰囲気

補足→ゼーベック効果：Seebeck effect，ペルチエ効果：Peltier effect，
　　　トムソン効果：Tomson effect

3　バリスタ（varistor: variable resistor）

電圧の印加により電流が非線形に変化する現象を電圧抵抗効果と呼び，それを応用した素子がバリスタです（図3.19）．電流は

$$I = I_0 \left(\frac{V}{V_b} \right)^n \tag{3・38}$$

で近似され，指数 $n > 1$，バリスタ電圧 V_b で，$I_0 = 1\mathrm{mA}$ または $10\mathrm{mA}$ のときの電圧を一般に用います．バリスタは V_b 以上の電圧で短絡状態となるため，過電圧保護や避雷器などに使用されています．炭化けい素(SiC)バリスタは，粒径 $100\mu\mathrm{m}$ 程度のシリコンカーバイド(SiC)微粒子に長石磁器の結合剤を混合し成形した後に焼結しています．$n = 3 \sim 7$ 程度ですが，V_b は数 V ～十数 kV まで幅広く調整が可能です．酸化亜鉛(ZnO)バリスタは ZnO 粉末と Bi や Pb・Co・Ba などを添加剤として混合し，成形後焼結しています．焼結体にビスマスガラスを塗布し，熱処理後に Al 電極を取り付けています．電圧が 4 V ～ 30 kV，電流が数 mA ～数十 kA の広範囲で $n = 20 \sim 60$ という高い値を保っています．非線形な電圧抵抗効果の機構は明白ではありませんが，相互に接触した SiC 粒子の表面に形成される二重ショットキー障壁の効果や ZnO 微結晶間の境界層におけるツェナー(Zener)降伏現象などによるものと解釈されています．

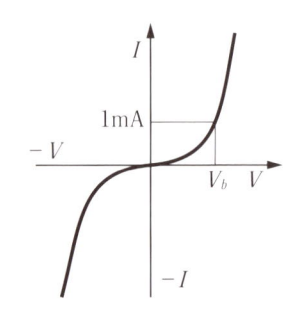

図3・19■バリスタの特性

> バリスタは 1968 年に松岡などによって ZnO バリスタが開発され SiC や $SrTiO_3$ などのワイドギャップ(wide gap)半導体研究の先駆けとなった素子である．ZnO は GaN に代わる青色発光ダイオード(LED: light emitting diode)の材料として期待されており，SiC は高耐圧で大電流のパワーデバイスであるショットキーバリアダイオードやサイリスタが開発されているのじゃ．

まとめ

金属からの電子放出には熱や光のエネルギーおよび電界や運動エネルギーによるものがあります．また，異種金属や半導体などとの接合により，熱起電力による熱電対や非線形な電圧-電流特性を有するバリスタなどが応用されています．

3-7 超電導材料

キーポイント

金属の抵抗は温度の低下とともに減少し，絶対零度 0K（－273℃）では非常に小さくなることが予想されます．金属の種類によって，たとえば水銀では 4.2K で突然電気抵抗は 0 となることが，1908 年にオンネス（Onnes）によって発見されました．これを超電導と呼び，この温度を転移温度 T_c といいます．転移温度が最高のものはニオブの 9.2K，合金では Nb_3Sn の 17K，最低がハフニウムの 0.35K です．また絶縁物は抵抗の温度係数が負のため，超電導は実現しないとされていましたが，1986 年に $La_{2-x}Sr_xCuO_4$ の酸化物における超電導現象が発見されてから，急激に臨界温度が上昇し，160K を超える高温超電導物質が発見されています．

1 超電導状態（superconductivity）

金属内の自由電子はフェルミ準位までにパウリの排他原理に従って詰まった状態が最も安定で，絶対零度で常電導を示し残留抵抗があります．しかし，一部の物質では転移温度以下になると急激に抵抗値が減少し，抵抗値が 0 になる超電導状態になります．

超電導状態になると，パウリの原理には従わず，最低エネルギー準位にいくつもの粒子を詰め込むことができます．**BSC 理論**（1957 年，Bardeen, Schrieffer, Cooper）によれば，結晶格子を構成する原子やイオンが平衡位置で行う集団的振動を格子振動と呼び，これらの振動は結晶内を音波として伝搬でき，音波を量子化したものを**フォノン**といいます．イオン性結晶内での伝導電子は，周りの陽イオンを引き付け陰イオンを排斥するため，伝導電子は分極を持つ縦型光学型フォノン系と相互作用し，自分の周りに電子分極を起こします．これは**図 3・20** のようにベッドの上に人が 2 人寝ている状態に例えることができ，ベッド（結晶）の上で片方の人（伝導電子）が動くと，その周りの凹みが変化し，それに伴いながら移動するというモデルです．超電導の起こる原因は電子と格子振動との間の相互作用であり，一つの電子が格子と相互作用して格子をひずませると，もう一方の電子がこの格子のひずみを感じ，自身のエネルギーをなるべく低くするように振る舞うため，格子変形を通じて**クーパー対**と呼ばれる電子対が相互作用します．その結果，その結合エネルギーに相当するだけエネルギーギャップが生じます．

補足 ⇒ フォノン：phonon, クーパー対：Cooper pair

図 3・20 ■クーパー対の概略図

> 超電導電流はどのように測定するのでしょうか．

> いま導体ループに電流を流し，電源を切ってから t 秒後の $i(t)=i_0 e^{-(R/L)t}$ より，永久電流が観測され $\rho < 4\times 10^{-25}\,\Omega\cdot m$ が求められよう．この値は銅の $\rho = 1.7\times 10^{-8}\,\Omega\cdot m$ の 10^{-17} 倍小さな値なのじゃ．

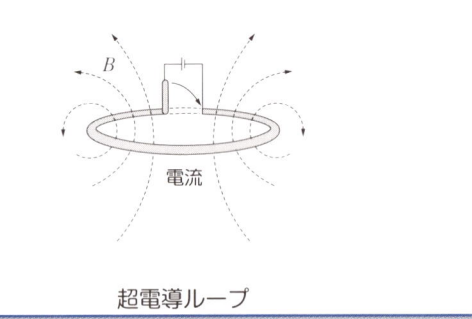

超電導ループ

2 ジョセフソン（Josephson）効果

　このようなエネルギーギャップの存在を直接に示すのは，トンネル効果による実験です．絶縁体の薄膜 I を常電導体 N と超電導体 S で挟んだ素子で，S 側の電子はクーパー対を作っているため，**図 3・21**(a) のように電子系のエネルギーは δ だけ低下しています．これに $eV=\delta$ の電圧を印加すると N から S にトンネル電流が流れ，電流-電圧特性は図 3・21(b) のようになります．二つの超電導体を絶縁体 I で挟んだ素子で，異なるエネルギー δ_1 と δ_2 をもつ超電導体 S_1 と S_2 の場合（図 3・21(c)）には，電圧 $V=(\delta_1 +$

$\delta_2)/e$ を加えることにより，同一のエネルギーδをもつ超電導体S同士の場合には電圧 $V=2\delta/e$ を加えることにより，急激に増加します(図3・21(d))．

　図 **3・22**(a)のような二つの超電導体を厚さ2～4nmの薄い絶縁体で挟んだものを**ジョセフソン素子**といい，電流-電圧特性(図3・22(b))の$V=0$に，直流の最大ジョセフソン電流 I_0 があらわれます．

　絶縁層の厚さが薄いとクーパー対もトンネル効果でIを通過するので，これを直流ジョセフソン効果といいます．電流を I_0 以上にすると消失し電圧が発生($V \neq 0$)するため，準粒子電流と呼ばれる状態へ転移します．ジョセフソン電流 I_0 は

$$I_0(T) = \frac{\pi\delta(T)}{2eR_n}\tanh\left\{\frac{\delta(T)}{2k_BT}\right\} \tag{3・39}$$

となります．ここで，δ：エネルギーギャップ，R_n：常抵抗です．

　ジョセフソン効果は磁界に敏感であり，図3・22(a)のBの方向から磁界をかけると最大ジョセフソン電流 I_0 が変化し，これを I_m とします(図3・22(c))．

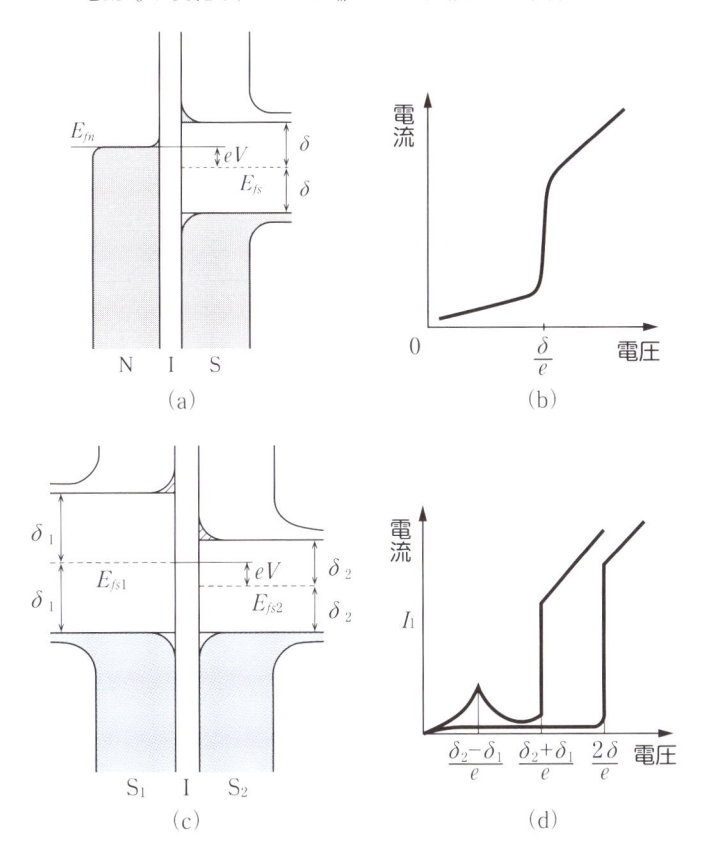

図 3・21 ■ トンネル接合のエネルギーバンドと特性

(a)　(b)　(c)

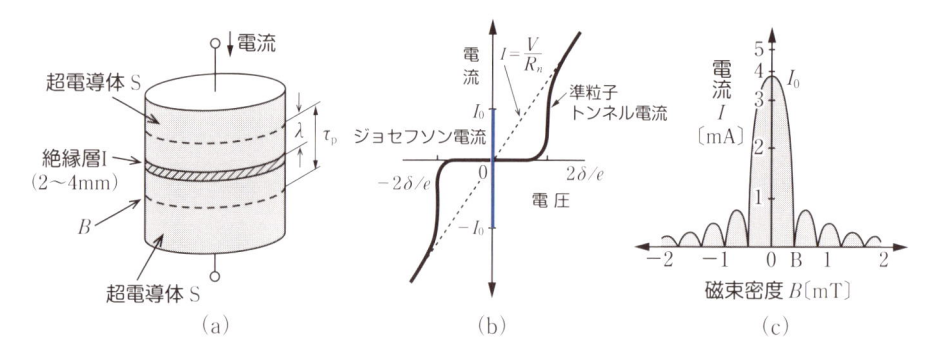

図3・22 ジョセフソン素子と磁気特性

図3・23のようにジョセフソン素子に高周波をかけた場合の直流電圧‐電流特性は階段状に変化します．SIS接合に電圧$V > 2\delta/2$がかかった状態では，電子とともにクーパー対もトンネル効果でI層を通過します．この際$2eV$だけ余分のエネルギーを持つので，これを電磁波の形で放出し，電磁波の周波数は$\nu = 2eV/h$であり，交流ジョセフソン効果といい，電圧Vを印加するとVに比例した周波数fの交流を発生します．

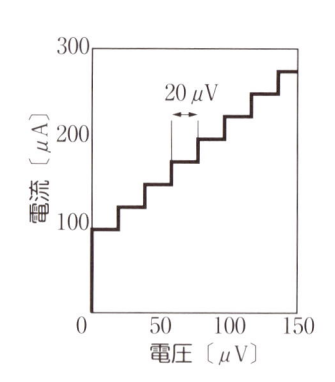

図3・23 交流ジョセフソン効果の電流‐電圧特性

例題 5

電圧を$20\,\mu V$印加したとき，交流ジョセフソン効果の周波数を求めなさい．

解答

$$f = \frac{2e}{h}V = \frac{2 \times 1.602 \times 10^{-14}}{6.626 \times 10^{-34}} \cdot 20\,\mu V = 9.67\,\text{GHz}$$

3 マイスナー（Meissner）効果

転移温度は磁界を印加することにより減少し，磁界の強さが臨界磁界と呼ばれる値に達すると超電導状態が破れ，抵抗が発現します．また，超電導体中では磁束密度も消失するため，$T > T_c$ では磁束が超電導体の中に入り込めますが，$T < T_c$ の超電導状態では磁束は中に入り込めず，弾き出されてしまいます．もし，$\rho = 0$ なら $E = 0$ でなければなりません．しかし，rot $E = -dB/dt$ であるので $E = 0$ から $dB/dt = 0$ ということは求まりますが，$B = 0$ とは必ずしもいえません．したがって，$B = 0$ であるためには，$B = \mu_0 H(1 + \chi_m)$ より $\chi_m = -1$，すなわち完全反磁性であることが要求され，これをマイスナー効果と呼びます．超電導体内部から磁束の侵入が排除されると，物体が浮き上がる磁気浮上現象（**図 3·24**）が起こり，リニアモータカーに応用されています．超電導現象を示すほとんどの金属は，マイスナー効果で磁界を排除しますが，臨界磁界 H_c を超えると超電導状態が消滅し，第一種超電導体と呼ばれています．

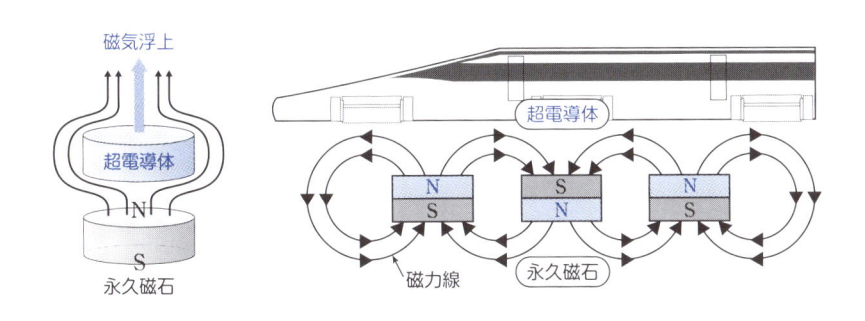

図 3·24 ■磁気浮上とリニアモータカー

> 超電導体は完全反磁性なのでしょうか．

> 2008 年，細野などにより $LaFeAs(O_{1-x}F_x)$ で $T_c = 26K$ が報告され，強磁性体の身近な材料である鉄を含んだ化合物で超電導現象が発現し，大量生産と実用化に期待が集まっておるが，理論研究に問題が提起されているのじゃ．

4 酸化物高温超電導体

酸化物は抵抗率の温度係数が負の絶縁物であるため超電導現象は発現しないと考えられていましたが，1986年 Bednortz と Muller によって $(LaBa)_2CuO_4$ において $T_c=30$ K の超電導現象が発見され，$(La_{1-x}Sr_x)_2CuO_4$ で $T_c=40$ K，$YBa_2Cu_3O_7$ で $T_c=95$ K（1987年，Chu など），$Tl_2Ba_2Ca_2Cu_3O_{10}$ で $T_c=125$ K と数年で臨界温度の高温化が達成され，液体窒素の沸点 77 K を超えたため，高温超電導体と呼ばれています．代表的な結晶構造は基本的にペロブスカイト結晶構造を上下に伸ばした形(Jahn-Teller 効果)のものや，多段に積層したものです(図3・25)．伝導キャリアは $Cu-O_2$ 平面に局在し平面に沿う2次元的な伝導を行い，強い異方性(導電率は2けた異なる)があります．

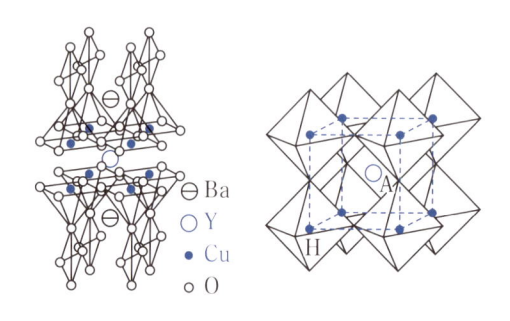

図3・25 $Y_1Ba_2Cu_3O_7$ とペロブスカイト構造

5 超電導量子干渉素子（SQUID）

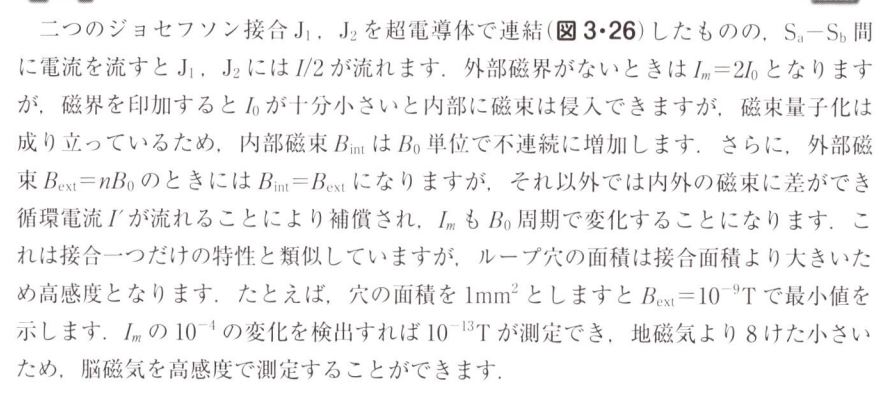

二つのジョセフソン接合 J_1，J_2 を超電導体で連結(図3・26)したものの，S_a-S_b 間に電流を流すと J_1，J_2 には $I/2$ が流れます．外部磁界がないときは $I_m=2I_0$ となりますが，磁界を印加すると I_0 が十分小さいと内部に磁束は侵入できませんが，磁束量子化は成り立っているため，内部磁束 B_{int} は B_0 単位で不連続に増加します．さらに，外部磁束 $B_{ext}=nB_0$ のときには $B_{int}=B_{ext}$ になりますが，それ以外では内外の磁束に差ができ循環電流 I' が流れることにより補償され，I_m も B_0 周期で変化することになります．これは接合一つだけの特性と類似していますが，ループ穴の面積は接合面積より大きいため高感度となります．たとえば，穴の面積を $1mm^2$ としますと $B_{ext}=10^{-9}$T で最小値を示します．I_m の 10^{-4} の変化を検出すれば 10^{-13}T が測定でき，地磁気より8けた小さいため，脳磁気を高感度で測定することができます．

補足 ⇒ SQUID：Superconducting Quantum interference device

図3・26 SQUID磁束計と脳磁界・心磁界計測

SQUID磁束計は脳に刺激や損傷を与えることなく，非接触で高感度な測定ができておる．冷却用の液体ヘリウムや液体窒素の容器が大きいため現在は大型だが，臨界温度が常温に近づけば帽子程度の大きさに小型化でき，リラックスした状態で脳磁界の変化が明確に診断されるじゃろう．

6 超電導マグネット

　超電導体は抵抗が0のため，ジュール損失や電力消費も0であり強磁界発生用のマグネットコイルに最適です．たとえば，直径0.35mmのNb-Ti線を34 000回巻いたコイルは27Aの電流で7.5Tの磁束密度を発生します．これを励磁するには，コイルに蓄えられるエネルギー10kJ相当の電力数MWと冷却水が必要ですが，超電導では磁束密度を変えなければ不要です．

　金属系超電導材料で実用化されているものはNb_3Sn（T_c＝18 K）で，硬くてもろいためCuSn合金マトリックスの穴にNb棒を挿入した複合体を線引き加工し，それを繰り返すことで多心構造にして約700℃で熱拡散させNb_3Sn線材を作製しています．液体ヘリウム（沸点4.2K）で冷却した12T用の超電導マグネットに用いられています．

　主に化合物からなるものを第二種超電導体と呼び，超電導状態と常電導状態が共存することができ，臨界磁界はH_{c1}とH_{c2}の2種類を持っています．第一種超電導体の数百倍の磁界を印加しても超電導状態をピン止め効果で維持することができるため，銅酸化物高温超電導体やNbの合金などがマグネットのコイルに用いられています．

> 超電導マグネットは核磁気共鳴（NMR：nuclear magnetic resonance）装置の傾斜磁界を発生させるために用いられているのじゃ．体内の水素原子に磁界の勾配を与えると，核磁化を励起するRF（radio frequency）コイルによる核磁気共鳴信号が位置で異なり，この信号を解析することで診断用の画像を描き出しているのじゃ．

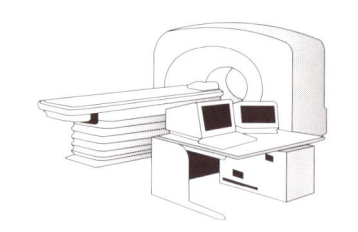

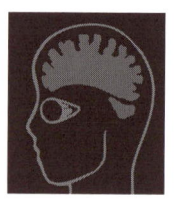

核磁気共鳴装置とT1強調画像

1 超電導送電ケーブル

　超電導送電ケーブルが実用化されれば，世界中の太陽光発電所をネットワークでつなぎ一日中発電が可能になります．たとえばサハラ砂漠では$2.7\ \mathrm{MW \cdot h/m^2}$の電力を発電することができ，変換効率25%の太陽電池を用いれば，世界中で消費される一次エネルギーの約10倍を発電することが可能です．世界中の砂漠や海洋上をつなげることができれば，エネルギー問題は解決できるものと考えられます．

$YBa_2Cu_3O_7$ をパルスレーザ堆積法で成膜し，800m の超電導ケーブルが開発され，送電を行う実験が 2013 年から開始されているのじゃ．

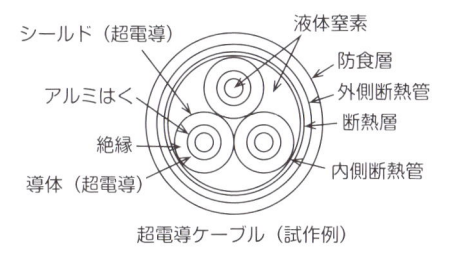

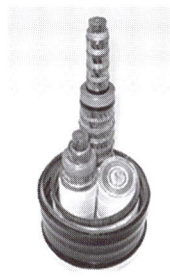

超電導ケーブル（試作例）

シールド（超電導）
液体窒素
防食層
アルミはく
外側断熱管
断熱層
絶縁
内側断熱管
導体（超電導）

イットリウム系 66kV 三心一括型 超電導電力ケーブル（住友重工）

性能検証用高 Ic 線材使用 66kV 超電導ケーブル（フジクラ）

銅系高温超電導電力ケーブル

まとめ

　超電導材料は BSC 理論によって解釈ができる金属系の第一種超電導体と酸化物などの第二種超電導体に大別されています．転移温度が液体窒素の沸点を超える高温超電導体の発見と，ジョセフソン素子や超電導量子干渉素子などのデバイスおよび超電導マグネット・送電ケーブルや磁気浮上によるリニアモータカーなど応用製品の開発が進んでいます．

練習問題

① 20℃で抵抗率が 17.2 nΩ·m の銅線に 20 V/m の電界を印加したときの電子の平均速度 v_e と，移動度 μ_e および緩和時間 τ_e を求めなさい．ただし，銅の原子量 63.55，密度 8.94×10^3 kg/m^3 とします．

② 直径 5 mm のアルミニウム線に 10 A の電流が流れているとき，アルミニウム線の中を流れる電子の平均移動速度 v_e と移動度 μ_e および緩和時間 τ_e を求めなさい．ただし，アルミニウムの原子量 26.98，20℃における抵抗率 28.2 nΩ·m，密度 2.70×10^3 kg/m^3 とします．

③ 電子密度 5×10^{27} 個/m^3 の金属において光を透過する波長と振動数を求めなさい．ただし比誘電率 $\varepsilon_r \fallingdotseq 1$ とします．

④ 光電子放出の波長が 550 nm であるときの光量子エネルギーを求めなさい．

⑤ 金属からの電子放出を表す，マクスウェル・ボルツマン分布を導出しなさい．

⑥ p 形 Bi$_2$Te$_3$ の熱起電力係数 $\alpha = 236$ μV/℃，熱伝導度 $\eta = 2.0$ W/(m·℃)，抵抗率 $\rho = 12$ μΩ·m であるとき，熱電性能定数を求めなさい．

⑦ 直径 2 mm の超電導電線を 1 cm 当たり 200 回巻いたソレノイドコイルの中心に 10T の磁束密度を発生させるために必要な超電導臨界電流密度の限界値を求めなさい．

⑧ 超電導電子の密度 $n_s = 5 \times 10^{28}$ 個/m^3 であるとき，ロンドンの侵入深さを求めなさい．

4章

半導体材料

　本章では，半導体デバイスとプロセスを説明しながら，半導体材料について学習します．4-1節では，半導体の一般的な性質について説明します．4-2節では，シリコンと真性半導体について説明します．4-3節では，不純物半導体について説明します．真性半導体に計画的に添加された不純物により，真性半導体の性質が変化し，電子素子として機能する基礎について理解してください．4-4節ではダイオード，4-5節ではトランジスタ，4-6節では化合物半導体について説明します．これらの節では，バイポーラトランジスタ，MOSFET，TFT，太陽電池，HEMT，LED，LDの概要について学習しますが，構造が最も簡単なダイオードが基礎になりますので，まずダイオードについて確実に理解を深めてください．4-7節では半導体プロセスの概要，4-8節ではCMOSの製造工程，4-9節では3次元トランジスタについて概略を説明します．これらを通して，デバイス構造と，材料の微細加工について学習します．

4-1　半導体とは

4-2　シリコンと真性半導体

4-3　不純物半導体

4-4　ダイオード

4-5　トランジスタ

4-6　化合物半導体

4-7　半導体の製造プロセスの概要

4-8　CMOSの製造工程

4-9　3次元トランジスタ

4-1 半導体とは

キーポイント

半導体の性質とその歴史を簡単に説明します．

1 半導体

　物質の電気を通す性質を示す指標として，抵抗率があります．金，銀，銅などのように，電気をよく通す導体，ゴム，ガラス，セラミックスなどのように，電気を通さない絶縁体，そして，その中間の抵抗率の半導体です．しかし，導体，半導体，絶縁体の抵抗率の明確な区分はありません．また，抵抗率だけで半導体を定義することはできません．例えば，半導体は，低温時ではあまり電気を通しませんが，温度が上昇するにつれて抵抗が減り，電気を通しやすくなります．一般的な金属の抵抗率は，温度が高くなると抵抗率が高くなるのに対して，半導体は金属とは逆の性質を示します．また，不純物を含まない半導体は抵抗率が高く，あまり電気を通しません．しかし，ある種類の元素をわずかに加えると，抵抗が小さくなり電気を通しやすくなります．このような性質を持った半導体を材料に用いたトランジスタや集積回路などの電子素子も，慣用的に半導体と呼ばれています．半導体は，私たちの身の回りの電気製品，自動車，ゲーム機，携帯電話やパソコンなどあらゆる電気製品の中で数多く使われています．私たちが日常的に使用している多くの電気製品は，半導体なくしては動作しないといっても過言ではありません．

　半導体の歴史を簡単に振り返ってみると，1876年にはCharles Edgar Frittsがセレンの整流作用を発見しました．セレンは，現在では半導体性があることがわかっており，整流器やカメラの露出計として使われています．電球を発明したThomas Alva Edisonにより，炭素フィラメントの蒸発による電球内面の汚れ防止を目的として，二極真空管の特許が取得されたのが1884年，電気的な整流特性を目的とした二極真空管がJohn Ambrose Flemingにより発明されたのが1905年ですから，真空管の整流作用よりも先に，半導体の整流作用が発見されたことになります．その後，1906年にLee de Forestにより三極真空管の特許が取得され，1912年にHerbert van EttenとCharles Logwoodが，三極真空管に増幅作用があることを発見しました．これらにより，真空管によって信号の整流と増幅ができるようになり，1900年代半ばまでは，真空管が盛んに使われるようになりました．一方，米国のAT&Tベル研究所では，1939年にレーダの検波器としてゲルマニウム半導体ダイオードが開発され，1947年にJohn BardeenとWalter Brattainが点接触形トランジスタを，1948年にはWilliam Bradford Shockleyが接合形トランジスタを発明しました．1956年にはこれらの発明により前述の3名がノーベル物理学賞を受賞しました．1957年には，FET(field effect transistor：電界効

補足→導電体：electric conductor, 絶縁体：insulator, 半導体：semiconductor

果形トランジスタ）が開発され，1958 年に Jack St. Clair Kilby が集積回路を開発し（2000 年ノーベル物理学賞受賞），1959 年に Robert Norton Noyce がシリコンプレーナ IC を開発しました．キルビー特許（Kilby patents）は，半導体基板上に抵抗やトランジスタなどの複数の回路素子を配置し，素子間を配線で接続して，全体として電子回路を構成するという内容です．ノイス特許（Noyce patents）は，現在の集積回路の基礎となる，半導体ウエハの表面部分にトランジスタなどの電子素子を作り込み，それらを接続して回路を構成するという内容です．これら二つの特許は，集積回路の基本特許といわれています．これらの発明もあり，1900 年代半ば以降は，真空管から半導体への転換が始まり，現在の集積回路の時代が作られました．これらは，電子顕微鏡を使ってようやく見ることができる微細な大きさの話です．私たちは，そのような微細な領域に関しても，原理を解明し，材料や製造プロセスをコントロールして製品を作っています．

まとめ

(1) 半導体の抵抗率と温度特性の概要
(2) キルビー特許とノイス特許

例題 1

半導体が真空管に取って代わった理由について考察しなさい．

解答 真空管による電子計算機 ENIAC と，現在私たちが使用している PC について，電力，大きさ，信頼性などについて比較し，考えてみるとよいでしょう．

補足 → 真空管：vacuum tube, 整流作用：rectification

4-2 シリコンと真性半導体

半導体といえばシリコンをイメージしますが，ダイオードやトランジスタが誕生し，実用化された当時は，半導体材料としてゲルマニウムが使われていました．ゲルマニウムは，シリコンに比べて地球上できわめて少ない元素であり，また，シリコンに比べて熱に弱いという問題がありました．シリコントランジスタは，内部温度 150 〜 180 ℃くらいまで動作しますが，ゲルマニウムトランジスタは 70 〜 100℃くらいで不安定になります．このような理由から，ゲルマニウムトランジスタは，早い段階でシリコントランジスタに置き換わりました．この節では，シリコン半導体の特性について学習します．

シリコン元素の電子配列を図 4・1(a) に示します．シリコンの電子の数は 14 個です．シリコン原子は，K 殻と L 殻は電子で満たされた状態にあります．M 殻に 4 個の電子が配置されますが，3s 軌道は電子で満たされ，3p 軌道に 2 個の電子が入っています．つまり，電子配置は $1s^2 2s^2 2p^6 3s^2 3p^2$ と表されます．一方，化学反応などから，シリコンの原子価は 4 価であることが知られています．原子価とは，ある原子が他の原子と結合する場合の，結合できる原子の数の最大数のことです．たとえば，Si 原子が水素と結合する場合には，SiH_4 のように結合し，シランという気体になります．図 4・1(b) に示すように，SiH_4 は，Si 原子 1 個に H 原子 4 個が結合します．その場合，H 原子の電子の影響により，Si 原子の 3s 軌道の 2 個の電子と 3p 軌道の 2 個の電子が混成して，sp^3 混成軌道という新たな軌道を作り，4 個の H 原子と結合します．これは，単純に Si の 3p 軌道に，4 個の H の電子が結合するよりも，Si の 3s 軌道と 3p 軌道が混成した状態に，4 個の H 電子が結合したほうが，電子のエネルギーが低くなるからです．sp^3 混成軌道は単独の Si 原子状態では生じず，その Si 原子の近くに結合できる他の原子があり，電子の軌道が重なる場合に，電子間の相互作用により生じます．SiH_4 分子で，sp^3 混成軌道による原子の結合状態を図示すると，図 4・1(b) に示したように，Si が重心に，水素が頂点に位置する正四面体構造になります．これは，負の電荷を持ち，反発し合う電子同士が，最もエネルギーが小さくなるように配置されるには，電子同士が最も遠くに配置される正四面体構造が最適だからです．

シリコン原子同士が結合して結晶を構成する場合の結合について考えてみます．シリコン原子のエネルギーバンドを考えてみると，孤立したシリコン原子の場合の原子配置は $1s^2 2s^2 2p^6 3s^2 3p^2$ ですが，ほかの原子と結合する際には，図 4・2 に示すように，SiH_4 と同様のことが Si 原子で起こり，sp^3 混成軌道になります．そして，Si 原子同士が，正四面体の重心と頂点に位置する正四面体構造を基本として，それらが次々と結合した結果，ダイヤモンド構造と呼ばれる構造になります．エネルギー準位で考えてみると，シリコン結晶は，1cm³ 当たり約 5×10^{22} 個の原子で構成されますが，パウリの排他

補足 ➡ 混成軌道：hybridized orbital，ダイヤモンド構造：diamond structure

軌道	主量子数 n	方位量子数 l	軌道名	電子の状態
K殻	1	0	1s	
L殻	2	0	2s	
		1	2p	
M殻	3	0	3s	
		1	3p	

(a) Siの孤立原子の原子軌道

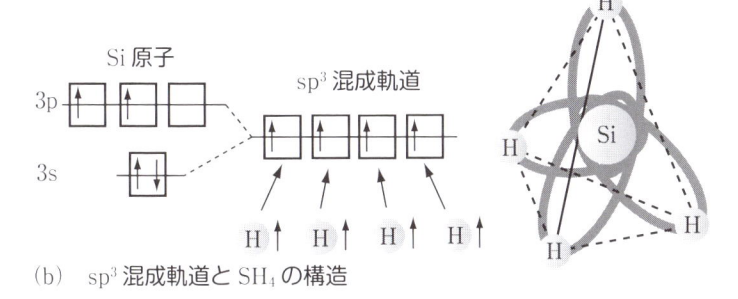

(b) sp^3混成軌道とSH_4の構造

図4・1 シランの電子配置とsp^3混成軌道

ドナー不純物	格子定数 [nm]	禁制帯幅 [eV]
C(ダイヤモンド)	0.356	5.47
Si	0.543	1.12
Ge	0.565	0.67

電子準位 $3s^2 3p^2$

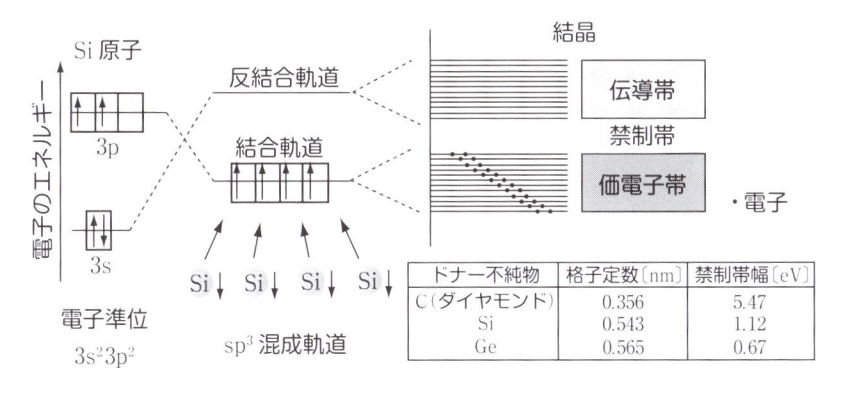

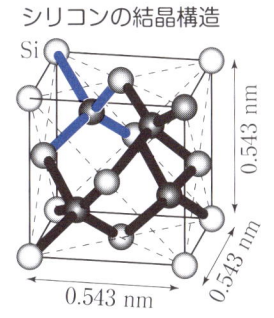

シリコンの結晶構造

図4・2 シリコン結晶のエネルギー準位と構造

原理により，電子は同じエネルギー準位に入れないので，エネルギー準位は結合軌道と反結合軌道ともに，少しずつエネルギーを変化させて，それぞれ約$5×10^{22}$個に分かれます．これを帯状のエネルギーバンドとして扱います．このエネルギーバンドのうち，電子で詰まっている帯のことを**価電子帯**，電子が詰まっていない帯のことを**伝導帯**，帯と帯の間を**禁制帯（エネルギーバンドギャップ）**と呼びます．禁制帯にはエネルギー準位がありませんので，電子は存在しません．しかし，2章で説明したように，このエネルギーバンドギャップの幅が，材料の特性に大きな影響を与えます．Siの場合には1.12eV，ゲルマニウムの場合には0.67eVです．この程度の大きさのエネルギーバンドギャップを持つ材料は，半導体としての性質を持つ可能性があります．一方，同じダイヤモンド構造を持つC（真にダイヤモンドの場合）の場合には，5.47eVで絶縁体になります．また，一般的に，伝導帯の最もエネルギーの小さな部分をE_c，価電子帯の最もエネルギーの大きな部分をE_v，エネルギーバンドギャップの大きさをE_gで表します．**図4・3**は，シリコン結晶内の電子の振る舞いと，価電子帯と伝導帯における電子と正孔の状態，そして，それらの温度による変化を示した図です．0Kでは，価電子帯は電子で満たされていますが，伝導帯には電子は存在していません．つまり，伝導帯に電子が存在する確率は0，価電子帯に電子が存在する確率は1です．したがって，電子の存在確率が0.5になるエネルギー準位は，伝導帯と価電子帯の中央になります．この電子の存在確率0.5のエネルギー準位のことを**フェルミ準位** E_fといいます．図4・3(b)や(c)のように温度が上昇すると，共有結合をしている電子の一部が熱エネルギーを得て（**励起**されて），結合を切って結晶内に飛び出します．この電子のことを**自由電子**と呼びます．また，結合から飛び出た電子の跡には，電子の抜け穴ができます．この電子の抜け穴のことを**正孔（ホール）**といいます．エネルギーバンド図で考えると，温度が上昇すると価電子帯から電子が励起されて，エネルギーの高い伝導帯に移る（**遷移する**）ことになります．電子が飛び出た価電子帯には，電子の抜けた跡に正孔ができます．個々の原子は，電子と陽子の電荷が同じで電気的に中性になっていますが，電子が伝導帯に遷移して生じた正孔は，正に帯電している状態と同じになります．つまり，正孔は電子の電荷の大きさと同じ$1.6×10^{-19}$Cの正の電荷を持つと考えて扱うことができます．真性半導体では，自由電子と正孔が対で生成されます．これを**電子‐正孔対生成**といいます．伝導帯に遷移した自由電子は，反結合軌道に遷移するわけですが，Si原子間の結合を壊すのではなく，Si原子内を自由に移動します．

温度が高くなるほど，伝導帯に励起される電子の数は増加し，その存在確率は大きくなります．その一方で，価電子帯の位置に存在する電子の数は減少し，その存在確率は小さくなります．しかしながら，電子の総量は変わらないので，電子の存在確率0.5のエネルギー準位の位置は変化しません．つまり，温度が変化しても，フェルミ準位の位置は変わらないことになります．シリコンに限らず物質は，程度の差はありますが，**熱励起**によって伝導帯に自由電子，価電子帯に正孔を作ります．このように熱励起に

補足 ➡ 価電子帯：valence band, 伝導帯：conduction band, 自由電子：free electron, 正孔：hole

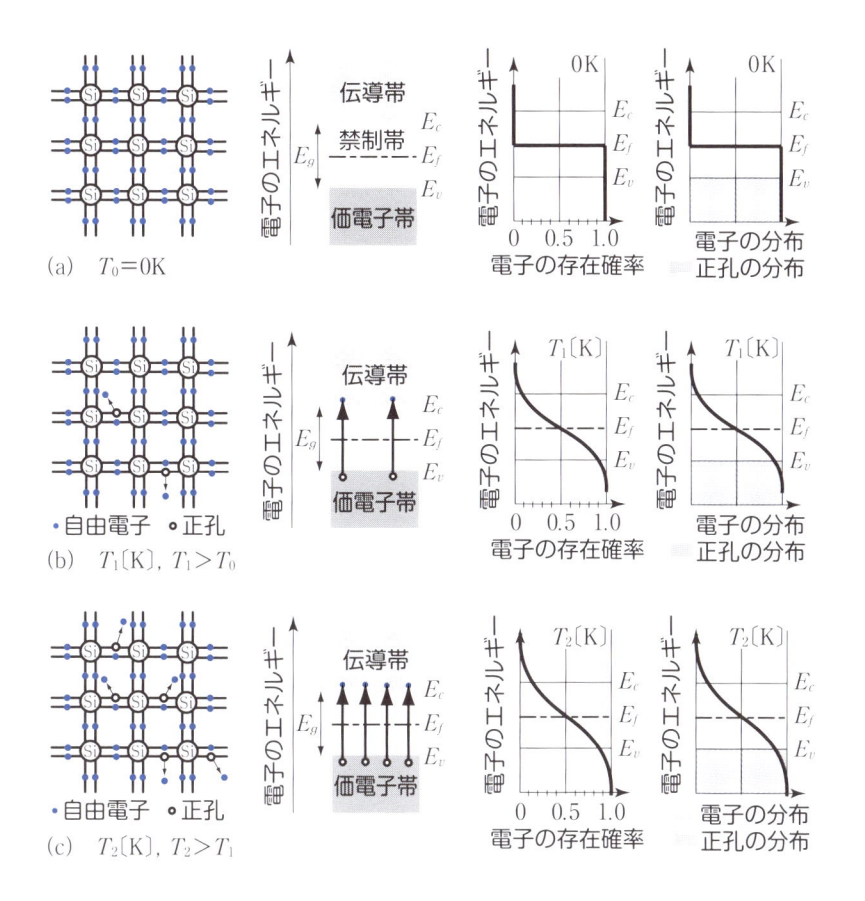

図4·3 ■温度に対する電子と正孔の振る舞いとエネルギーバンド図

よって変化する電子のエネルギー分布は，Si原子に限らず，例題2に示す**フェルミ・ディラック分布**で表されます．フェルミ・ディラック分布は，フェルミ準位を中心に，温度による電子のエネルギー分布の変化を記述するものです．

　エネルギー帯とフェルミ・ディラック分布について説明しましたが，実際の電子の分布を考える際には，その積を考える必要があります．エネルギー帯は電子の席です．一方で，フェルミ・ディラック分布は，フェルミ準位を中心とした，温度に対する電子のエネルギー分布です．したがって，価電子帯や伝導帯における電子の分布を考えるには，エネルギー帯にある電子の席の数と，電子の分布を掛け合わせる必要があります．図4·3のいちばん右側の図は，その様子を表しています．色アミに塗った部分に電子は存在することができます．禁制帯には席がありませんので，電子は存在しません．また，伝

補足 ⇒ フェルミ・ディラック分布：Fermi‐Dirac's distribution

導体に電子が遷移するには，禁制帯以上のエネルギーを電子が得る必要があります．

正孔は，温度が低い場合には，価電子帯には存在しません．温度が高くなり，電子が励起されて伝導帯に遷移すると，電子 - 正孔対生成により価電子帯に出現します．つまり，正孔の分布は，図 4・3 の中の灰色で表される分布になります．伝導帯の電子の数と価電子帯の正孔の数は等しくなります．

上記のように，シリコン原子だけで構成された半導体を**真性半導体**と呼びます．また，シリコンだけに限らず，不純物を添加していない純粋な半導体のことを真性半導体と呼びます．真性半導体の英語名 intrinsic semiconductor から **i 形半導体**と呼ばれることもあります．

まとめ

(1) sp^3 混成軌道
(2) 伝導帯，価電子帯，禁制帯，フェルミ準位
(3) 自由電子と正孔
(4) ダイヤモンド構造
(5) 熱励起，フェルミ・ディラック分布
(6) 真性半導体，i 形半導体

例題 2

(1) Si の結晶構造 (単位格子) を図 4・2 とした場合，1cm^3 中の Si 原子の数を計算しなさい．
(2) 図 4・3 の電子のエネルギー分布は，フェルミ・ディラック分布に従っている．フェルミ・ディラック分布とは，どのような分布か調査しなさい．

解答 (1) まず，図4·2のダイヤモンド構造の単位格子において，一辺が5.43×10^{-9}mの立方体の中にSi原子が何個含まれるかを考えます．立方体の頂点にあるSi原子は1/8個分，面に位置する原子は1/2個分が立方体に含まれているので，単位格子全体では，8個のSi原子が含まれています．したがって，1cm³中に含まれるSi原子の数は，単位を考えて，$1/(5.43\times10^{-8})^3\times8=5\times10^{22}$個の原子で構成されます．

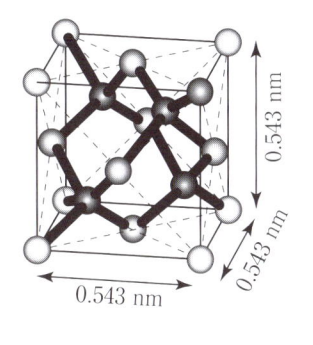

(2) 物質は，熱励起によって伝導帯に自由電子，価電子帯に正孔を作ります．このように熱励起によって作られる電子のエネルギー分布は，Si原子に限らず次の関係式によって示されます．これを，フェルミ・ディラック分布といいます．フェルミ・ディラック分布$f(E)$は次式で表されます．

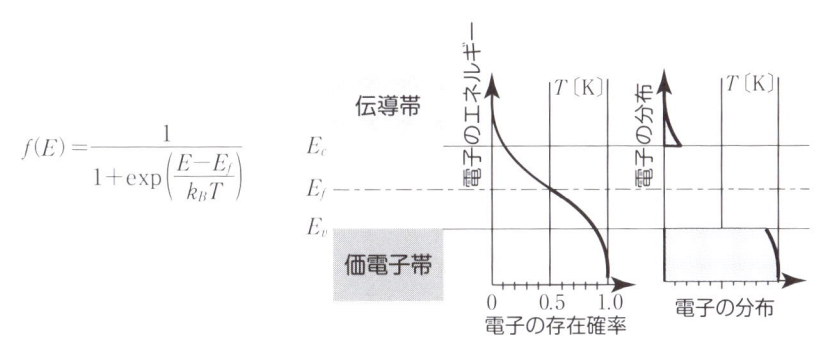

$$f(E)=\frac{1}{1+\exp\left(\dfrac{E-E_f}{k_BT}\right)}$$

フェルミ・ディラック分布

E_fはフェルミ準位に位置する電子のエネルギー，k_Bはボルツマン定数，Tは温度です．フェルミ・ディラック分布により，任意の電子のエネルギーEにおける電子の存在確率を求めることができます．存在確率0.5のフェルミ準位を境に，点対称となる指数関数波形になります．Siの場合も，電子分布は温度に対して，フェルミ・ディラック分布に従いますが，禁制帯に電子は存在できないので，電子の分布は上図のようになります．

4-3 不純物半導体

キーポイント

不純物半導体というと，不要な元素の混じった半導体という印象を持ちますが，真性半導体に有用な不純物を添加した不純物半導体こそが，ダイオードやトランジスタ，そして集積回路にとって重要な半導体です．この節は，半導体を理解するのに最も重要な所ですので，確実に理解するようにしてください．

1 半導体

真性半導体の抵抗率は約 2.3×10^3 Ω·m で，導体(10^{-6} Ω·m 程度以下)よりも，絶縁体(10^6 Ωm 程度以上)に近い抵抗率を有し，真性半導体単体では電子回路としてはあまり有用ではありません．不純物半導体(外因性半導体)は，真性半導体に不純物(ドーパント)を微量添加したもので，図 4·4 に示すように，添加する元素の種類により，n 形半導体(図(a))と p 形半導体(図(b))に分かれます．

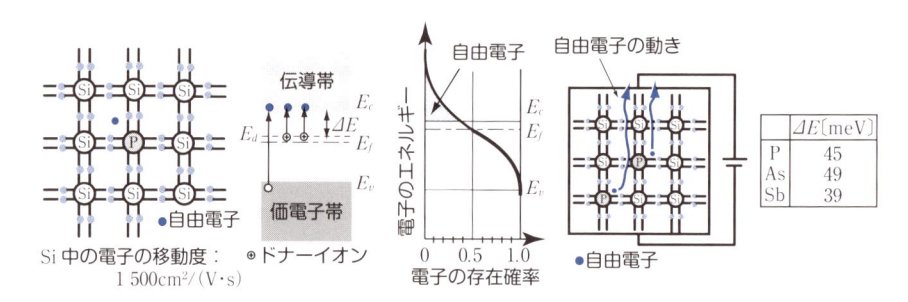

(a) 5価の元素(P,As,Sb：ドナー不純物)をドーピングする

	ΔE [meV]
P	45
As	49
Sb	39

Si 中の電子の移動度： $1\,500\,\text{cm}^2/(\text{V·s})$

(b) 3価の元素(B,In,Ga：アクセプタ不純物)をドーピングする

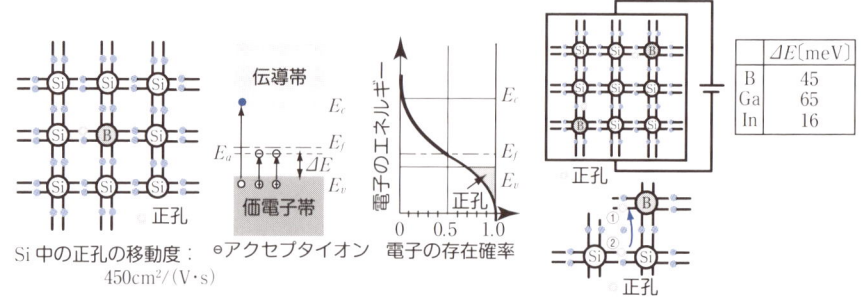

	ΔE [meV]
B	45
Ga	65
In	16

Si 中の正孔の移動度： $450\,\text{cm}^2/(\text{V·s})$

正孔の動きは電子の動きと逆になる

図 4·4 ■ 不純物半導体

補足 ⇒ 不純物半導体：extrinsic semiconductor

図4・4(a)に示すように，n形半導体を作るには価電子4個のSiに対して，価電子5個のP，As，Sbを添加します．価電子5個のうち4個がSi原子との結合に使われますが，電子1個が余ります．この電子は，熱エネルギーにより室温程度で自由電子として，結晶内を動くことができます．この自由電子により，抵抗率は真性半導体よりも小さくなります．電気伝導において電荷を担うものをキャリアと呼びますが，n形半導体におけるキャリアは電子です．

　一方，p形半導体を作るには，図4・4(b)に示すように，価電子3個のB，In，Gaを添加します．価電子3個のこれらがSiと結合すると，電子1個が足りません．この電子の穴が正孔です．正孔もキャリアとして電気の伝導に寄与し，抵抗率は真性半導体よりも小さくなります．ただし，正孔の挙動は自由電子とは異なります．図(b)右下の図の①の位置に正孔があるとします．正孔の周りは共有結合を担っている電子が存在しますが，②の電子が熱エネルギーなどによって①に移動したとします．その結果，①の正孔は電子によって埋められ，②に正孔が移動します．このような移動を繰り返して，正孔は負の電極へ移動します．p形半導体におけるキャリアは正孔です．自由電子は，正の電極に向かって結晶の中を移動できますが，正孔は電子の移動によるドミノ倒しのように移動するので，速度は電子よりも遅くなります．Si半導体中での電子の移動速度(移動度)は約$1500\,\mathrm{cm^2/(V \cdot s)}$，正孔の移動度は約$450\,\mathrm{cm^2/(V \cdot s)}$です．これら移動度は，半導体素子の動作速度に大きな影響を与えます．移動度が大きいほど，高速で動作する半導体素子を作ることが可能です．移動度については，練習問題を参照してください．

　不純物の量ですが，単結晶中のSiの原子密度$5 \times 10^{22}\,\mathrm{cm^{-3}}$に対して$10^{15}\,\mathrm{cm^{-3}}$程度です．半導体はきわめてわずかな不純物で，その性質が変わります．不純物は量が少ないので，ドナー準位やアクセプタ準位は，点線で表します．

　n形半導体とp形半導体のエネルギーバンドを考えてみます．n形半導体は熱エネルギーにより，結合に寄与していない電子1個が容易に自由電子になります．これは，エネルギーバンドギャップの小さな半導体と等価なので，エネルギーバンド図では，真性半導体の伝導帯の直下に価電子帯のようなエネルギー準位ができたことと同じです．この準位をドナー準位といいE_dで表します．ドナー準位E_dと伝導帯のE_cの間のエネルギーの差ΔEは，図4・4(a)中の表に示すように，添加する不純物の種類によって異なります．電子の存在確率は，ドナー準位の影響で真性半導体に比べてE_c側にシフトし，フェルミ準位もE_d近傍にシフトします．

　p形半導体は，不純物が電子を受け取るので，真性半導体の価電子帯の直上に伝導帯のような準位ができたのと同じことになります．この準位をアクセプタ準位と言いE_aで表します．アクセプタ準位は熱により励起された電子を受け取ります．アクセプタ準位E_aと価電子帯のE_vの間のエネルギーの差ΔEも，図4・4(b)中の表に示すように，添加する不純物の種類によって異なります．エネルギーバンド図で考えると，電子の存在確率は，真性半導体に比べてE_v側にシフトし，フェルミ準位もE_a近傍にシフト

補足➡移動度：mobility，ドナー準位：donor level，アクセプタ準位：acceptor level

します．

　図 4・5(a)と(b)に温度と n 形半導体の電子の密度の関係を示します．図 4・5(a)のように，低温領域では温度が高くなると，ドナー準位から伝導帯に電子が励起され，自由電子の数が増えます．この温度領域を不純物領域と呼びます．温度が高くなり中温領域になると，不純物の量は限られているので，ドナーから励起される自由電子の数は飽和します．この温度領域を飽和領域(出払い領域)と呼びます．さらに，温度が高くなり高温領域になると，n 形半導体の母材である真性半導体から，電子と正孔が対生成されて，伝導帯に励起される電子の数が増えていきます．この温度領域を真性領域と呼び，半導体のふるまいは真性半導体に近くなります．

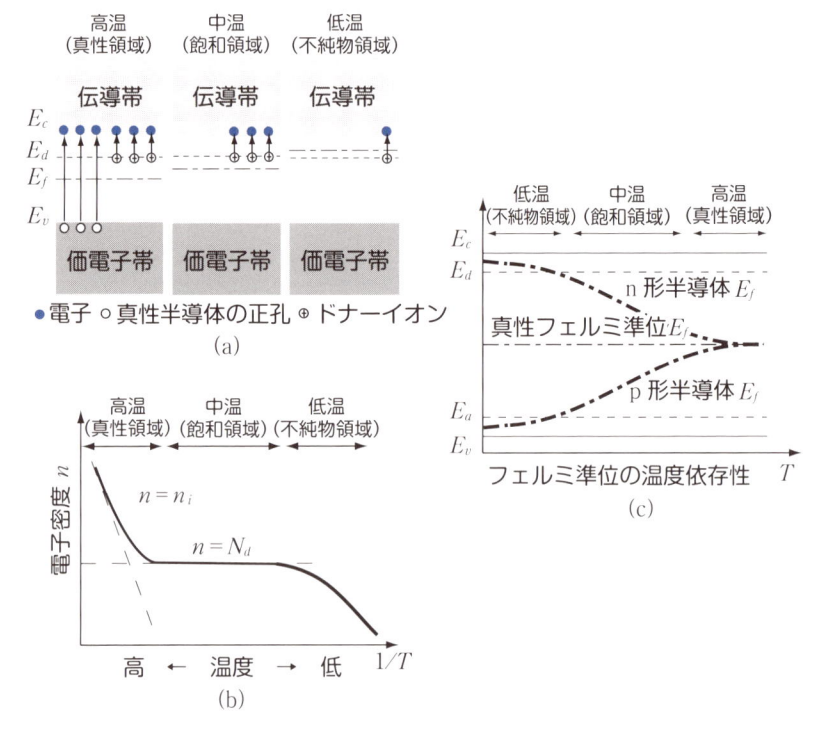

図 4・5 ■不純物半導体の温度特性

　図 4・5(c)にフェルミ準位の温度変化を示します．低温領域では，電子で満たされているドナー準位から電子が励起されるので，フェルミ準位はドナー準位よりも高いエネルギーに位置します．中温領域より温度が高くなると，ドナーから励起される自由電子が増え，徐々に真性半導体の特性が支配的になるので，フェルミ準位は真性半導体に近

づいていきます．

　伝導帯に励起された電子は，電気のキャリアとして働くので，温度が高くなるほど，半導体の抵抗率は小さくなります．これが半導体の特徴の一つである温度が高くなると抵抗率が小さくなるという現象です．

　シリコン半導体は，室温ではフェルミ準位が真性半導体よりも E_c 側に位置すること，また，不純物の準位の ΔE が数十 meV であることから，添加された不純物のほとんどはイオン化し，飽和領域の状態で使われます．

　以上，n 形半導体に関して説明しましたが，p 形半導体の場合には，正孔に対して同様のことが起こります．

まとめ

(1) 不純物半導体(外因性半導体)
(2) n 形半導体，P, As, Sb, ドナー
(3) p 形半導体，B, In, Ga, アクセプタ
(4) キャリア，移動度
(5) キャリア密度の温度特性，フェルミ準位の温度特性

例題 3

室温近辺(300K)の電子密度 n は $N_D \exp\{-\Delta E/(k_B \cdot T)\}$ で与えられる．ドナー不純物 P の密度 N_D を 10^{15} [1/cm³] としたときの電子密度を求めなさい．

解答 ボルツマン定数 k_B は 1.38×10^{-23} J/K であるから，300K の温度のエネルギー $k_B T$ は 26meV である．したがって，電子密度は 1.78×10^{14} [1/cm³] となり，約 17.8% の P 原子がイオン化して，電子が伝導帯に励起されています．

4-4 ダイオード

キーポイント

pn接合（ダイオード）の定性的な理解を目標とします．pn接合を深く理解するには，pn接合付近の電界強度，電位分布，拡散電流の計算が必要ですが，電子や正孔の動作からpn接合の動作を定性的に理解することが可能です．pn接合はバイポーラトランジスタやMOSトランジスタの基礎であり，これらのデバイスの動作の理解につながります．

1 pn接合

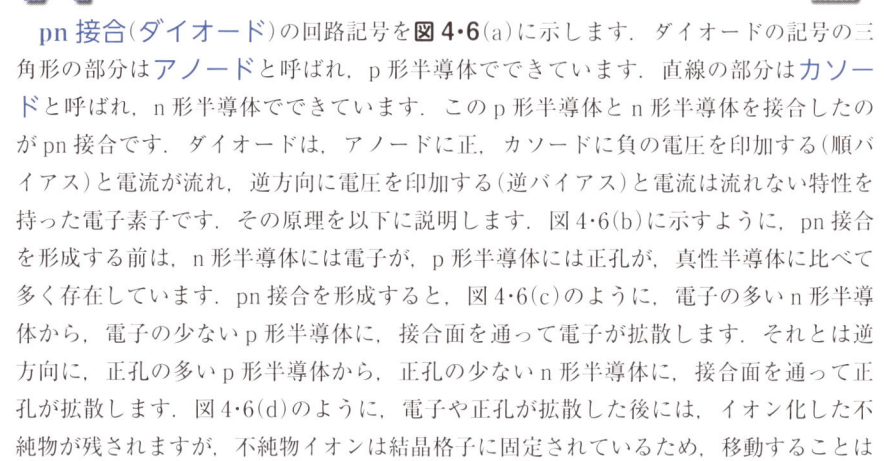

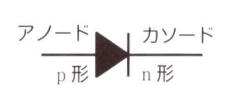

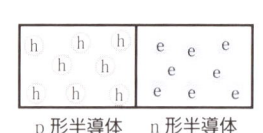

pn接合（ダイオード）の回路記号を**図4・6**(a)に示します．ダイオードの記号の三角形の部分は**アノード**と呼ばれ，p形半導体でできています．直線の部分は**カソード**と呼ばれ，n形半導体でできています．このp形半導体とn形半導体を接合したのがpn接合です．ダイオードは，アノードに正，カソードに負の電圧を印加する（順バイアス）と電流が流れ，逆方向に電圧を印加する（逆バイアス）と電流は流れない特性を持った電子素子です．その原理を以下に説明します．図4・6(b)に示すように，pn接合を形成する前は，n形半導体には電子が，p形半導体には正孔が，真性半導体に比べて多く存在しています．pn接合を形成すると，図4・6(c)のように，電子の多いn形半導体から，電子の少ないp形半導体に，接合面を通って電子が拡散します．それとは逆方向に，正孔の多いp形半導体から，正孔の少ないn形半導体に，接合面を通って正孔が拡散します．図4・6(d)のように，電子や正孔が拡散した後には，イオン化した不純物が残されますが，不純物イオンは結晶格子に固定されているため，移動することは

(a) ダイオードの記号

(b) 接合前の電子と正孔

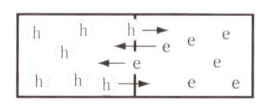

(c) 接合による電子と正孔の移動

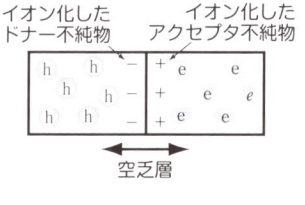

(d) 空乏層の形成

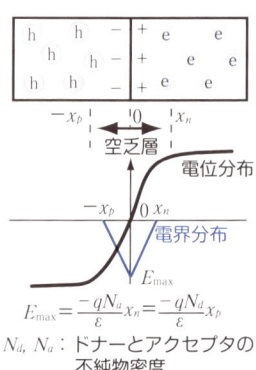

(e) 電位と電界の分布

$$E_{max} = \frac{-qN_a}{\varepsilon}x_n = \frac{-qN_d}{\varepsilon}x_p$$

N_d, N_a：ドナーとアクセプタの不純物密度

図4・6 pn接合

補足 ⇒ ダイオード：diode，アノード：anode，カソード：cathode

できません．n形半導体の領域には正に帯電したドナーイオンが，p形半導体領域には負に帯電したアクセプタイオンが残ります．つまり，電子および正孔が拡散した結果，n形半導体領域には正に，p形半導体領域は負に帯電します．p形半導体領域に拡散した電子は正孔と結合，n形半導体領域に拡散した正孔は電子と結合して，自由に動けなくなります．図4・6(e)に示すように，n形半導体領域とp形半導体領域が帯電すると電位差を生じ，pn接合面近傍では電界 E が発生します．この電位差を拡散電位（内蔵電位）と呼びます．pn接合面近傍に電界 E が生じると，p形半導体領域の正孔はn形半導体領域には拡散できなくなり，n形半導体領域の電子はp形半導体領域には拡散できなくなります．つまり，pn接合面付近は，自由電子も正孔も存在できない領域になります．この領域を空乏層といいます．

2 ダイオードの特性

pn接合（ダイオード）を，エネルギーバンドで考えます．接合前のn形半導体とp形半導体それぞれのエネルギーバンド図を，**図4・7**(a)に示します．n形半導体には伝導帯に電子が多く存在し，p形半導体には価電子帯に正孔が多く存在します．この半導体を接合すると，それぞれの濃度の違いから図4・7(b)に示すようにキャリアの拡散が起こり，電位差が発生します．どの程度のキャリアの移動が起こるのでしょうか．

接合前は，p形半導体とn形半導体ではフェルミ準位の位置は異なります．接合後は，電子と正孔の拡散により，n形半導体が正に，p形半導体が負に帯電します．エネルギ

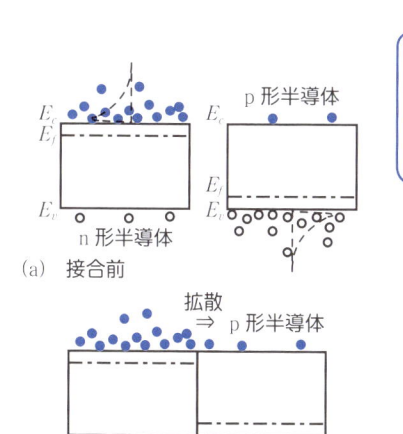

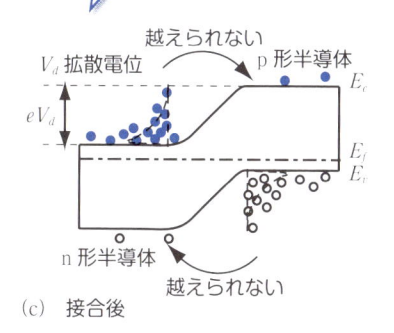

図4・7 pn接合のエネルギーバンド図

補足 空乏層：depletion layer，拡散電位：diffusion potential

一準位は電子のエネルギーを表しているので，p形半導体が負に帯電すると，p形半導体中のすべての電子のエネルギーは大きくなり，フェルミ準位も高くなります．同様に，n形半導体が正に帯電すると，n形半導体中のすべての電子のエネルギーは小さくなり，フェルミ準位も低くなります．このフェルミ準位の変化は，n形半導体のフェルミ準位と，p形半導体のフェルミ準位が一致するまで続きます．なぜならば，一つの材料の中でフェルミ準位が異なるということは，電子の平均的なエネルギーが同じ材料の内部で異なることになり，電子が拡散し続ける（電流が流れ続ける）という不合理を生じるからです．つまり，フェルミ準位が一致するまで，電子の移動が起こるということになります．そして，p形半導体とn形半導体のフェルミ準位を一致させるために，エネルギーバンド図は図4・7(c)のように曲がります．p形半導体の正孔に関しても，電子と同じような拡散をします．注意を要するのは，電子や正孔の移動が行われるのは，接合面の極近くであり，接合面から離れた場所では，価電子帯，伝導帯，フェルミ準位の相対的なエネルギー差は，接合前と変わっていないということです．図4・7(c)のエネルギーバンド図を，<u>熱平衡状態のエネルギーバンド図</u>といいます．

　pn接合に外部から順バイアス電圧をかけた場合について考えます．n形半導体に正，p形半導体に負のバイアスを印加すると，**図4・8**(a)のようにn形半導体の電子はエネルギーが大きく，p形半導体の電子はエネルギーが小さくなります．その結果，フェルミ準位は不一致になり，接合部分のエネルギー準位の差（電位障壁）は小さくなります．電位障壁が小さくなると，n形半導体の電子はp形半導体に拡散できるようになり，同様にp形半導体の正孔はn形半導体に拡散できるようになります．これらの拡散した電子と正孔は，それぞれが電極の電位に引かれて移動するので，電流が流れるようになります．電子や正孔は，E_cやE_vに近いほど多く，それから離れるにつれて指数関数的に少なくなります．つまり，電位障壁が小さくなると，電位障壁を越えられるキャリアは指数関数的に増加します．ダイオードに順バイアスを印加すると，この二つのキャリアの拡散により，図4・8(c)に示すように，指数関数的に大きな電流が流れることになります．

　pn接合に外部から逆バイアス電圧をかけた場合について考えます．n形半導体にプラス，p形半導体にマイナスの電圧を印加すると，図4・8(b)のようにn形半導体の電子はエネルギーが小さく，p形半導体の電子はエネルギーが大きくなります．その結果，接合部分のエネルギー準位の差は大きくなり，電圧印加前よりも，n形半導体の電子がp形半導体に拡散できなくなり，p形半導体の正孔もn形半導体に拡散できなくなります．これにより，図4・8(c)に示すように，ダイオードに逆バイアスを印加すると，ほとんど電流が流れなくなります．

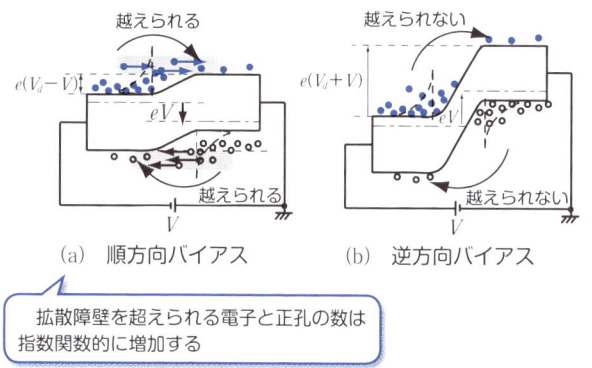

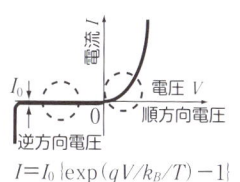

(a) 順方向バイアス
(b) 逆方向バイアス

拡散障壁を超えられる電子と正孔の数は指数関数的に増加する

I_0：逆方向飽和電流
q：電子の電荷
k_B：ボルツマン定数
T：温度[K]

(c) ダイオードの I-V 特性

$$I = I_0\{\exp(qV/k_BT) - 1\}$$

図4・8 バイアス電圧の印加

まとめ

(1) pn接合，エネルギーバンド図，空乏層，拡散電位
(2) ダイオードの特性，順バイアス，逆バイアス

例題 4

pn接合の逆方向飽和電流 I_0 が $10\,\mu\text{A/m}^2$ であるとき，順方向に 0.7V の順方向電圧を印加したときの電流を求めなさい．ただし，pn接合の面積を $0.1\text{mm} \times 0.1\text{mm}$，温度は 300K とする．単位の扱い方に注意すること．

解答 $I = I_0[\exp\{eV/(k_B \cdot T)\} - 1]$ より，単位面積当たりの電流は $5.6 \times 10^6 \text{A/m}^2$ なので，電流は 56mA です．

4-5 トランジスタ

キーポイント

トランジスタは，電気信号の増幅や，回路をオンオフする機能を有した電子素子であり，電子回路では欠かせない部品の一つです．トランジスタは単体でも電子素子として重要な役割を担っていますが，集積回路の中でもオンオフ機能を有する重要な要素になっています．トランジスタには，多くの種類がありますが，npn 形バイポーラトランジスタと n チャネル $MOSFET$ を中心に定性的に説明をします．この節では，まずバイポーラトランジスタについて説明をしますが，前節で説明した pn 接合が理解できていると，比較的理解が容易になります．また，$MOSFET$ では，電磁気学で学習する平行平板コンデンサの理解ができていると，違和感なく学習できます．

1 npn 形バイポーラトランジスタ

npn 形バイポーラトランジスタは，図 4·9 のように，n 形，p 形，n 形の半導体を交互に接合した構造をしています．回路記号は，図 4·9(a) のように示されます．3 本の端子は，E はエミッタ，B はベース，C はコレクタと呼ばれています．電子回路的には，ベース接地，エミッタ接地，コレクタ接地などの使われ方がありますが，基本的にベースとエミッタ間の pn 接合が順バイアスになるように，コレクタの n 形半導体が逆バイアスになるように，直流電圧（バイアス電圧）を印加して使用します．図 4.9(a) では，ベース接地の場合のバイアスを示していますが，実際に電子回路として使う場合には，適宜抵抗を接続する必要があります．図 4·9(b) に，npn バイポーラトランジスタの熱平衡時のエネルギーバンド図を示します．実際のトランジスタでは，ベース領域は非常に薄い構造になっています．また，不純物濃度は，エミッタを高不純物濃度，コレクタを最も低不純物濃度に設計されています．エネルギーバンド図は，ダイオードと同じ原理により，三つの半導体のフェルミレベルが一致するように変化します．図 4·9(b) に示すように，エミッタ領域の n 形半導体では，伝導帯に電子が数多く存在しますが，拡散電位によりベースの p 形半導体領域には拡散することはできません．この状況は，コレクタの電子についても同じです．ベース領域の p 形半導体には，価電子帯に正孔が多く存在しますが，拡散電位によりエミッタ領域にもコレクタ領域にも拡散することはできません．この拡散電位のことを電位障壁とも呼びます．

バイアス電圧を印加すると，エネルギー準位は図 4·9(c) のように変化します．エミッタとベース間の pn 接合では電位障壁が下がり，エミッタ領域からベース領域に電子が拡散できるようになります．コレクタとベース間の pn 接合は逆バイアスになっているので，コレクタ領域からベース領域に電子は拡散できません．しかし，エミッタからベースに拡散してきた電子が，コレクタとベース間の接合面に達すると，コレクタに接続された正の電極へ引かれて移動することができます．これをドリフトといいます．

補足 ➡ 電位障壁：potential barrier

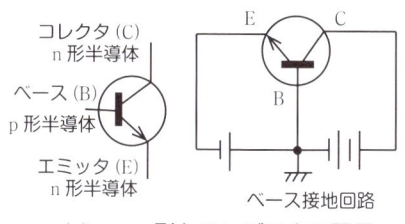

(a) npn形トランジスタの記号

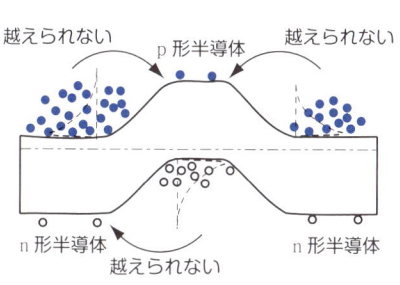

(b) npn形トランジスタの
エネルギーバンド図

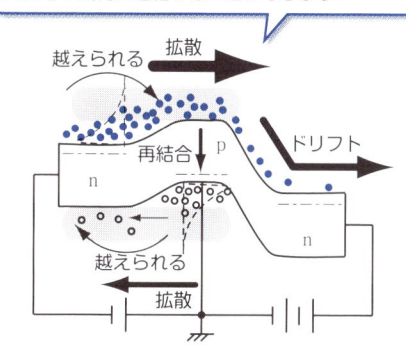

(c) npn形トランジスタのバイアス時の
エネルギーバンド図

ベースとエミッタ間の電圧が変化すると，ベースに拡散する電子と，エミッタに拡散する正孔の量は，指数関数的に変化します．小信号の変化を大信号の変化に増幅することになります．

図4・9 npnトランジスタのエネルギーバンド図

電流を考えると，電流の方向と電子の移動方向は逆ですから，コレクタ端子からエミッタ端子に電流が流れ出ることになります．また，p形半導体のベース領域の正孔は，バイアス電圧の印加により，エミッタ領域に拡散します．この正孔の拡散もエミッタ電流となります．つまり，npn形トランジスタでは，電子と正孔の二つがエミッタ電流として寄与します．これが，バイポーラトランジスタ(bipolar(両極性) transistor (transfer resistorの造語))のゆえんです．以上のように，トランジスタは自由電子と正孔の両方のキャリアを使っていますが，ベース領域において，正孔と電子の結合が多くなると，コレクタ領域で電子が取り出せなくなってしまいます．したがって，正孔と電子の結合の機会を減らすためにベース領域の薄いトランジスタのほうが，増幅度の大きなトランジスタを作ることができます．

　トランジスタによる信号増幅を，電圧という観点から考えてみます．トランジスタで信号を増幅させるには，ベースとエミッタ間のバイアス電圧に，交流信号を重ねて印加します．すると，交流信号電圧に対応して，ベースとエミッタ間の電位障壁が変化します．その結果，エミッタ領域からコレクタ領域に拡散・ドリフトする電子の数が指数関数的に増減し，コレクタからエミッタに流れる電流も変化します．コレクタ端子に抵抗を接続して，電流の変化を電圧として取り出すことで，増幅された信号電圧が得られる

ことになります．電流の観点から考えてみると，ベースとエミッタ間の電流に比べて，コレクタとエミッタ間の電流は大きな電流です．この比を電流増幅率といい，バイポーラトランジスタで増幅回路を組む場合の重要な性能指標になります．

バイポーラトランジスタには，**pnp 形トランジスタ**も存在しますが，その動作は，電子の動きを正孔の動きに変えれば，理解することができます．

2 MOS 構造と MOSFET

マイクロコンピュータなどの集積回路は MOSFET(metal-oxide-semiconductor field effect transistor)で作られています．MOSFET には，**p チャネル MOSFET と n チャネル MOSFET** の 2 種類が存在します．ここでは，n チャネル MOSFET について説明しますが，その前に，MOSFET の基礎である **MOS 構造**について説明します．

MOS 構造の要は，電磁気学で学習する平行平板コンデンサです．**図 4・10** に MOS 構造を示します．ポリシリコンで作られたゲート電極と，p 形半導体で作られた基板により，**シリコン酸化膜(ゲート酸化膜)**SiO_2 がサンドイッチされた構造になっています．このシリコン酸化膜がコンデンサの役割を果たします．従来は，ゲート電極は金属(Al)の場合が多かったので，MOS 構造の M は金属(metal)を表し，O は酸化膜(oxide)，そして S は半導体(semiconductor)を表しています．

図 4・10(a)に理想的 MOS 構造のエネルギーバンド図を示します．理想的な MOS 構造では，ゲート電極のフェルミ準位と半導体のフェルミ準位が，同じエネルギー準位であるという扱いをします．現実的な MOS 構造では，これらのフェルミ準位は一致しません．図 4・10(b)は，ゲート電極に負の電圧を印加した場合を示しています．この場合，ゲート酸化膜をコンデンサとして，p 形基板には正の電荷が静電誘導されます．p 形半導体には，正の電荷を持った正孔が多数存在するので，正孔がゲート酸化膜の直下に集まってきます．このときのエネルギーバンドは，ゲート電極に印加された電圧による電界の影響で図のように曲がります．このような状態を**蓄積モード**といいます．次に，図 4・10(c)のようにゲート電極に正の電圧を印加します．この場合，p 形基板には負の電荷が静電誘導されることになりますが，p 形半導体には電子の数は少ないため，誘起される電子はほとんどありません．エネルギーバンドは図のように曲がり，半導体と酸化膜の界面部分に pn 接合の空乏層と同じ状態が発生します．この状態を**空乏モード**といいます．ゲートに印加される正の電圧を高くすると，バンドはさらに曲がり，少しずつゲート酸化膜直下に電子が集まり始めます．この状態を**弱反転モード**，電子がたまる領域を**反転層**といいます．この電子は，熱励起により p 形基板内部で発生する電子-正孔対を起源としています．図 4・10(d)のように，さらにゲート電圧を高くし，半導体と酸化膜の界面における表面エネルギー $q\phi_s$ が，半導体内部の真性半導体のフェルミ準位 E_i と p 形半導体のフェルミ準位 E_f の差のエネルギー $q\phi_f$ の 2 倍になると，p

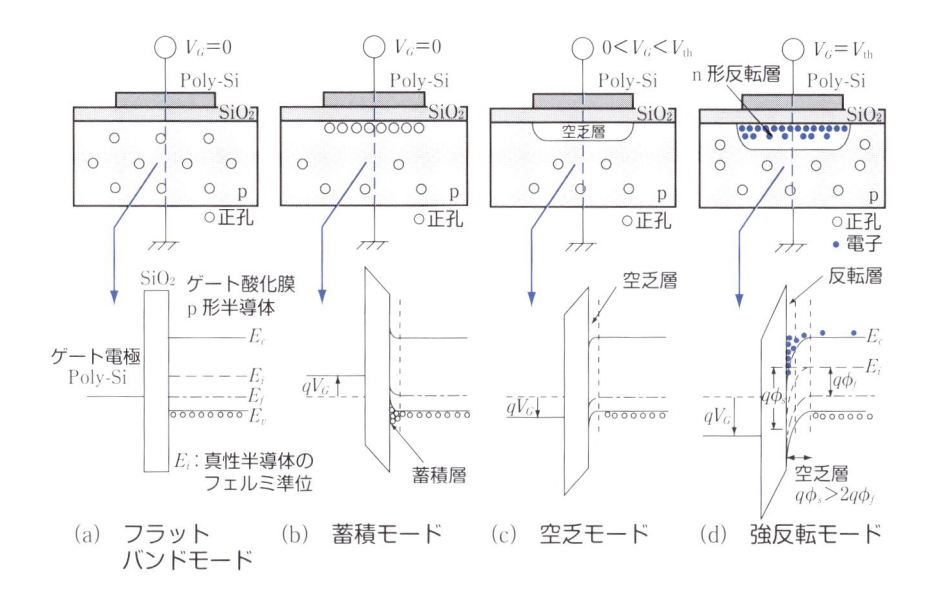

(a) フラットバンドモード　(b) 蓄積モード　(c) 空乏モード　(d) 強反転モード

図4·11■理想的なMOS構造のエネルギーバンド図と動作

形半導体の正孔の数と同じ数の電子が反転層にたまります．これを**強反転モード**といいます．MOS構造は，このような原理により，酸化膜と半導体の界面に電子や正孔を集めることができます．これがMOSFETの動作原理につながります．このように電界によって状態を制御するのでFETと呼ばれます．

MOSFETの構造を**図4·11**(a)に示します．図4·11のMOSFETは**nチャネルMOSFET**(n-MOS)と呼ばれます．先に示したMOS構造を中心として，**ドレイン**と**ソース**が形成された構造です．**MOSFET**はゲート電圧を変えることで，ドレインと

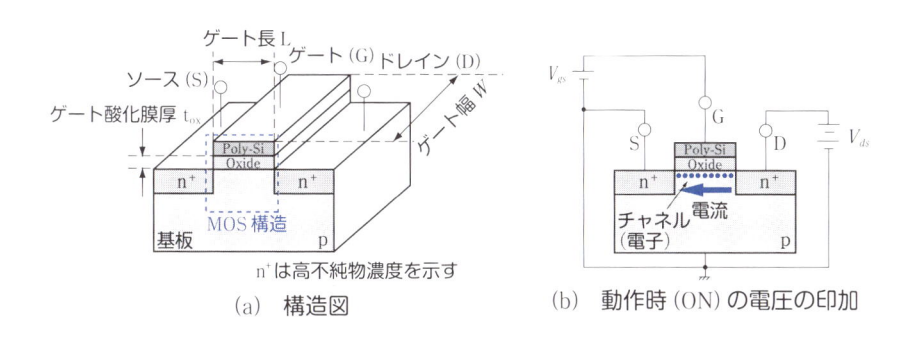

(a) 構造図　(b) 動作時(ON)の電圧の印加

図4·11■nチャネルMOSFETの構造

補足→反転モード：inversion mode

ソース間の電流を変えることができる素子です．多くの場合，スイッチのようにオンオフ動作で使用されます．n チャネル MOSFET は図 4・11(b) に示すように，強反転モードで動作させます．ゲートに正の電圧が印加され，反転層ができると，n 形半導体のドレインと n 形半導体のソース間が反転層に誘起された電子でつながれます．この領域を n チャネルといいます．ドレインとソース間が電子でつながれると，ドレインとソース間に電流が流れます．つまりオン状態になります．ドレインとソース領域は，電流を放出あるいは受け取る領域なので，不純物濃度を高くして抵抗率を小さくします．n-MOS ではゲート電圧を，p 形の基板電圧と同じ 0V にするとオフ状態になります．

MOSFET には他に，**p チャネル MOSFET** (p-MOS) があります．p チャネル MOSFET は，基板が n 形，ドレインとソースは p 形半導体を用います．そして，基板電圧が 0V の場合には，ゲートに負の電圧を印加すると，正孔が酸化膜と半導体の界面に集まり，正孔による **p チャネル**が形成され，ドレインとソース間がオン状態になります．詳しくは練習問題を参照してください．

ドレインとソースですが，キャリアを放出する領域がソース，受け取る領域がドレインと定義されます．つまり，n チャネル MOSFET では電源に接続される領域がドレインに，p チャネル MOSFET では 0V に接続される領域がドレインになります．

ここで説明した MOSFET は，**エンハンスメント形**といわれる種類の FET です．このほかに，ディプリーション形 FET や，接合形電界効果トランジスタ (junction FET: JFET) という種類もあります．そして，現在の集積回路は，同じ基板上に，n チャネル MOSFET と p チャネル MOSFET の両方が作られた，**CMOS** (complementary MOS) が使われています．

3 CMOS 構造

CMOS は，p チャネル MOSFET と n チャネル MOSFET を，同じウエハ基板内に形成した半導体のことです．マイクロコンピュータをはじめとして，論理回路用の集積回路のほとんどは CMOS 構造をしています．最も基本的な論理回路である**インバータ回路** (NOT 回路) を例にとって，CMOS の構造と動作を説明します．インバータ回路は，**図 4・12**(a) に示すように，n チャネル MOSFET と p チャネル MOSFET が，直列に接続された構成になっています．入力端子 In が 1 (電源電圧 V_{DD}[V]) のとき出力端子 Out は 0(0V)，入力端子が 0 のとき出力端子 Out は 1 を出力します．つまり，入力を反転して出力する回路です．

図 4・12(b) は，CMOS インバータの基本的な構造の断面図です．p 形基板内に，n チャネル MOSFET を形成します．p チャネル MOSFET は，p 形基板内に n 形拡散層 (**n ウェル**) と呼ばれる p チャネル MOSFET の基板となる領域を形成し，その中に作られます．これら二つの MOSFET を図のように接続することで，インバータ構造とします．

補足 → エンハンスメント形：enhancement type, ディプリーション形：depletion type

nチャネル MOSFET の基板の電位と，p チャネル MOSFET の基板(n ウェル)の電位は，それぞれの MOSFET のソースと同じ電位になるように接線します．これまで，p チャネル MOSFET においては，基板電位を 0V にして，ゲート電圧を負にすることで，オンになると説明してきました．しかし，基板(n ウェル)の電位を電源電圧にした場合には，ゲート電圧が電源電圧よりも低い電圧(例えば 0V)で，p チャネル MOSFET はオンになり，電源電圧になるとオフになります．また，このようにソース電圧を印加する事で，n ウェルと p 形基板間の pn 接合が逆バイアスになり，n チャネル MOSFET と p チャネル MOSFET の電気的な分離ができます．

図 4·12(a) に示したインバータ回路の動作を簡単に説明します．入力 In が 1 の場合，n チャネル MOS はオン状態，p チャネル MOS はオフ状態ですから，出力 Out は 0 になります．入力 In が 0 の場合，n チャネル MOS はオフ状態，p チャネル MOS はオン状態ですから，出力 Out は 1 になります．つまり，入力の反転が出力されたことになります．

p チャネル MOSFET と n チャネル MOSFET を同じウエハ基板上に作製する技術があれば，論理回路の基本である NAND 回路や NOR 回路も同様のプロセスで作ることができます．図 4·12(c) に NAND 回路の例を示します．この回路では，入力 A と B がともに 1 のときだけ出力が 0 になり，それ以外は 1 ですから，NAND 回路の動作をします．NOR 回路もしくは NAND 回路だけで，任意の論理関数を構成できるため，CMOSFET を作る技術があれば，複雑な論理回路を作製できることになります．NOR 回路については例題を参照してください．

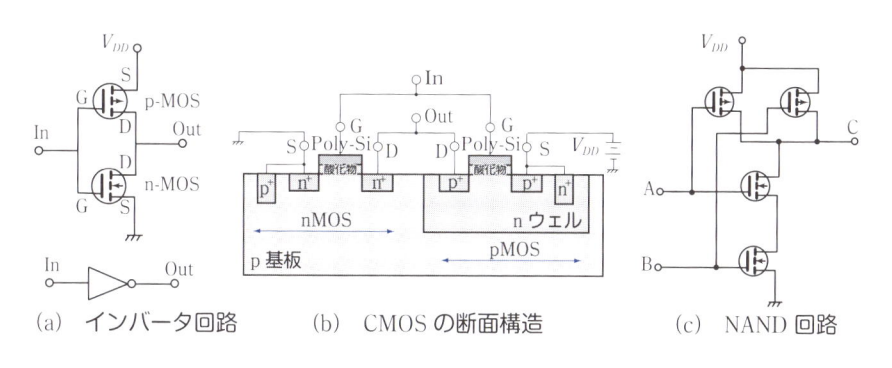

(a) インバータ回路　　(b) CMOS の断面構造　　(c) NAND 回路

図 4·12 CMOS の構造と論理回路

4 薄膜トランジスタと有機トランジスタ

薄膜トランジスタ(**TFT**：thin film transistor)は，MOSFET の一種ですが，ガラスなどの絶縁性の基板上に，アモルファスシリコン(a-Si TFT)や多結晶シリコン(p-Si TFT)などで構成された，$10\,\mu m$ 程度の厚さの薄形のトランジスタのことです．TFT は，

補足 → ウエハ：wafer

液晶パネルなどに使われています．通常の MOSFET は，強反転モードで動作させ，チャネルに流れる電流を制御しますが，TFT では蓄積モードで動作させます．また，図4・12に示した MOS 構造のように，ソースおよびドレイン領域と基板の間に pn 接合を形成する必要がないため，原理的な構造としては単純になります．

(a)　a-Si TFT（逆スタガ形）　　(b)　p-Si TFT（スタガ形）

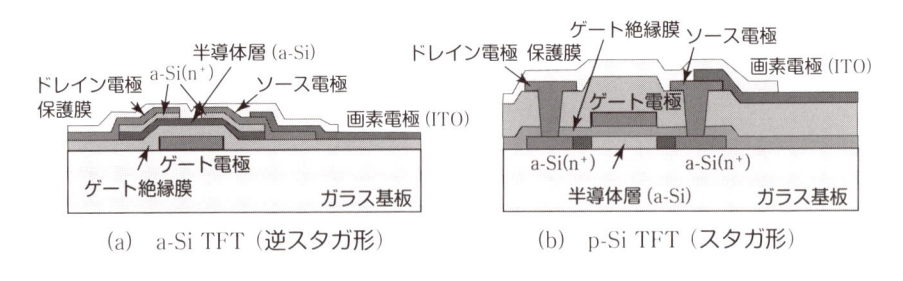

図 4・13■TFT の構造

　TFT を構造面から大別すると，**逆スタガ形（ボトムゲート）**と**スタガ形（トップゲート）**に分類できます．現在は，a-Si TFT では逆スタガ形，p-Si TFT ではスタガ形が多く用いられています．**図 4・13**(a)に a-Si TFT（逆スタガ型），図 4・13(b)に p-Si TFT（スタガ形）の断面構造を示します．a-Si TFT は，ゲート電極を最下層に，その上層にゲート絶縁膜と半導体層があり，さらに上層にソース電極，ドレイン電極が形成されています．ゲート電極とソース電極およびドレイン電極を直線で結ぶと逆三角形になり，この構造を逆スタガ構造と呼んでいます．スタガ形はゲート電極が上部に位置しますが，動作原理や基本性能に逆スタガ形との大きな差はありません．ゲート電極には Ta，Mo，Al あるいはそれらの合金がよく用いられます．ゲート絶縁膜は一般的に SiN_x 膜が用いられます．半導体層は a-Si と a-Si(n^+)で構成され，a-Si(n^+)は a-Si 中に P を添加して抵抗値を低くし，電極とのコンタクト抵抗（接触抵抗）を下げます．ゲート電極に正バイアスが印加されると，a-Si 層が蓄積モードの n^+ の状態になり TFT が ON 状態になります．ゲート電極に負のバイアスが印加されると，a-Si 層が p 形となり，TFT がオフ状態になります．

　また，活性層に有機半導体材料を用いた TFT は，**有機薄膜トランジスタ**（organic TFT）または**有機電界効果形トランジスタ**（organic FET）と呼ばれています．プラスチック基板の上に有機物を蒸着または塗布して作製されます．従来のシリコン系のトランジスタに比べて，軽く軟らかいため，折曲げ可能な電子デバイスを実現できます．また，有機半導体の材料は，溶液としてインク状にすることができるため，印刷プロセスを使った低温プロセスで，大面積の TFT 素子を作ることも可能です．ただし，有機トランジスタの移動度は，シリコンに比べて 2〜3 けた小さいという課題があります．

補足➡逆スタガ形 TFT：reverse-staggered TFT

代表的な有機材料として，低分子についてはルブレン，テトラセン，ペンタセン，ペリレンジイミド，テトラシアノキノジメタンなどがあげられ，高分子についてはポリチオフェン，ポリ3-ヘキシルチオフェン，ポリフルオレン，ポリジアセチレン，ポリ2,5-チエニレンビニレン，ポリパラフェニレンビニレンなどがあげられます．

5 太陽電池

太陽電池は，太陽の光エネルギーを直接電気エネルギーに変えます．このエネルギー変換は，半導体のpn接合部分で行われます．図4・14に示すように，pn接合の空乏領域に光が当たると，光のエネルギーにより接合部付近に電子-正孔対が生成され，空乏領域の内部電界によって電子はn形半導体領域へ，正孔はp形半導体領域へ移動します．n形半導体とp形半導体を結ぶ外部回路が，図4・14(a)のように開放されている場合には，n形半導体には電子が，p形半導体には正孔が蓄積され，それぞれの電荷の電位によりエネルギーバンドが変化します．この電位差が，開放電圧として観察されます．Si系半導体の場合の開放電圧の最大値は，拡散電位にほぼ等しい1V程度になります．開放電圧は，一つの太陽電池が発生させうる最大電圧の目安になります．図4・14(b)のように，n形半導体とp形半導体を結ぶ外部回路を短絡した場合には，拡散電位による電位差により，p形半導体からn形半導体へ向かう電流を取り出すことができます．短絡電流は，光により励起される電子と正孔の数に比例することになります．実際の太陽電池には適当な負荷が接続されるので，これらの中間で動作します．

太陽電池の変換効率の理論的限界値は，シリコン単結晶の太陽電池で約30〜35％，アモルファス太陽電池で25％程度です．

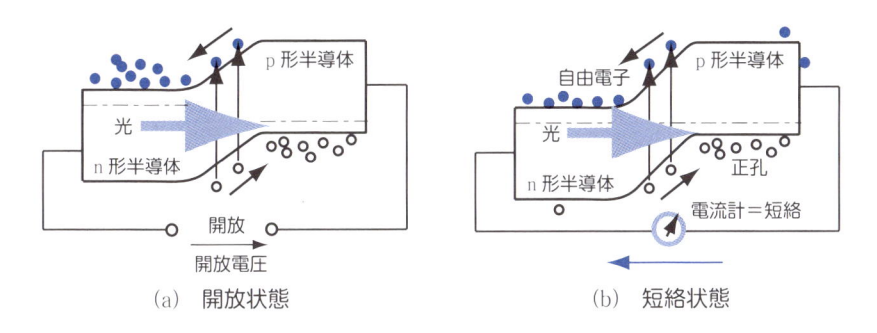

(a) 開放状態

(b) 短絡状態

図4・14 ■ 太陽電池による発電

補足 ⇒ 太陽電池：photovoltaic

まとめ

(1) バイポーラトランジスタ，npn トランジスタ，pnp トランジスタ
(2) MOS 構造，n チャネル MOSFET，p チャネル MOSFET
(3) 蓄積領域，反転領域，強反転領域
(4) CMOS，薄膜トランジスタ，有機トランジスタ，太陽電池

例題 5

(1) 図 4・12(b) の p チャネル MOS において，ゲート電圧 0V でオン，ゲート電圧 V_{DD} 〔V〕でオフになる理由を考察しなさい．
(2) NOR 回路を n チャネル MOS と p チャネル MOS を使って示し，動作を簡単に説明しなさい．

解答 (1) p チャネル MOS の基板電位（n ウェルの電圧）が電源電圧 V_{DD} のため，ゲート電圧に V_{DD} よりも低い電圧を印加することで，弱反転領域，強反転領域を形成します．CMOS では，p チャネル MOS はゲート電圧 0V で強反転領域を形成するように設計されます．

(2) NOR 回路を右図に示します．右の回路において，A と B がともに 0 のとき，2 個の p チャネル MOS がオンになり，出力 C は 1 になります．それ以外の入力では，出力は 0 になる．つまり，NOR 回路になります．

A	B	P1	P2	N1	N2	C
0	0	ON	ON	OFF	OFF	1
0	1	ON	OFF	OFF	ON	0
1	0	OFF	ON	ON	OFF	0
1	1	OFF	OFF	ON	ON	0

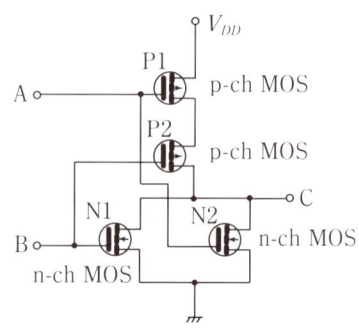

4-6 化合物半導体

キーポイント

化合物半導体は2種類以上の元素からなる化合物の半導体です．携帯電話などの無線通信システム用の超高速で動作するトランジスタ，CD，DVD，ブルーレイなどの光源，照明用の白色LED，光ファイバ通信用レーザや受光素子，高温度で動作するモータの駆動回路など，私たちの身の回りでたくさん使われています．化合物半導体は，複数の元素を組み合わせて，また構造を工夫することで，シリコンにない物性を持った半導体を作ることができます．化合物半導体の魅力について理解してください．

1 化合物半導体とは

Si元素は，きわめて安定しており，現在，半導体の材料はほとんど単結晶シリコンが使われています．それに対し，複数の元素を組み合わせて材料にしている半導体は，化合物半導体と呼ばれています．代表的なものとして図4・15に示すように，周期表（周期律表）のⅣ族を挟むように，周期表のⅢ族とⅤ族の元素を組み合わせたGaAs，GaP，InP，GaAlAs，GaInNAsなど，Ⅱ族とⅥ族の元素を組み合わせたCdTe，ZnSe，CdSなど，Ⅳ族同士の元素を組み合わせたSiC，SiGeなどがあり，それぞれ異なった特性を有しています．化合物半導体は，シリコンに比べて材料自体が高価なこと，結晶欠陥が多く，ウエハに欠けや割れが発生しやすいこと，シリコン酸化膜のような優れた絶縁膜を作りにくいことから，集積回路用としてはシリコンに代わるようなことはありませんでした．しかし，シリコン半導体が得意としない分野に対して，その活用が進んでいます．たとえば，高周波デバイス用，光デバイス用，高耐圧・高耐熱・高周波パワーデバイス用などです．この節では，化合物半導体のうち，高速素子のHEMTと，発光受光素子用化合物半導体，そして，電力損失の小さなSiCについて説明します．

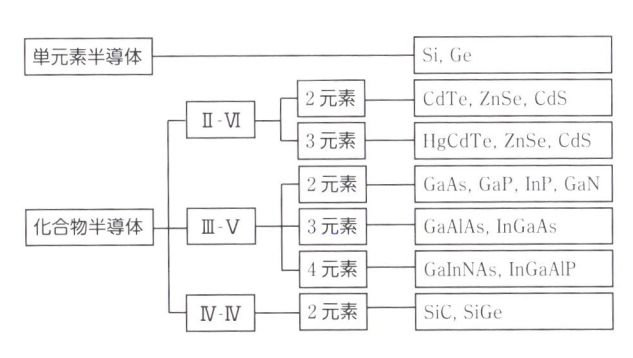

図4・15■化合物半導体の元素組合せ

補足→化合物半導体：compound semiconductor

2 HEMT（高電子移動度トランジスタ）

HEMT は，化合物半導体材料を利用した FET の一種です．バンドギャップの大きさの異なる半導体材料を接合(ヘテロ接合)することで，その界面に 2 次元電子ガス層と呼ばれる電子の層を作り出します．この 2 次元電子ガス層では電子の散乱要因が少ないため，電子は高速で移動でき，高速動作の FET を作ることができます．図 4・16(a)では，GaAs と n-AlGaAs による HEMT 構造を示してあります．GaAs の半絶縁性基板上に，電子走行層である高純度の GaAs 層と，電子供給層である n-AlGaAs 層が積み重なった構造になっています．n-AlGaAs のバンドギャップは約 1.6 〜 1.8eV，GaAs のバンドギャップは約 1.4eV です．バンドギャップの異なる 2 種類の半導体の界面では，図 4・16(b)に示すように，伝導帯と価電子帯の不連続が生じます．その結果，n-AlGaAs 層のドナーから発生した電子は，GaAs 側の界面近傍 10nm 程度厚さの領域に分布します．この電子層を 2 次元電子ガスと呼び，その密度は $10^{12}cm^{-2}$ の程度です．2 次元電子ガスの中で電子は，約 $8\,500cm^2/(V\cdot s)$ という高い移動度を示します．

図 4・16(b)に示すように，HEMT のゲート電極は，電子供給層である n-AlGaAs 層とショットキー接合(金属と半導体の接合)を形成します．このとき，n-AlGaAs 層ショットキー接合と，ヘテロ界面に空乏層が形成されます．n-AlGaAs 層の厚さを，二つの空乏層が接する程度にすると，ゲート電極に電圧を加えることにより二つの空乏層の厚さが変化して，2 次元電子ガスの濃度を制御することが可能になります．HEMT は一般的な FET と異なり，ゲート酸化膜は不要です．HEMT を構成する材料として，前述した AlGaAs/GaAs のほかに，AlGaAs/InGaAs や InGaP/GaAs，そして InAlAs/InGaAs などがあります．

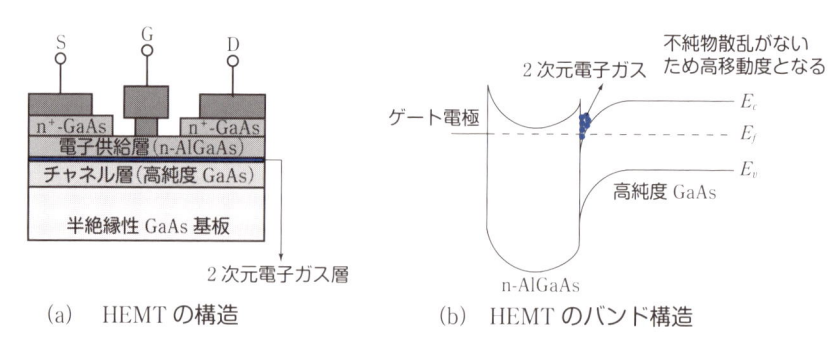

(a) HEMT の構造　　(b) HEMT のバンド構造

図 4・16 ■HEMT（高電子移動度トランジスタ）

3 発光・受光素子用化合物半導体

化合物半導体は，発光効率が高く発光ダイオード(light emitting diode：LED)や，

補足 ⇒ HEMT：high electron mobility transistor

半導体レーザダイオード（laser diode：**LD**）として使われ，また，高速動作のため光通信用の受光素子などにも使われます．表**4・1**に示すように，材質の組合せにより発光する光の波長が異なります．LEDやLDを構成する半導体は，基本的には直接遷移半導体と呼ばれる材料によって構成されます．SiやGe半導体は，間接遷移半導体と呼ばれる材料で，発光効率がきわめて低いため，光デバイスとしては用いられません．発光素子による電気エネルギーを光のエネルギーに変換するしくみと，受光素子による光のエネルギーを電気エネルギーに変換するしくみを，図**4・17**により説明します．図4・17(a)のように，半導体中に自由電子と正孔が存在し，自由電子と正孔が結合すると，エネルギーバンドギャップE_g〔eV〕に相当するエネルギーを，熱や光として放出します．このとき，放射される光の波長λは$1\,240/E_g$〔nm〕で示されます．つまり，放射される光の波長は，エネルギーバンドギャップE_gの大きさによって決まることになります．この光の放出現象を利用して，LEDやLDは発光します．図4・17(b)に，LEDの発光原理を説明します．LEDのpn接合に順バイアスを印加すると，電位障壁が低くなり，n形半導体から電子が，p形半導体から正孔が空乏領域に拡散してきます．拡散してきた電子と正孔が結合（再結合）すると，バンドギャップに相当する光が放出されます．これが，LEDの発光現象です．受光素子は，太陽電池と同じ原理です．図4・17(c)に示すように，受光素子に光が当たると電子-正孔対ができます．それらをキャリアとして，外部回路に電流として取り出します．このとき流れる電流を光電流と呼びます．

図**4.18**(a)に青色LEDの構造を示します．青色LEDの材料には，GaN系，SiC系，ZeSe系があります．ここでは，GaN系青色LEDについて説明します．図4・18に示した青色LEDは，単一量子井戸（single quantum well：**SQW**）という種類です．サファイア基板上に有機金属気相成長法（metal organic vapor phase epitaxy：MOVPE）により，GaN緩衝層，n-GaN，n-AlGaN，n-InGaN，InGaN，p-AlGaN，p-GaNを成長させます．InGaN層は活性層と呼ばれ，この活性層で発光スペクトルが決まり発光します．

表4・1 発光色と化合物の組合せ

紫外	AlGaN/GaN on Sapphire
紫・青	InGaN/GaN on Sapphire
緑	GaP on GaP
黄	AlInGaP on GaAs
赤	GaAlAs on GaAs
赤外	GaAlAs on GaAs
近赤外	InGaAs on InP（受光用），InGaAsP on InP（発光用）

補足 → 直接遷移半導体：direct energy-gap semiconductor,
間接遷移半導体：indirect energy-gap semiconductor

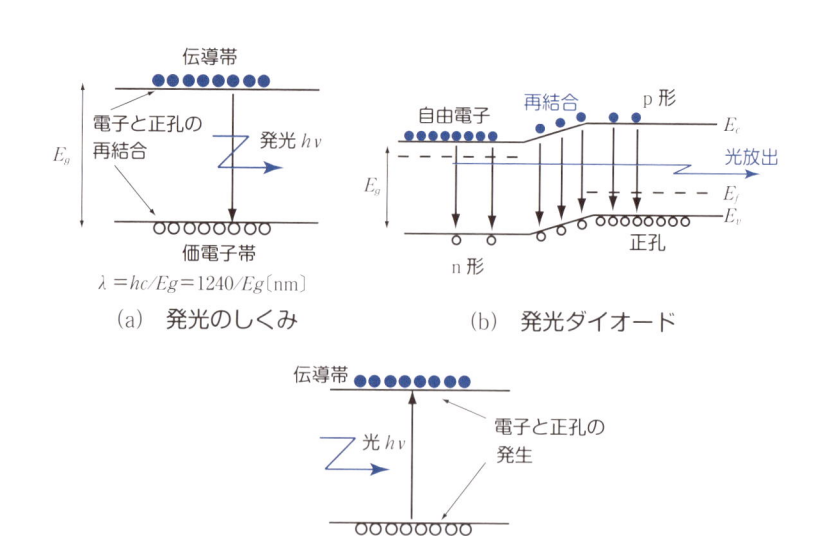

(a) 発光のしくみ

$\lambda = hc/Eg = 1240/Eg\,\mathrm{[nm]}$

(b) 発光ダイオード

(c) 受光のしくみ

図4・17 高発光と受光のしくみ

また，InGaN の In と Ga の組成を変えることで，InN(650nm) から GaN(360nm) まで波長を変えることができます．図4・18(b) に活性層部分のエネルギーバンド図を示します．バンドが井戸の形になっていることから，**量子井戸構造**と呼びます．この量子井戸に電子が閉じ込められ，電子 - 正孔再結合が起こり発光します．

半導体レーザ(LD) は，半導体に電流を流してレーザ発振させる素子ですが，発光のしくみは LED と同じです．半導体レーザの基本的な構造は**図4・19**(a)のようになっています．活性層(発光層)を，n 形と p 形の層(クラッド層と言います)で挟んだ構造です．これを，ダブルヘテロ構造といいます．順バイアスで n 形クラッド層から電子が，p 形

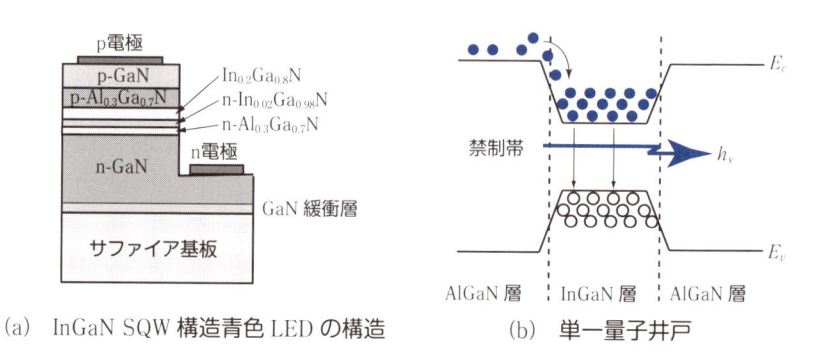

(a) InGaN SQW 構造青色 LED の構造

(b) 単一量子井戸

図4・18 GaN SQW構造青色LED

クラッド層からホールが活性層に拡散し，活性層内で再結合して発光します．ここまでは，LED と同じです．クラッド層の屈折率を，活性層の屈折率より低くすると，光は活性層に閉じ込められます．さらに，図4·19(b)のように活性層の一方の端面が反射鏡，もう一つの反射面がハーフミラーの役目をするように加工すると，光は活性層内を往復します．往復しながら，**誘導放出**(位相のそろった強い光が発生する現象)を生じて，レーザ発振が起こります．光は，ハーフミラーを通して放射されます．この光の誘導放出が LED との違いです．図4·19の構造は，最もシンプルな構造の LD ファブリー・ペロー共振器と呼ばれるものです．反射面に結晶の劈開面が利用されています．この方式は，実際はある程度複数の波長の光が含まれるため，それを改善した，DFB 形半導体レーザ(distributed feedback laser)や，FBG(fiber Bragg grating)波長安定化半導体レーザがあります．

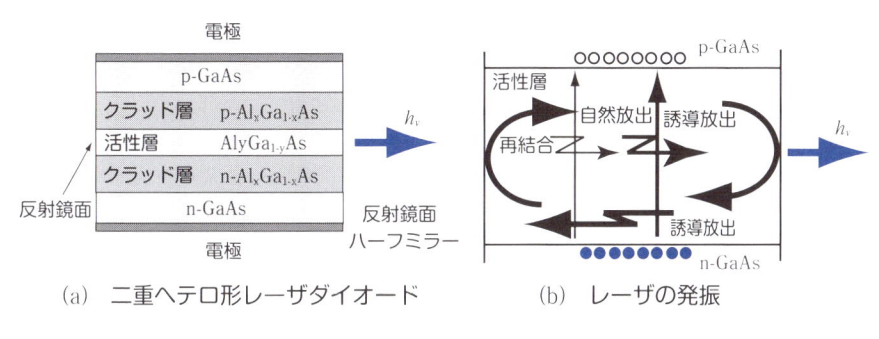

(a) 二重ヘテロ形レーザダイオード　　(b) レーザの発振

図4·19 半導体レーザダイオード

4 SiC および GaN パワー半導体

　自動車，家電，産業機器，電力設備などの分野において，インバータやコンバータの電力損失の低減は大きな課題となっています．オン抵抗が小さければ小さいほど，通電時のトランジスタでの電力損失は小さくでき，また，オフ時の耐圧が高ければ高いほど，素子サイズを小さくできます．そのような要請に対して，SiC や GaN などの**ワイドバンドギャップ半導体**が注目されています．GaN は青色 LED に必要な材料ですが，パワー半導体としても重要な材料です．

　表4·2に示すように，SiC および GaN は，Si に比べてエネルギーバンドギャップが約3倍広く，絶縁破壊電圧が約10倍大きいという特徴があります．エネルギーバンドギャップが広いことで，熱によって励起されるキャリアが少なくなるため，高温動作が可能になります．また，絶縁破壊電界強度が高いことから，耐圧部を薄型化できるためオン抵抗を低減できます．この結果，モジュールの小型化や低コスト化，電力損失の低減を実現できると期待されています．

補足 → ワイドバンドギャップ半導体：wide bandgap semiconductor

表 4・2 Si, SiC, GaN の比較

	Si	4H-SiC	GaN
バンドギャップ〔eV〕	1.12	3.26	3.42
電子移動度〔$cm^2/(V \cdot s)$〕	1 500	1 000	1 200
絶縁破壊電圧〔MV/cm〕	0.3	2.8	3
熱伝導率〔$W/(cm \cdot K)$〕	1.5	4.9	1.3
飽和ドリフト速度〔cm/s〕	1.0×10^7	2.2×10^7	2.4×10^7

まとめ

(1) 化合物半導体
(2) HEMT の構造と動作原理
(2) 発光と受光の原理，量子井戸，半導体レーザの発光原理

例題 6

(1) 直接遷移と間接遷移について調べ，次の半導体を遷移形に基づいて分類しなさい．
　　GaAs, 4H-SiC, GaP, InAs, InP, PbS
(2) LASER (light amplification by stimulated emission of radiation) における反転分布状態と光の誘導放出による光増幅について調べなさい．

解答 (1) 直接遷移：GaAs, InAs, InP　　間接遷移：4H-SiC, GaP, PbS

(2) 反転分布状態は，エネルギー準位の低い状態の電子よりも，励起によりエネルギー準位の高い状態の電子が多くなっている状態です．負温度状態ともいいます．反転分布状態の半導体に，外部から光が入射した場合，これら励起状態にある電子は，入射してきた光とエネルギー，位相の同じ光を放出して，基底状態に戻ります．これを誘導放出といいます．誘導放出により，単色性(すべての光子のエネルギーが等しい)，コヒーレンス(位相がそろっている)，高指向性(進行方向がそろっている)を持った光が得られます．

4-7 半導体の製造プロセスの概要

キーポイント

半導体デバイスについて，その構造と動作を記述してきました．そのデバイス構造において，多くの材料が使われていることを示しました．この節では，複雑かつ微細化する集積回路を作製するプロセスについて学習します．集積回路に使われる材料は薄膜です．そして，薄膜を加工して微細な構造を作り出す必要があります．この節では，この微細な加工プロセス技術について学習します．

1 シリコンウエハ

集積回路は，一般的にシリコンウエハ上に形成されます．微細化とデバイス構造の複雑化が進む集積回路の製造プロセスですが，最も基礎となるのがシリコンウエハです．シリコンウエハの作製プロセスについて，**図 4・20** を参考にして説明します．シリコン元素は，地球表層部の 27.7% を占め，46.6% の酸素に次いで，地殻に存在するありふれた元素です．しかし，集積回路に使用する材料は，高純度に生成する必要があります．多くのシリコン元素は酸化けい素（珪（けい）石）の形で存在します．この珪石を約 1 900 ℃ の電気炉で精錬・還元すると，$SiO_2 + C \rightarrow Si + CO_2$ の反応により，純度 99% 以上の金属シリコンが得られます．さらに，金属シリコンと塩素を反応させて，四塩化けい素 $SiCl_4$（気体）とし，これを蒸留後に，高温で水素還元して，純度 11N（**イレブンナイン** 99.999999999%）の高純度の多結晶シリコンにして半導体用に使用します．

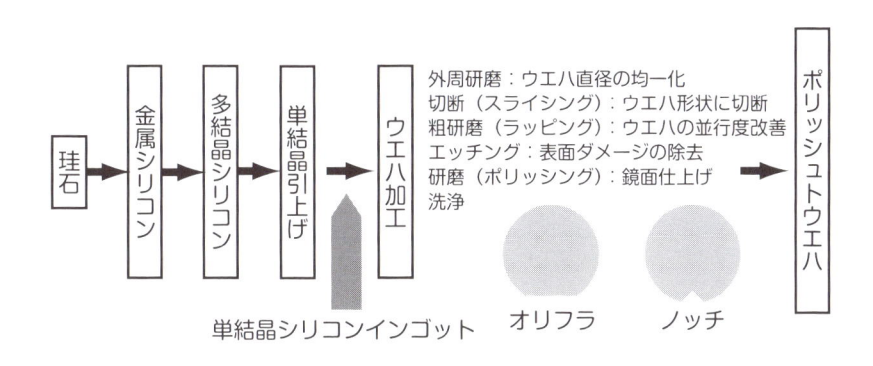

図 4・20 シリコンウエハの作製方法

集積回路に使用する超高純度のシリコンウエハは，超高純度多結晶シリコンからさらに，**CZ**(チョクラルスキー)法や **FZ**(フローティングゾーン)法によって，長さ数 m の単結晶のシリコンインゴットに加工されます．CZ 法の様子を**図 4・21**(a)に示

します．アルゴン雰囲気中の石英るつぼに，超高純度多結晶シリコンを充填し，ヒータで加熱・融解します．そのシリコン融液面に，結晶成長の種となる小さな単結晶を浸し，石英ルツボと種結晶を回転させながら結晶棒を引き上げ，シリコンインゴットを作製します．溶融したシリコンが固まる際に，種結晶の面方位を引き継ぐため，種結晶の面方位を受け継いだシリコンインゴットが得られます．FZ法は，図4・21(b)に示すように，単結晶の上に溶液が乗った構造になっています．多結晶シリコンの下端を高周波コイルによる加熱で溶融し，種結晶を接触させて単結晶の種絞り部を形成した後に，少しずつ高周波コイルを上方に移動させて単結晶を得る方法です．石英るつぼを用いないため，るつぼからの不純物がシリコンインゴットに取り込まれないことから，高品質の結晶を作ることが可能です．反面，大口径のインゴットを作ることは困難です．

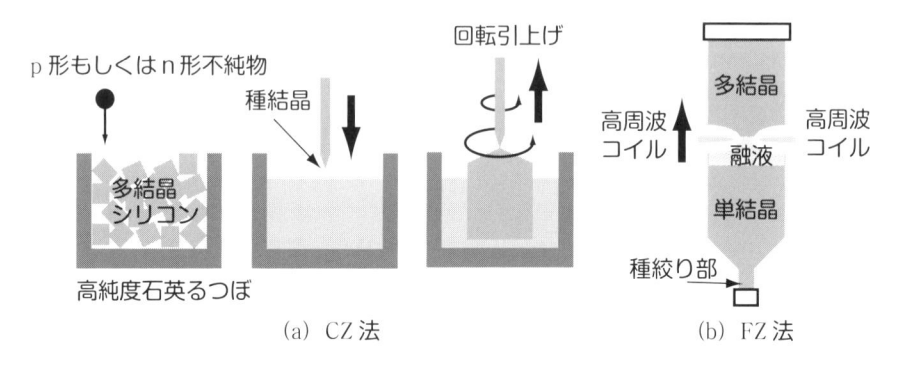

(a) CZ法　　　　　　　　(b) FZ法

図4・21 CZ法とFZ法

シリコンインゴットは，外周研磨，インゴットの切断，ウエハの面取り(ベベリング)，両面ラッピング，エッチング，両面研磨(もしくは片面研磨)という順で，表面が鏡面になったウエハに加工されます．集積回路は，回路をウエハに作り込むためのパターンを，ステッパ(露光装置)と呼ばれる装置により，写真技術を使ってウエハ上に転写します．高集積の回路パターンをウエハ上に正確に転写するには，直径300mmのウエハ全面を数μm以下の平坦度にする必要があります．この平坦度は，300km離れた地点での高低差が数m以下という精度になります．最終的なシリコンウエハは，厚さ1mm以下の鏡面仕上げされた円盤状の板になりますが，シリコンウエハの結晶軸の方位がわかるように，外周研磨後に，所定の位置にオリエンテーションフラットもしくはノッチを刻み込みます．

2 集積回路の製造工程の概略

半導体製造工程は，数百の工程から構成され，リエントラントフローショップ (re-entrant flow-shop) と呼ばれる製造方法で構成されます．半導体の製造プロセスのジョブショップを大きく分類すると，① 酸化・拡散，② CVD・スパッタ，③ フォトリソグラフィ，④ エッチング，⑤ イオン打込みの五つのプロセスに分けられます．リエントラントフローショップでは，これらの工程を複数回経ることで素子をつくっていきます．この節では，これらの概要について説明します．

(1) 酸化・拡散工程

酸化・拡散工程は，シリコンウエハを，① 酸素を含む雰囲気で高温処理することによって，シリコン表面に酸化シリコンを形成したり (熱酸化)，② イオン打込みによりシリコン中に打ち込まれた不純物原子を活性化したり (活性化アニール)，③ シリコン表面に付着させた不純物原子を，熱拡散によりシリコンウエハ内部に拡散させたり (ドライブイン)，④ シリコンウエハの上に単結晶のシリコンを成長させる (エピタキシャル成長) 工程です．これらには図 4・22 に示す装置が使われます．装置は酸化炉あるいは拡散炉と呼ばれ，その形状により縦型炉や横型炉に分類されます．また，各種熱処理温度の目安を図(c)に示します．

熱酸化工程が最も使われるのは，シリコン酸化膜の形成です．シリコン酸化膜は，電気的・機械的・熱的・化学的特性の優れた絶縁体であり，絶縁膜，素子の保護膜，MOSFET のゲート酸化膜に使用されています．図 4・23 は，p-MOS と n-MOS を電気的に分離する LOCOS と呼ばれる構造に必要な酸化膜の形成を示しています(4-8 節で説明します)．母材である Si の表面で，酸化種との反応が進行し SiO_2 を形成していきます．

酸化の方法には，ドライ酸化とウエット酸化に分類することができます．ドライ酸化は，酸素ガスのみで酸化を行います．特徴として，緻密な膜ができます．ウエット酸化は，純水中にガス(キャリアガス)を導入して，運ばれた水分で酸化を行います．これらの方法では，酸化は 800〜1 100℃の高温雰囲気で行われます．この温度は図 4・22 (c)に示すように，ウエハ作製工程のその他の熱処理温度の最高温度の範囲です．

補足 → 酸化：oxidation, 拡散：diffusion, アニール：annealing

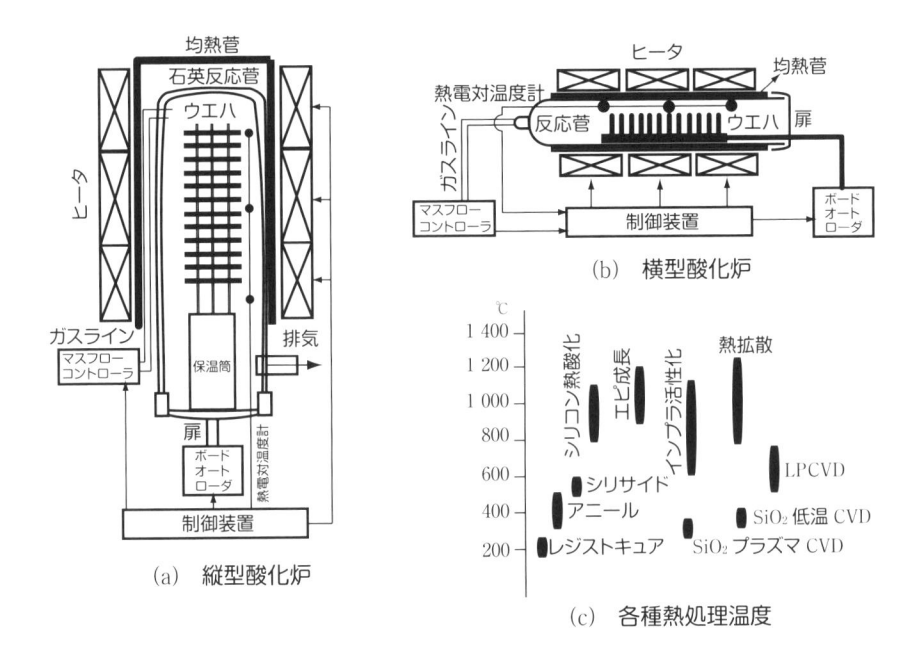

図 4・22 ■熱酸化炉と各種熱処理温度

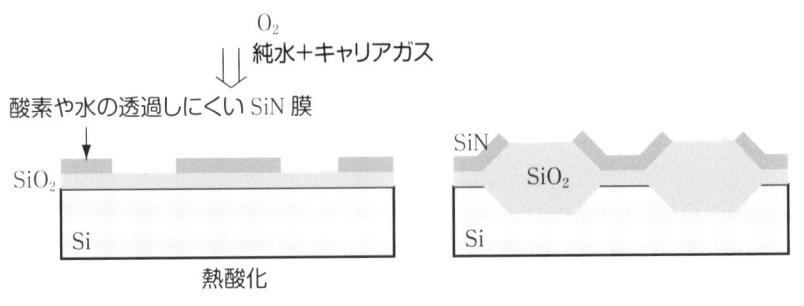

図 4・23 ■SiO_2の成長

　不純物をシリコンウエハに導入する方法には，後述するイオン注入が広く用いられます．不純物イオンがシリコンウエハに打ち込まれると，結晶格子点の Si が移動してしまい結晶性に損傷を与えます．また，打ち込まれたイオンは，Si の格子点から外れた位置に配置されます．活性化アニールは，熱処理により，それらの損傷を回復させ，また，注入した不純物を結晶格子点に配置して，アクセプタまたはドナーとして作用させるための工程です．

　拡散工程（ドライブイン）は，n 形や p 形の半導体をシリコンウエハ表層部に作り込む

ために，シリコンウエハの表面に不純物を堆積し，拡散炉で加熱して，シリコンウエハ内部に熱拡散させます．不純物堆積の供給源には，ガスソースが最も多く用いられます．BドープにはBF_3ガス(三ふっ化ほう素)，BCl_3ガス(三塩化ほう素)，B_2H_6ガス(ジボラン)などが使われます．PドープにはPH_3ガス(ホスフィン)，PF_5ガス(五ふっ化りん)，$POCl_3$(塩化ホスホリル)などが使われます．AsドープにはAsH_3ガス(アルシン)，AsF_3ガス(三ふっ化ひ素)などが使われます．これらのガスの多くは毒性があるので，取扱いには注意が必要です．これらをN_2ガスで希釈して，O_2ガスとは別にして，真空チャンバに導入します．ウエハを600℃程度に加熱すると，表面に酸化物薄膜としてこれらが堆積します．この気体を約950℃のO_2ガス中で加熱すると，表面のSiが酸化するとともに，堆積膜中の不純物原子がSi表面層に拡散します．

エピタキシャル成長は，基板となる結晶の上に結晶成長を行い，下地の結晶の結晶面と同じ結晶面の結晶を成長させる方法です．基板結晶の上に，基板結晶と同じ格子定数を持つ結晶を成長させる場合を，ホモエピタキシャル成長と呼びます．格子定数が一致しているため，欠陥の少ない良質の結晶が得られます．通常，0.5～数μmの均一性の良い薄膜が作製できます．エピタキシャル成長には，熱分解法と水素還元法があります．熱分解法には，① 950～1 050℃の温度下でSiH_4ガスを流して，SiH_4を熱分解してSi膜を成長させる方法と，② 1 050～1 150℃の温度下でSiH_2Cl_2ガスを流して，熱分解によってSi膜を成長させる方法があります．水素還元法では，① 1 150から1 200℃の温度下で$SiCl_4$とH_2ガスを流して，$SiCl_4$をH_2で還元してSi膜を成長させる方法と，② 1 100から1 150℃の温度下で$SiHCl_3$とH_2ガスを流して，$SiHCl_3$をH_2で還元してSi膜を成長させる方法があります．エピタキシャル成長の温度を下げていくと，結晶構造は，単結晶(1 000℃)から多結晶(800～600℃)，アモルファス(550℃)と変化していきます．

(2) スパッタ・CVD工程

スパッタ・CVD工程は，スパッタリング(sputtering)や気相の化学反応(CVD：chemical vapor deposition)を利用して，シリコンウエハ上に絶縁膜や導電膜などを形成する工程です．

図4・24はスパッタリング成膜技術の基本的な原理図です．スパッタリングは，真空チャンバ内に，一般的にArなどの不活性ガスを導入し，基板とターゲット(成膜させる物質CrやTiなど)の間に直流高電圧を印加しプラズマを発生させます．プラズマ中でイオン化されたAr^+を，固体のターゲット物質の表面に衝突させ，ターゲットを構成する原子をたたき出し，その原子をシリコンウエハ表面に堆積させます．プラズマの電源の種類により，直流電源(DC)を用いる方法や，高周波電源(RF)を用いる方法があります．また，成膜速度を改善するために，ターゲット近辺に磁界を発生させ，Ar^+がターゲット表面に衝突することでたたき出される二次電子を，磁界のローレンツ力で捕ら

えて，サイクロトロン運動でAr不活性ガスのイオン化率を改善したマグネトロンスパッタリング法があります．さらに，Arガスとともに，微量のO_2やN_2ガスを導入することにより，酸化物や窒化物の化合物薄膜を形成する反応性スパッタリングを行うこともできます．スパッタリングにより成膜できる材料の例を，図中に示します．

スパッタリングは，**PVD**(physical vapor deposition, **物理気相成長**)の一種です．PVDには，ほかに，熱エネルギーを用いる真空蒸着，分子線エピタキシー(molecular beam epitaxy：MBE)，それに，蒸発粒子をイオン化するイオンプレーティング法(ion plating)などがあります．

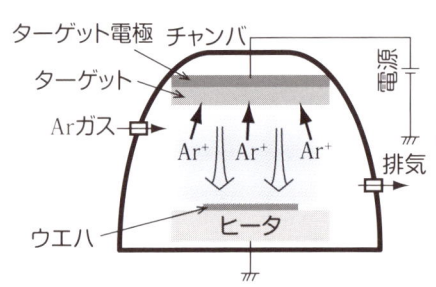

スパッタリングによる成膜材料の例

金属	Ag, Al, Au, Cu, In, Ni, Pt, Ti
合金	Al-Cu, Al-Si, Al-Si-Cu, Ti-W
酸化物	SiO, TiO, Ta_2O_5, Al_2O_3
その他	ITO, IGZO, TiN, PZT, SiC

ITO: Indium Tin Oxide
IGZO: Indium Gallium Zinc Oxide
PZT: $PbTiO_3$と$PbZrO_3$の固溶体

図4・24 スパッタリング

CVD(chemical vapor deposition：**化学気相堆積**)は，気体原料を基板上に供給し，熱，プラズマ，光などのエネルギーを与えて，化学反応により分解し，薄膜を形成します．図**4・25**(a)に示す**熱CVD**は，供給された原料のガスが，数百℃から1 000℃に加熱された基板の上で熱分解されて，金属や酸化物，窒化物の膜を堆積させる成膜法です．例えば，SiH_4を熱分解すると多結晶Siになります．このとき，酸素雰囲気で分解させればSiO_2になります．図4・25(b)に示す数十Paの減圧下で成膜する**LP-CVD**(low pressure-CVD)は，堆積する分子の平均自由行程が延びて，分子が拡散しやすくなり，膜厚の均一性が高まります．図4・25(c)に示す**プラズマCVD**は，チャンバ内の平行平板電極に高周波を印加し，原料ガスと，水素や窒素のキャリアガスを，放電によりプラズマ化して分解し，電極上に置いたウエハに成膜させます．プラズマ発生法は高周波(平行平板形)のほかに，高周波(誘導結合形)，直流，マイクロ波などがあります．プラズマを用いることで，熱CVDに比べて，300℃の低温でも成膜が可能で，基板との反応も防げることから，プラスチックなどの非耐熱基板へも成膜が可能です．また，大面積化も容易で，膜厚の均一な膜を形成できるなどの多くの特徴を持っています．成膜時の圧力は1～数百Paで，プラズマが発生しやすい圧力で行われます．これらのほかにも，紫外線ランプによる光のエネルギーを使って，原料を分解して成膜する**光CVD**や，原料として有機金属化合物を使用した**MOCVD**(metal organic chemical vapor deposition）などがあります．

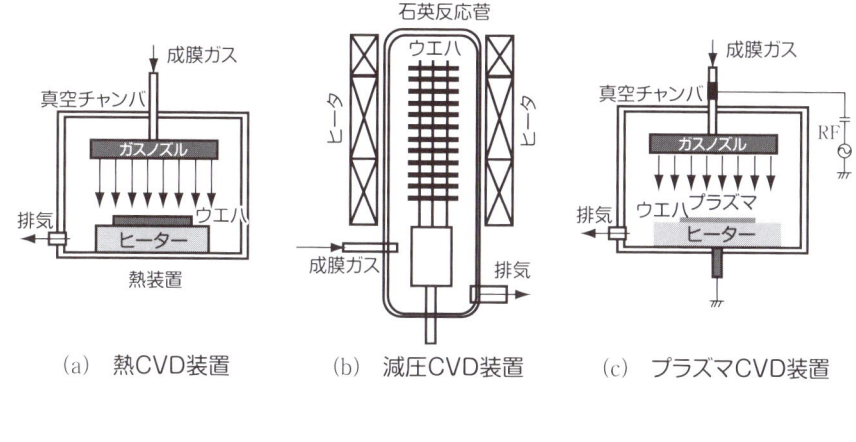

図4・25 ■ CVD装置

(a) 熱CVD装置　(b) 減圧CVD装置　(c) プラズマCVD装置

（3）フォトリソグラフィ

　フォトリソグラフィは，写真現像技術を応用した微細パターンを作製する技術です．この技術により，個々の素子の平面構造が形成され，また，配線パターンにより素子同士が接続されて，集積回路として動作するようになります．この技術は半導体の微細化の鍵を握る技術です．図4・26 を参照しながら説明します．

　フォトリソグラフィでは，図4・26(a)のように，まずウエハの表面に**フォトレジスト**（光感光性樹脂）を塗布します．フォトレジストは，光に反応して固化し，エッチングに耐える性能を持つ液状の薬品です．**スピンコータ**装置の上にシリコンウエハを乗せ，高速回転させ，その中心にフォトレジストを滴下すると，シリコンウエハ上に数百nmから数μmの厚さで均一に広がります．その後，乾燥させて（**レジストキュア**），ウエハ上に固定します．フォトレジスト剤には光に対する特性から，ポジ形とネガ形の2種あります．ネガ形は光が当たった部分が硬化し，露光部分が現像処理により残ります．ポジ形はネガ形とは逆に，光が当たった部分が軟化し，露光部分が現像処理により除去されます．フォトリソグラフィが開発された当初はネガ形が主流でしたが，現在では，感度や，現像液に有機溶剤を使用しているなど環境の面で，ポジ形が主流になっています．

　レチクルは，集積回路のパターン原版のことです．図4・26(b)のように，ガラスや合成石英上に，遮光膜としてクロムのパターンが形成されます．パターンは，実際の集積回路のパターンの4～10倍の大きさに作られます．集積回路を作るには，数十枚のレ

補足 ⇒ フォトリソグラフィ：photo lithography

チクルが必要になります．したがって，集積回路の製作には，高いレチクル相互間の重ね合せ精度が求められます．そのため，パターンは電子ビーム露光装置を使用して精密に作製されます．1枚のレチクルには，2×2や3×3個分のパターンが描かれており，1回の露光で複数の素子数を転写します．

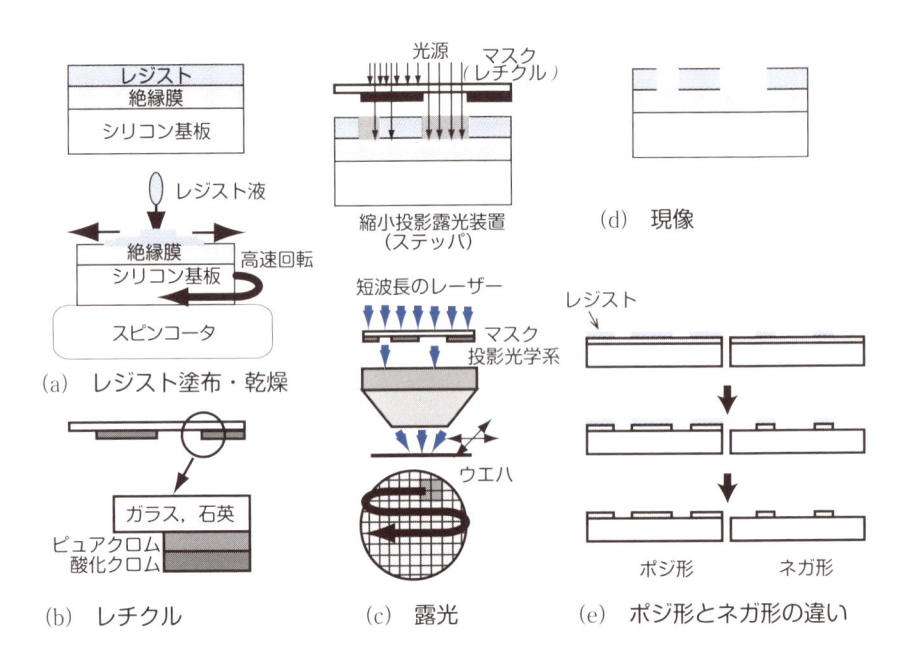

図4・26■フォトリソグラフィ

図4・26(c)のように，フォトレジストが付けられたウエハの上面に**ステッパ**(**縮小投影露光装置**)により，**マスク**(**レチクル**)上に設計した回路パターンを，光の照射によって，シリコンウエハ上に塗布したフォトレジストに転写します．転写時の縮小率は，4:1，5:1，10:1などがあり，露光光源には可視光のg線(波長436nm)，紫外線のi線(波長365nm)，エキシマレーザのKrF(波長248nm)，ArF(波長193nm)，EUV(極端紫外線13.5nm)などを用います．波長の短い光源ほど微細な素子を作ることができます．ステッパは，一度に数個のチップのパターンを同時に転写します．1回の転写が終わると，ウエハが乗せられているXYステージが移動し，ウエハ上の次の場所に転写を行います．これを繰り返して，ウエハ1枚分の転写を行います．転写後に，図4・26(d)のように，現像液でパターンを現像します．そして，現像後，リンス液で現像を止め，洗浄します．先に記述したように，ネガ形とポジ形により図4・26(e)のように転写後のパターンが異なります．

補足➡ステッパ：stepper，レチクル：reticle

（4）エッチング工程

　エッチング工程は，レジストをマスクにして，酸化膜や金属膜などを物理的または化学的に取り除く工程のことです．エッチングには，反応性のガスを使うドライエッチングと，液体を使うウエットエッチングがあります．

　ドライエッチングは，図4・27 に示すように，ドライエッチング装置の電極間に発生させたプラズマにより，チャンバに導入されたガス分子が励起されて，エッチング作用を持つ活性ラジカルやイオンとなります．活性ラジカルとエッチングしたい薄膜材料における化学反応により，エッチング生成物が生じて，これが表面から脱離してエッチングされます．エッチングガスの種類により，エッチングされる対象物が異なります．これらについても図4・27 に示します．

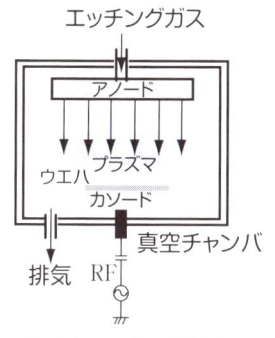

各種エッチング材料とガスの組合せ

エッチング対象材料	エッチングガス
SiO_2	CF_4, CHF_3, C_4F_8
Si_3N_4	CF_4+O_2, SF_6
poly-Si, WSi	Cl_2+HBr, SF_6
Al, Al+Si(1～2%), Al+Cu(1～2%)	Cl_2+BCl_3, Cl_2+CCl
W	SF_6
有機物薄膜	O_2

図4・27 ドライエッチング

　ウエットエッチングは，薬品溶液中にウエハを浸漬して，化学反応によりエッチングを行います．ウェットエッチは次の3段階により，エッチングが起こります．第1は溶液中から反応分子が拡散して表面に付着する過程，第2は反応過程，第3は反応生成物が表面から脱離して溶液中に拡散する過程です．表4・3にウエットエッチングの対象材料とエッチング液を示します．

　また，エッチングには，等方性エッチングと異方性エッチングの2種類があります．図4・28に示すように，等方性エッチングは，対象物のすべての方向に一様な速度でエッチングが進むため，マスクの直下がえぐられ，アンダカットを生じます．異方性エッチングは，エッチング速度の結晶異方性を利用した方法で，特定の方向だけをエッチングしたいときに使います．

表 4・3 ウエットエッチングの対象材料とエッチング液の組合せ

エッチング対象材料	エッチング液
SiO₂	ふっ化アンモニウム：ふっ酸 ＝ 7：1
	水：ふっ酸 ＝ 10：1
Si	硝酸：ふっ酸 ＝ 100：1
	KOH：水 ＝ 4：6
	抱水ヒドラジン：イソプロパノール：トルエン X ＝ 100：1　　50℃
Si₃N₄	りん酸　160～180℃
Al	りん酸：氷酢酸：硝酸：水　　75：15：5：5

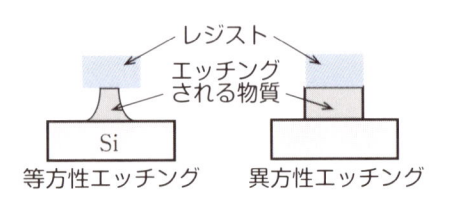

図 4・28 等方性・異方性エッチング

（5）イオン打込み工程

　素子をつくるには，必要な場所に必要な量の不純物を拡散させることで，p形やn形の半導体をつくる必要があります．ウエハに不純物を注入するのが**イオン注入（イオンインプランテーション**）です．イオン注入装置を**図 4・29**に示します．イオン注入装置は，注入する元素をイオン化して，イオンビームとして引き出すイオン源部，必要とするイオンだけを選別する質量分析部，ビームを輸送，加速，整形，走査する機能を含むビームライン部，試料基板をセットし注入処理を行う試料室（エンドステーション）により構成されています．イオン源部で，イオン注入したい元素をイオン化して，25～35kVの引出し電圧で取り出します．しかし，イオン化して取り出された元素には，目的としたイオン以外の不純物イオンも含まれています．目的とする元素のイオンと不純物イオンを選別するのが質量分析部です．円弧状の質量分析部の内部は，大きな磁界が印加されています．目的とするイオンよりも重いイオンは曲がりにくいため，矢印の軌道よりも外側の軌道を曲がることになります．目的とするイオンよりも軽いイオンは曲がりやすいため，矢印の軌道よりも内側の軌道を曲がることになります．磁界の強さを変えることで，目的のイオンが矢印の軌道を通るように調整します．その後，イオン

補足 ⇒ イオンインプランテーション：ion implantation

はビームライン部に入り 10 ～ 500kV 程度の電圧で加速させて，ウエハにイオンを注入するのに必要なエネルギーが与えられます．そして，イオンビームを走査して，ウエハ全面にイオンが照射されます．ウエハに，イオン注入されたイオンは，ウエハ内部に図4·29のように，ウエハ表面から少し離れた位置に導入されます．また，これらのイオンは，結晶格子の位置に配置されておらず，p 形あるいは n 形の不純物として機能していません．さらに，注入されたイオン原子は，結晶を構成している Si 原子を移動させてしまい，結晶性に損傷を与えています．これらの不都合を解決するために，先に述べた拡散工程で用いた熱酸化炉などを用いて，活性化アニール処理を行います．

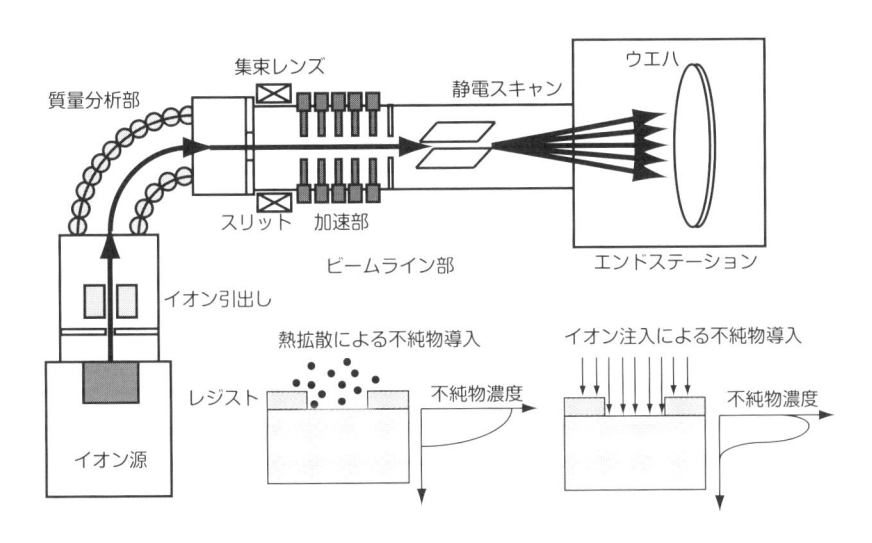

図 4·29 ■イオン打込み

まとめ

(1) リエントラントフローショップ
(2) シリコンウエハ，FZ法，CZ法
(3) 酸化，拡散，CVD，スパッタ，フォトリソグラフィ，イオン打込み，エッチング
(4) ステッパ
(5) 等方性エッチングと異方性エッチング

例題 7

(1) 熱酸化工程は，半導体プロセスの初期の段階で行う必要があります．その理由について考察しなさい．
(2) シリコンウエハは大口径化を続けています．その理由について考察しなさい．

解答 (1) 熱酸化工程は，一般的に 800～1 100℃で行われます．この温度は集積回路の作製工程の熱処理の中で，最高温度の範囲に属します．それよりも低温で行われる処理の後で熱酸化工程が行われると，低温処理が無意味になってしまいます．したがって，熱酸化工程は集積回路の作製工程の初期段階で行う必要があります．

(2) シリコンウエハの口径は，1970年代は100mm，1980年代は150mm，1990年代は200mm，2000年代は300mmと大口径化されてきました．シリコンウエハの口径を大きくすると，ウエハ1枚からより多くの半導体チップを作ることができます．半導体チップの生産性が向上すると，経済合理性を向上させることができます．例えば，口径200mmのウエハと，口径300mmのウエハでは，同じ面積の半導体チップを2.25倍作製することが可能になります．このことにより，製造コストを大幅にダウンすることができます．

4-8 CMOSの製造工程

キーポイント

前節で半導体プロセスについて学びましたが，この節では，複雑かつ微細化するCMOS集積回路の作製プロセスの流れについて学習します．個々の半導体プロセスについて理解したうえで，CMOS集積回路の作製プロセスについて把握してください．

集積回路の製造工程は，<u>前工程</u>と<u>後工程</u>と呼ばれる二つの工程に大きく分けられます．前工程は，シリコンウエハに素子を作り込む工程で，後工程は半導体のパッケージ工程です．この節では，CMOS集積回路の前工程について説明します．前工程は，作製するCMOS集積回路の規模にもよりますが200～600工程もあります．構造的には**図4・30**に示すように3次元構造ですが，以降の説明では，2次元の断面図を用いて説明します．3次元構造であることを意識して理解するようにしてください．また，各ウェルの電位を固定する部分や，多くの工程が省略されていますし，最先端の工程と異なることも多いですが，全体的な工程の流れを理解してください．

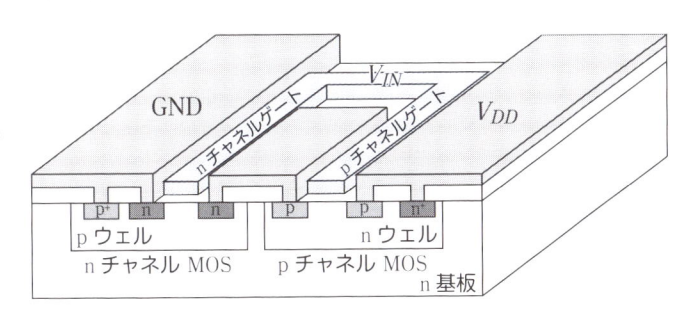

図4・30 ■CMOS構造

工程(1)～(11)：ウェルの形成

nチャネルMOSと，pチャネルMOSを，1枚のシリコンウエハに作るために，<u>ウェル</u>(well)と呼ばれる素子の領域を，シリコンウエハに個々に形成します．図4・12(b)に示したように，シリコン基板自体を素子の領域にする方法もありますが，MOSFETのオン電圧を調整できるように，nチャネルMOSと，pチャネルMOSのウェルを個々に作製します．nウェル領域にはpチャネルMOSが，pウェル領域にはnチャネルMOSが作られます．**図4・31**(1)～(8)の工程は，ウェルを作るための準備です．nチャネルMOSとpチャネルMOSの間に，厚いシリコン酸化膜を作製することで，nチャネルMOSとpチャネルMOSの電気的分離を行います．この酸化膜を<u>フィールド酸化膜</u>といいます．このような構造の素子分離層を作る方法を，<u>LOCOS法</u>(local oxidation of silicon)といいます．図4・31(9)～(11)の工程は，実際にウェルを作製する

117

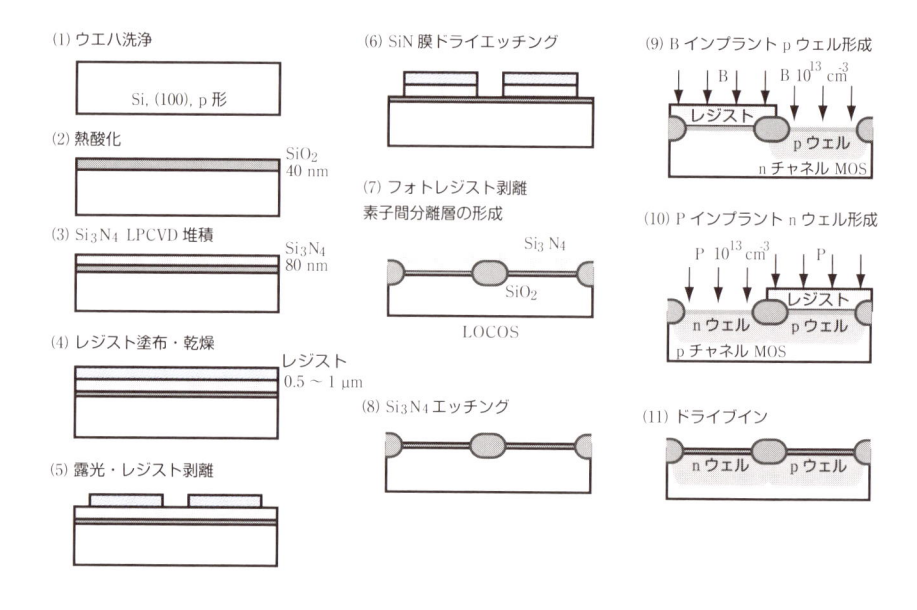

図4·31 ■CMOSプロセス1

工程で，pウェルを形成するためにシリコンウエハにB元素を，nウェルを形成するためにシリコンウエハにP元素を，イオン注入装置により打ち込みます．図4·31(11)の工程で，ウエハを活性化アニールすることで，イオンが打ち込まれた領域のダメージの修復とイオンの活性化，そして，ウェル領域の深化を行います．

工程(12)〜(20)：MOS構造の形成

図4·32(12)と(13)の工程で，nチャネルMOSおよびpチャネルMOSそれぞれがオンになる電圧(しきい値電圧 V_{th})を調整するために，ウェルのチャネル部分の不純物濃度の調整を行います．

図4·32(15)〜(17)の工程で，ゲート酸化膜とゲート電極を形成します．ゲート酸化膜の形成工程は，MOSトランジスタの性能を支配する重要な役割を果たします．その厚さは数nmから数十nmです．酸素雰囲気中で，800℃程度の雰囲気で熱酸化して形成します．MOSのゲート電極には，多結晶シリコン(ポリシリコン)が用いられます．そして，ポリシリコン配線の抵抗を減らすために，PもしくはAsを注入します．図4·32(19)と(20)の工程で，ドレインとソースを形成します．ドレインとソースは，ゲート電極越しに不純物をイオン注入装置で打ち込みます．これにより，ゲート酸化膜直下にチャネルが形成されると同時に，ゲート酸化膜の両端に，ドレインとドレイン領域が形成されます．これをセルフアライン(self-align)と呼びます．

補足→しきい値：threshold

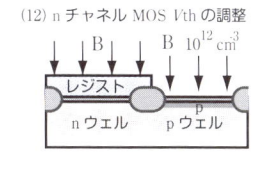

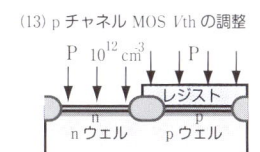

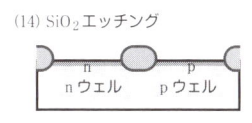

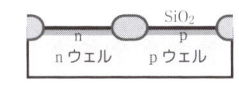

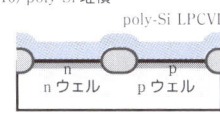

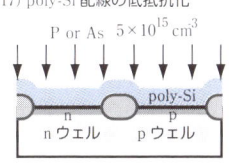

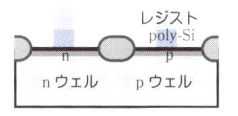

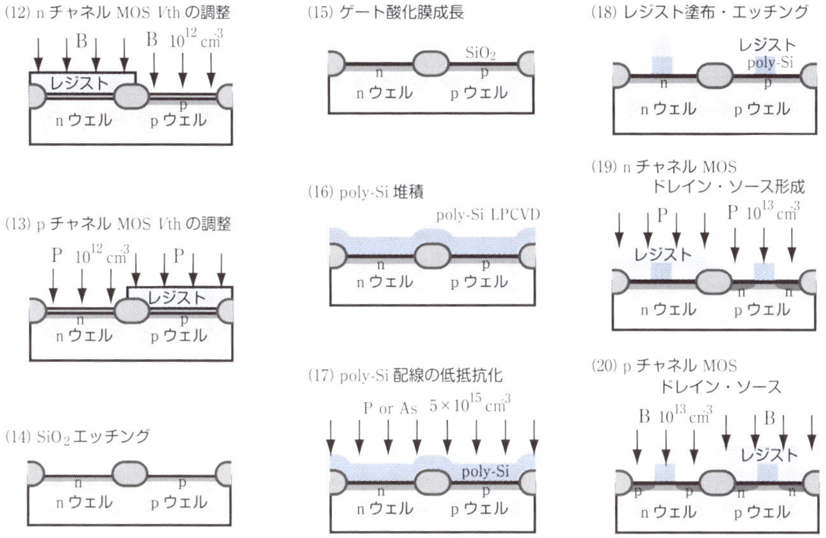

図 4・32 ■ CMOSプロセス2

工程(21)～(26)：LDD 構造の形成

図 4・33 (21)から(26)の工程で，ゲート電極のサイドウォールによる，**LDD** 構造の形成を行います．LDD 構造は，チャネル長が 1 μm 以下のトランジスタで発生するいくつかの問題を解決する方法です．微細化が進むと，ソースからドレインに走行する電子(正孔)が，チャネル内部の高い電界によって高いエネルギーを持ち，このキャリアの一部が，ゲート酸化膜に注入されて，しきい値を変化させたり，ゲート酸化膜にダメージを与える**ホットキャリア**と呼ばれる現象が起こります．この問題を抑制するために用いられるのが LDD 構造です．LDD 構造では，まず，図 4・33 (19)と(20)の工程で示した低い不純物ドーズ量 $10^{13} \sim 10^{14} \mathrm{cm}^{-2}$ のイオン注入で，ドレインとソースを形成します．次に，図 4・33 (22)と(23)の工程で，ゲート側面に SiO_2 の**サイドウォール**を形成します．そして，図 4・33 (24)と(25)の工程で，$10^{15} \mathrm{cm}^{-2}$ の高ドーズ量のイオン注入を行います．そして，活性化アニールを行います．このプロセスにより，ドレインとソース領域の不純物濃度が，チャネルにおいて2段階の濃度を持つようになります．低不純物領域を設けることで，ドレイン近傍のチャネル方向の電界が緩和されて，ホットキャリアが抑制されます．この方法では，微細化に伴いしきい値電圧が低下する**短チャネル効果**も同時に抑えることができます．

補足 ➡ LDD：lightly doped drain, ホットキャリア：hot carrier,
短チャネル効果：short channel effect

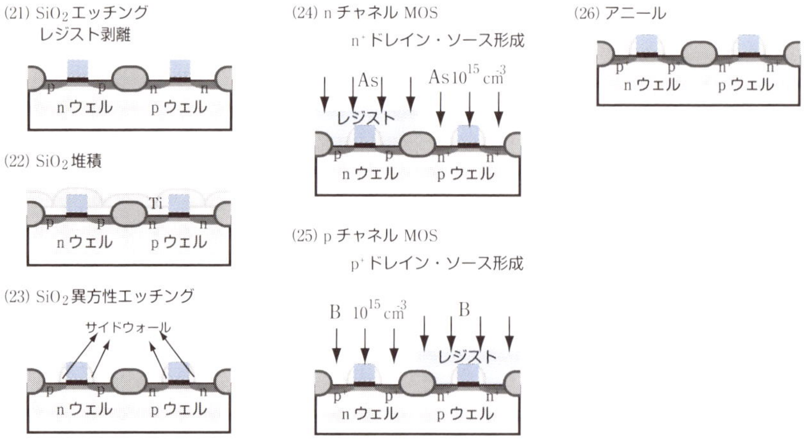

(21) SiO₂エッチング
　　レジスト剥離

(22) SiO₂堆積

(23) SiO₂異方性エッチング

(24) n チャネル MOS
　　n⁺ドレイン・ソース形成

(25) p チャネル MOS
　　p⁺ドレイン・ソース形成

(26) アニール

図4・33■CMOSプロセス3

工程(27)〜(35)：配線の形成

　まず，短めのローカル配線を形成します．Tiを堆積した後に加熱することで，Si上のTiをシリサイド化(TiSi)します．シリサイドは，シリコンと金属の化合物で，ポリシリコンより抵抗率が小さく，ソースとドレイン部への配線抵抗のコンタクト抵抗(接触抵抗)を低減できます(**図4・34**)．

　長いグローバル配線は，Cu配線が使われます．ただし，Cu配線とシリコン表面の層間に絶縁層を形成する必要があり，まず，SiO₂もしくはBPSG(boron phosphorus silicon glass)を堆積させます．この時点でウエハの表面は凸凹の状態なので，厚い絶縁膜を堆積させて，**CMP**により，ウエハ最表面を化学機械研磨して平坦にします．シリコン表面とCu配線を接続する部分をプラグ，あるいは，ビアホールと呼びます．このプラグには，WをCVD法によって堆積します．Wは微細な穴や溝にも容易に成膜可能です．

補足➡ CMP：chemical mechanical polishing

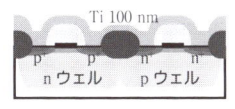

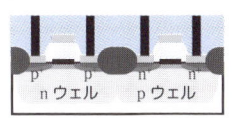

(27) Ti 堆積 スパッタ
(28) TiSi₂ の生成とエッチング
(29) SiO₂ もしくは BPSG 堆積
(30) CMP
(31) コンタクト部分のエッチング
(32) W 堆積
(33) CMP
(34) Cu もしくは Al 堆積
(35) エッチングして配線形成

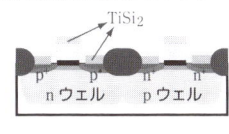

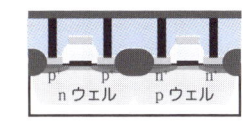

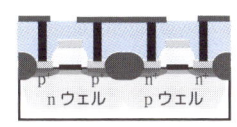

図4・34 ■CMOSプロセス4

　以上で，集積回路製造プロセスの主だった部分が終了します．集積回路を作製するには，どんなに急いでも数週間の時間がかかります．また，工程の積み重ねですから，どこかの工程で不具合があると，すべての仕事はむだになってしまいます．各工程で検査を入れても，電子顕微鏡でようやく解析できる大きさですから容易ではありません．プロセスの状態を監視する **TEG** と呼ばれる構造もウエハの中に組み込まれます．しかし，最終的には，ウエハが完成した後に，プローブ検査という工程で，ウエハ上の個々のチップに通電して動作チックを行います．この検査で，ウエハとしての最終の良否判定をします．

補足 ⇒ TEG : test element group

4-9 3次元トランジスタ

　集積回路は，シリコンの表面から数μmの部分に作り込まれます．しかし，微細化により，ゲート絶縁膜やゲート長(ドレインとソース間の距離)が原子数百個以下の厚さにまでになった結果，さまざまなリーク電流が増加し，問題になっています．例えば，オフ状態でも，ソースとドレインの間で電流が流れるサブスレッショルドリーク電流が増大し，消費電力の増加と，発熱の問題を引き起こしています．特に，発熱に関しては，MOSFETの集積密度が高くなった結果，トランジスタの動作温度を超えつつあります．これらの問題を回避する方法として注目されているのが，**3次元トランジスタ**(マルチゲートFET：multiple gate field effect transistor)です．3次元トランジスタは，これまで平面的な構造だったMOSFETの構造を，**図4・35**のように立体的な構造にしたものです．同時に，ゲート電極をゲート酸化膜の側面側にも回り込ませて，キャリアが通過するチャネルを3方向から制御する構造になっています．これにより，電流を絞り込んで制御できるので，動作時の電流を減らすことができ，また，リーク電流も減らすことができるため，熱的問題に対しても有効と考えられています．そして，立体構造のため，これまで平面方向に広がっていた素子領域に，複数のMOSFETを配置することができるので，面積当たりの集積度を向上させることができます．

(a) 従来のCMOS構造

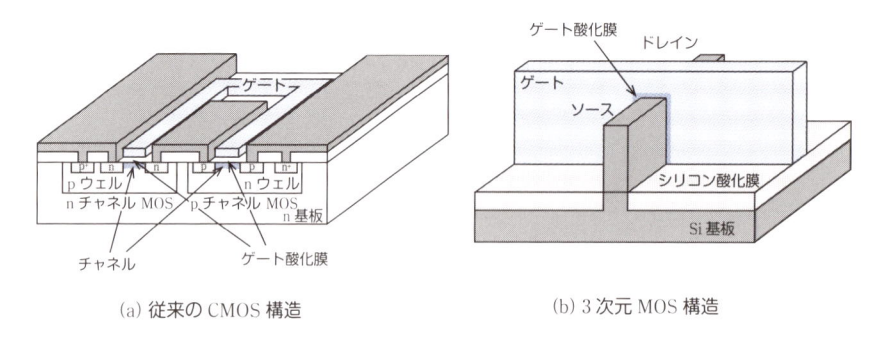

(b) 3次元MOS構造

図4・35 従来のCMOS構造と3次元MOS構造

まとめ

(1) セルフアライン，LDD，短チャネル効果，ホットキャリア
(2) 3次元トランジスタ

例題 8

集積回路は，「18～24か月ごとチップに集積可能なトランジスタ数が倍増する」というムーアの法則に従って，微細化が進んできた．微細化のメリットについて調査しなさい．

解答 素子の寸法を$1/k$にすると，集積回路の各種特性は，表のようになります．これを**スケーリング則**といいます．たとえば，あるMOSの寸法と電圧を1/2にすれば，トランジスタの集積度は4倍，動作速度は2倍，消費電力は1/4になります．すなわち，素子の微細化によって動作速度，集積度，消費電力のいずれも性能が向上します．また，素子の寸法が$1/k$になれば，同じウエハ上にk^2倍個のチップを作ることができます．これによる経済的な利点もあります．

パラメータ	スケーリング係数
素子の大きさ	$1/k$
電圧	$1/k$
電流	$1/k$
不純物密度	k
電力密度	1
容量	$1/k$
回路遅延	$1/k$
消費電力	$1/k^2$
集積度	k^2
抵抗	k
配線遅延	1
電流密度	k

補足 ⇒ スケーリング則：scaling rule，ムーアの法則：Moore's Law

練習問題

① キャリアの移動度は $cm^2/(V \cdot s)$ で表される．移動について調べ，$cm^2/(V \cdot s)$ 単位の意味について記述しなさい．

② 集積回路の微細化に関して，ムーアの法則について調べなさい．また，ムーアの法則に従って微細化が進んできた集積回路ですが，その限界が指摘されるようになってきました．微細化の限界とはどのような理由によるものか，調べて記述しなさい．

③ pn 接合に大きな逆バイアス電圧が印加されると，二つの現象により大きな電流が流れます．この現象について調べなさい．

④ バイアスがある時とないときの pnp トランジスタのエネルギーバンド図を記述しなさい．

⑤ p チャネル MOSFET の構造と動作について記述しなさい．

⑥ 素子間分離として LOCOS 法について記述しましたが，微細化のために STI (shallow trench isolation) が主流になっています．STI について調べて記述しなさい．

5章

誘電・絶縁材料

誘電・絶縁材料は身の回りに自然に存在していますが，日ごろ，その存在や機能を意識することはあまりありません．たとえば空気は代表的な絶縁材料で，空気を媒体として電磁波によるエネルギーが伝搬されたり，空気が高電圧から我々の身を守ったりしているのですが，通常の状態では目に見えない現象であるために，これらについて考えることはありません．ただし，雷の発生のように，絶縁材料としての空気がひとたび破壊してしまうと，その現象は非常にインパクトのある現象として人の目に映り，奇異な現象として認識されます．ただし，その現象は古来より，物理現象というよりは神秘的な現象のごとく扱われてきました．現在でも，このような絶縁材料の破壊現象などには不明な点が多く，現代科学をもってしても，制御が難しい現象として，多くの問題が残されています．しかし，電気を利用するためには，誘電・絶縁材料は必要不可欠であり，どのような材料を使うかが，製品の形状などを決めるうえで重要な要因となります．この章では，このように電気製品では欠かせない誘電・絶縁材料の基本的な特性と，応用例について紹介します．

- 5-1 誘電・絶縁材料とは何だろう
- 5-2 誘電体とは何だろう
- 5-3 コンデンサの構造と性質
- 5-4 絶縁材料の種類と応用
- 5-5 誘電材料の種類と応用

5-1 誘電・絶縁材料とは何だろう

キーポイント

ここでは，誘電・絶縁材料と他の材料を区別する基準について学びます．基本的には「電気を通さない材料」が誘電・絶縁材料であると理解すればよいですが，通さないということをどのように評価するのか（導電率，抵抗率とその測定法），どの程度通さないのか（導電率，抵抗率の値），なぜ通さないのか（エネルギーバンド構造）といった点を理解しましょう．

1 絶縁体の抵抗体としての考え方

"絶縁材料"とは何だろう？

まず皆さんは，その材料が固体であれ，液体であれ，気体であれ，"電流を流さない材料だろう"と考えるのではないかと思います．しかし，電流を流さないといっても，程度の問題で，電圧を加えればどんな材料でも電流は流れます．ただし，絶縁体と呼ばれる材料の場合は，電圧を加えたときに流れる電流が，一般の測定器では測定できないほど微小な電流であるということです．

絶縁材料はしばしば**図5・1**に示すように，コンデンサ（キャパシタ）C〔F〕と抵抗R〔Ω〕の並列回路として表され，この抵抗値が非常に大きいと考えられています．図中G〔S〕（S：ジーメンス＝1/Ω）は抵抗Rの逆数で，コンダクタンスと呼ばれ，電流の流しやすさを示す量です．この抵抗成分の大きさにより，"導体"，"半導体"，"絶縁体"と区別されます．ただし材料の形状はさまざまですので，材料そのものの電流の流しにくさを表す場合は，単位体積当たりの抵抗値である**体積抵抗率**ρ，もしくはその逆数である**導電率**σを使って表されます．

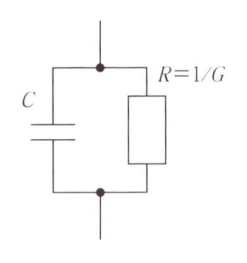

図5・1 RCモデル

ここで，この体積抵抗率の定義を以下に示します．一般に材料の抵抗値R〔Ω〕は電流が流れる経路l〔m〕（材料の形状が棒状であれば長さ，フィルム材料であれば厚さ）と体積抵抗率ρに比例し，電流の流れる断面積S〔m²〕に反比例します．

$$R = \rho l / S \tag{5・1}$$

したがって，この体積抵抗率ρの単位は〔Ω・m〕となります．また導電率σの単位は〔S/m〕となります．

図5・2は，さまざまな材料の体積抵抗率ρを示していますが，一般にはρが10^{10} Ω・m程度以上（σが10^{-10} S/m程度以下）のものを絶縁体と呼ぶことが多いようです．ちなみに半導体のρは10^{-6}〜10^2 Ω・m程度です．導体である**金属**のρは10^{-8} Ω・mですので，少なくとも絶縁体の抵抗率は導体の10^{18}倍もの抵抗値を持つことになります．なお，材料を流れる電流を考える場合は，電界E〔V/m〕と単位面積当たりに流れる電流

補足 ➡ 絶縁材料：electrical insulating material, electrical insulator

密度 J 〔A/m²〕を使って評価する場合が多く，J と E の関係は，オームの法則より，以下の式で表されます．

$$J = \sigma E \ (= E/\rho) \tag{5・2}$$

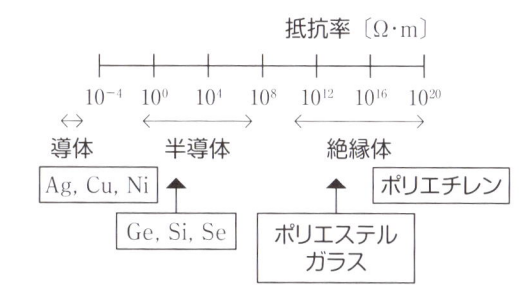

図5・2■各種材料の抵抗率

"誘電・絶縁材料"の表記のしかた
　誘電・絶縁材料のうち，誘電特性に着目した場合は，その材料を"誘電体"と記述しますし，絶縁特性に着目する場合には，その材料を"絶縁体"と表現します．ただし，"材料"を後に付ける場合は，誘電材料，絶縁材料とするのが一般的のようです．

例題 1

面積が 1 cm²（＝ 10^{-4} m²）で，厚さが 0.1 mm（コピー用紙 1 枚程度の厚さ）のフィルム状ポリエチレン（いわゆる透明なビニル袋の材料）の厚さ方向の抵抗値 R は，ポリエチレンの体積抵抗率を $\rho = 10^{16}$ Ω・m とするといくらになるか．また，このフィルムに 1 kV の直流電圧を印加した場合，定常状態で流れる電流はいくらになると考えられるか．

解答　式(5・1)で，長さ l は $0.1\text{mm} = 10^{-4}$ m，面積 S は $1\text{cm}^2 = 10^{-4}$ m² なので
$$R = \rho l/S = 10^{16} \times 10^{-4}/10^{-4} = 10^{16} \ \Omega$$
となります．また，材料に $1 \text{ kV} = 10^3$ V の電圧 V を印加すると，流れる電流 I は
$$I = V/R = 10^3/10^{16} = 10^{-13} \text{ A} \ (= 0.1 \text{ pA})$$

例題 1 では，わずか 1cm 四方のフィルムが，$10^{16} \Omega$ という想像できないような大きさの抵抗になることを示しています．普通の電気回路で使われる"カーボン抵抗"などの抵抗素子は，値が大きくてもせいぜい 100 MΩ（$10^8 \Omega$）オーダでしょうから，こんな

値の抵抗は見たことがないと思います．また，このフィルムに，1 kV という比較的高い電圧を加えたとしても，流れる電流は 10^{-13} A オーダになります．市販の微小電流計（ピコアンメータ）で測定できる電流がピコ（10^{-12}）オーダですので，上記で"一般の測定器では測定できないほど微小"と述べた意味がわかると思います．ただし，実際のポリエチレンの ρ には幅があり，条件によってはピコアンメータで測定できる場合もあります．

2 絶縁体の抵抗率測定

　絶縁体を抵抗体としてのみ考えることには，若干問題があります．図 5・1 に示したように，絶縁体は抵抗成分とキャパシタンス成分がありますが，上述したように，まず抵抗成分を測定することが非常に困難です．**図 5・3** に一般的な電流測定回路を示しますが，図のキャパシタの部分が，図 5・1 の構成になっているものと考えてください．

　この回路でスイッチをオンにすると，**図 5・4** に示すように，最初は**吸収電流**と呼ばれる電流が流れます．この電流は，キャパシタンスが充電される際に流れる電流であり，図 5・3 の回路では，後述する時定数 $\tau = RC$ の減衰特性を示しますので，nF 程度の静電容量の試料であれば，回路の抵抗 R が 1 MΩ ぐらいだとしても，10^{-3} s 程度のきわめて短時間で，1/3 程度にまで減衰します．つまり電流は比較的短時間に 0 になるはずであるということです．

　一方，実際には図 5・4 に示すように，電流は 0 にはならず，ある一定の電流値で流れ続けます．これは**直流漏れ電流**と呼ばれ，これが図 5・1 の抵抗成分を流れる電流であると考えられ，**伝導電流**とも呼ばれます．この電流値は，前述したように pA オーダであることが多く，測定が非常に困難なうえ，この電流が一定値になるまでの時間が材料や印加する電圧によりまちまちです．そのため，実用的な規格試験などにおいては便宜的に電圧印加 1 分後の値を採用したりしていますが，実際には数時間から数十時間も一定値にならないこともあります．

　誘電・絶縁材料の抵抗成分を流れる電流は，金属などを流れる電流とは異なった性質

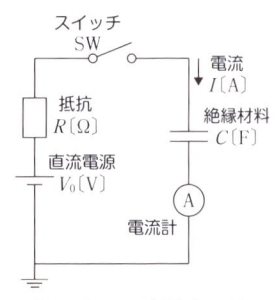

図 5・3■電流測定回路

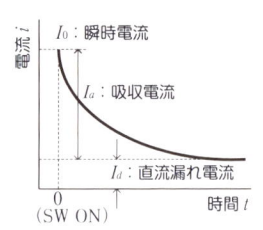

図 5・4■電流の時間変化

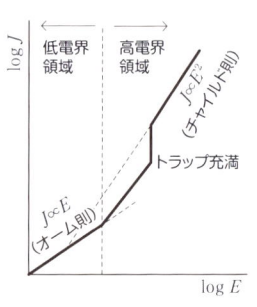

図 5・5■電界電流特性

を示します．3章で述べたように，金属中では電子が材料中を流れ，陽イオンによる電子の散乱が電気抵抗となるため，温度が上昇して陽イオンの運動が活発になると抵抗値は増加します．一方，誘電・絶縁材料では，温度が上昇することで，材料に流れ込んだり，材料内で発生したりするキャリア（電子，正孔，イオンなどの電気を運ぶ荷電粒子）の数が増加するため，抵抗値は減少します．

また，電流値が大きな状態で測定するために非常に高い電圧を絶縁体に印加すると，電流値は印加電圧に比例しなくなります．図5・5に，材料に印加された電圧と測定された電流の関係を示します（ただし，この図では横軸を電界 E〔V/m〕，縦軸を電流密度 J〔A/m^2〕としています）．図のように，比較的低電界では，電流と電圧は比例します（オーム則）が，電界が上昇すると，電流は電界に比例しなくなり，さらに電界が上昇すると，電流は電界の2乗に比例するようになる（チャイルド則）といわれています．オーム則から外れる電界領域は高電界領域と呼ばれていますが，このような領域では，前述した抵抗率や導電率といった比例係数（定数）の概念は，意味を持たなくなります．たとえば，前述したポリエチレンを例にとると，50kV/mmというような高電界下では，比較的低電界で測定して得た抵抗率や導電率などを当てはめることができないことを覚えておきましょう．

3 絶縁体の誘電体としての考え方と変位電流

絶縁体は先に述べたように図5・1で表された C と R が並列接合された素子として扱うことが多く，図5・3に示した回路で電圧を加えて電流測定を行うと，抵抗成分を流れる電流とキャパシタンス成分を流れる電流の和として測定されます．前述したように，電圧印加から長時間が経過すれば，抵抗成分に流れる電流（伝導電流）が測定できますが，電圧印加直後には，主にキャパシタンス成分に流れる電流が電流計により測定されます．このキャパシタンス成分を流れる電流は，変位電流と呼ばれます．以下にこの変位電流について説明します．

ここでは，図5・3に示したキャパシタを，抵抗成分がない理想的なものと考えます．スイッチを閉じた後に回路を流れる電流は，キルヒホッフの電流則により，どこでも同じであり，図5・3に示したキャパシタが理想的であっても，キャパシタ中には電流が流れていることになります．しかし理想的なキャパシタ内には電荷の移動による電流（伝導電流）は存在しません．たとえばこのキャパシタの電極間が真空であれば，電極間に電荷が移動することは，低い電界下では起こりません．このような状況でキャパシタ内を流れる電流が変位電流であり，この電流は，キャパシタンスの電極間の電界 E の時間変化に比例します．以下では，このことを平行平板コンデンサをモデルとして説明します．

いま，面積 S〔m^2〕，厚さ d〔m〕，誘電率 ε〔F/m〕の平行平板コンデンサのキャパシ

タンスを C〔F〕とします(なお,誘電率 ε については,次節で説明します).電圧を印加してからある時間 t〔s〕だけ経過した状態での,このキャパシタンスに蓄積される電荷量を $Q(t)$〔C〕,キャパシタンス内の電界を $E(t)$〔V/m〕とします.平行平板のキャパシタンスは,次節で詳しく説明しますが,$C=\varepsilon S/d$ となり,両電極間の電位差 $V_c(t)$ は電界と厚さの積,$V_c(t)=E(t)d$ で表されるので,以下によりキャパシタンスを流れる電流(変位電流)を求めることができます.なお,次式(5・3)では,変位電流の電流密度 $J_d(t)$〔A/m²〕を算出しています.

$$\left.\begin{aligned}Q(t)&=CV_c(t)=\frac{\varepsilon S}{d}E(t)d=\varepsilon SE(t)\\J_d(t)&=\frac{I_d(t)}{S}=\frac{1}{S}\frac{\partial Q(t)}{\partial t}=\varepsilon\frac{\partial E(t)}{\partial t}\end{aligned}\right\} \quad (5\cdot3)$$

結局,キャパシタを流れる電流は電荷の移動による伝導電流密度 $J_C(t)$〔A/m²〕と電界の変化による変位電流 $J_d(t)$ の和となり,次式(5・4)のように表されます.

$$J(t)=J_C(t)+J_d(t)=J_C(t)+\varepsilon\frac{\partial E(t)}{\partial t} \quad (5\cdot4)$$

ちなみに,光などの電磁波は電界 E〔V/m〕と磁界 H〔A/m〕が相互に発生して空間中を伝搬しますが,磁界 H は電流が流れないと発生しません.しかし電荷が存在しない真空中でも電磁波は伝搬することから考えれば,この磁界 H を生む電流は,変位電流であることが明らかです.次式(5・5)は,磁界の発生を示すマクスウェル方程式ですが,右辺が上記の電流と同じ式になっていることがわかります.真空中の電磁波については,以下の式で伝導電流 J_C を0として,変位電流のみについて考えます.

$$\mathrm{rot}H=J_C+\frac{\partial D}{\partial t}=J_C+\varepsilon\frac{\partial E}{\partial t} \quad (5\cdot5)$$

4 バンド構造と絶縁体

絶縁体と導体を区別する際,2章で説明したバンド構造を用いることがあります.実は,真性半導体と絶縁体のバンド構造は同じで,バンドギャップが狭いか広いかの違いで半導体と絶縁体は区別されます.

図5・6は絶縁体(真性半導体を含む)と導体のバンド構造を比較していますが,絶縁体の場合は,すべての電子により価電子帯の席が埋まって(充満帯)おり,価電子帯の上には電子が存在できない禁止帯(禁制帯)が存在します.またその上に,通常は電子が存在しない空帯である伝導帯が存在します.一方,導体では,絶縁体においては空帯であった伝導帯に,あらかじめ分子の結合にかかわらない電子(自由電子)が多量に存在するため,充満帯でも空帯でもなく,半満帯といわれる状態になっています.したがって,導体では電圧が加わると,これらの電子が容易に移動して,伝導電流となります.一方,

絶縁体では，基本的に伝導帯に電子はないので，電圧が加わっても，伝導電流は流れません．ただし，不純物や外部から侵入した電荷が移動することで伝導電流となりますし，高分子材料などは，完全な結晶構造ではないため，バンド構造自体が成り立たない場合も考えられます．

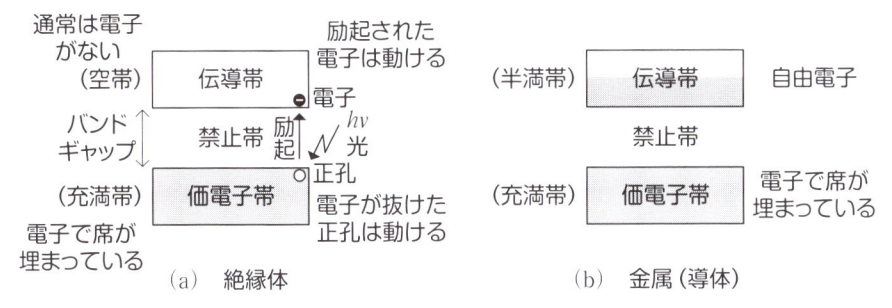

```
通常は電子           励起された
がない              電子は動ける
（空帯）  伝導帯              （半満帯） 伝導帯      自由電子
                   電子
バンド           hν
ギャップ  禁止帯  励起  ~ 光        禁止帯
                   正孔
（充満帯） 価電子帯             （充満帯） 価電子帯     電子で席が
                                              埋まっている
電子で席が        電子が抜けた
埋まっている      正孔は動ける
        (a) 絶縁体                    (b) 金属（導体）
```

図5・6　バンド構造

ここで，絶縁体を流れる伝導電流について考えてみよう．たとえば1 pAの電流が流れるということは，材料中を1秒間に10^{-12} C（＝1 pC）の電荷が移動したことになります．キャリアが電子の場合，電子1個は約$1.6×10^{-19}$ Cなので，約6 250 000個（$6.25×10^6$個）の電子が移動したことになります．これが多いか少ないかということになりますが，前述した領域（1 cm^2の面積で，厚さ0.1 mmのポリエチレン）を構成する価電子は，くわしい計算は省きますが約$43×10^{20}$個です．このうち，伝導電流として移動した電子は，約$7×10^{14}$個の価電子に対して1個の割合となります．つまり，ほとんど電子が電流として流れていない状況を何とか計測しようとしているのが実情です．

一方，金属の自由電子は，たとえば銅の場合，銅原子1個に自由電子1個がある．すなわち，銅（^{63}Cu）の密度を8.9 g/cm^3とすると1 molの体積が63/8.9 ≒ 7 cm^3だから，アボガドロ数の$6×10^{23}$を考慮すると1 m^3当たりにおよそ$8.5×10^{23}$個存在する．つまり，上記で想定したポリエチレンのフィルムと同じ体積内では，およそ$8.5×10^{20}$個の自由電子が存在し，伝導電流を担うキャリアとなるのじゃ．この数を先に計算した1 pAの電流を担うキャリア数$6.25×10^6$個と比較すれば，いかにその数が微量であるかがわかるじゃろう．

ところで絶縁体のバンド構造を見ると，光などのエネルギーを受けて価電子がバンドギャップを越えて励起され，伝導帯に上がれば，伝導に寄与できますが，ダイヤモンドやポリエチレンのバンドギャップは約6 eV（電子ボルト）以上ともいわれています．このようなエネルギーの光は真空紫外光と呼ばれ，大気中で吸収されるため地上には存在せず，伝導帯に励起される電子は地上ではほとんど存在しません．ちなみに，光が材料で吸収されるのは，電子がこのバンドギャップを飛び越えて励起されるためであり，こ

のバンドギャップ以上のエネルギーを持つ光が吸収され，さらに励起された電子が価電子帯に戻る際に，バンドギャップに相当する光を放ちます．ダイヤモンドやポリエチレンなどの多くの絶縁体が透明なのは，可視光をまったく吸収しない広いバンドギャップ持つからだといえます．

まとめ

　誘電・絶縁材料は抵抗とキャパシタが並列に接続されたモデルで表され，絶縁体を抵抗体として考えた場合は，抵抗率 ρ がおよそ $10^{10}\,\Omega\cdot\mathrm{m}$ 以上のものを指します．ただし，誘電・絶縁材料に電圧を印加した場合，まず変位電流と呼ばれるキャパシタ成分を流れる電流が主となり，定常状態になったときの電流が抵抗成分を流れる伝導電流となります．伝導電流密度と電界の関係は，低電界ではオームの法則が成り立ち，抵抗率は定数となりますが，高電界領域ではオームの法則が成り立たなくなります．また，誘電・絶縁材料のエネルギーバンド構造を見ると，金属とは異なり，自由電子がなくバンドギャップが広い材料であることがわかります．

5-2 誘電体とは何だろう

キーポイント

ここでは，誘電・絶縁材料を，"誘電体"としてとらえた場合の見方を示します．誘電体は双極子を多く持ち，電圧を加えるとこの双極子が配向して分極が生じます．どの程度の電圧を加えるとどの程度の分極が生じるかによって，材料固有の"誘電率"が決まります．誘電率は材料の誘電体としての特徴を決める重要な要素ですので，ここでは誘電率とは何かについて理解することが重要です．

1 電気双極子と双極子モーメント

"誘電体"とは何だろう？

一般に，誘電体という語は絶縁体とほぼ同義語で用いられますが，絶縁体のなかでも，後で詳述する"誘電率"が大きな材料が誘電体と呼ばれています．ちなみに，前述したRCのモデルでいえば，C成分が大きな材料であると考えればよいでしょう．

誘電率が大きい材料には一般に電気双極子(electric dipole)と呼ばれる正電荷と負電荷の対が多く存在しています．たとえば水(H_2O)は図5·7に示すように，水素2個と酸素1個により構成されています．水分子自体は，二つの水素が各1個，酸素が6個の最外殻電子を共有することで結合しており(共有結合)，水分子内の電子と陽子の数は同じですから，水分子は電気的に中性のはずですが，酸素は4個の非共有電子対(孤立電子対)を持つために，分子内の電子を引き付ける力(電気陰性度)が大きく，逆に水素は電気陰性度が小さいため，分子内で電子の分布に偏りができて，酸素原子の方が負，水素の方が正の電荷を帯びたようになります．

つまり，図5·8に示すように，本来電気的には中性の分子であっても，電子雲の分

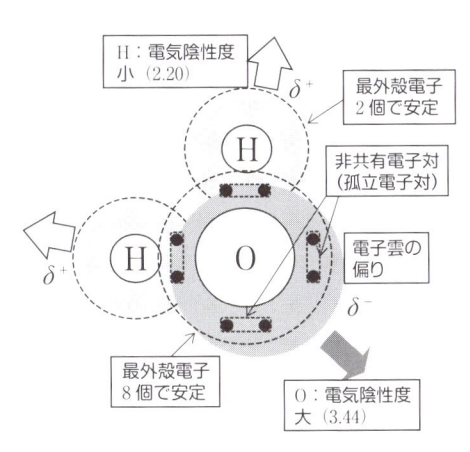

図5·7 ■水分子の構造

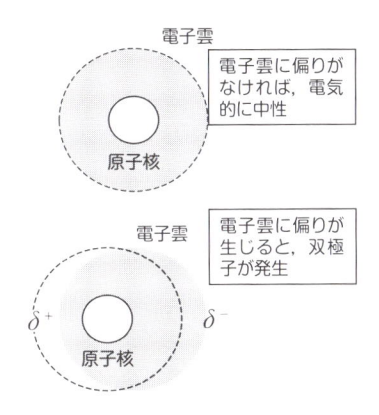

図5·8 ■電子雲の偏りによる双極子分極

補足 ⇒ 誘電体：dielectric material, dielectrics

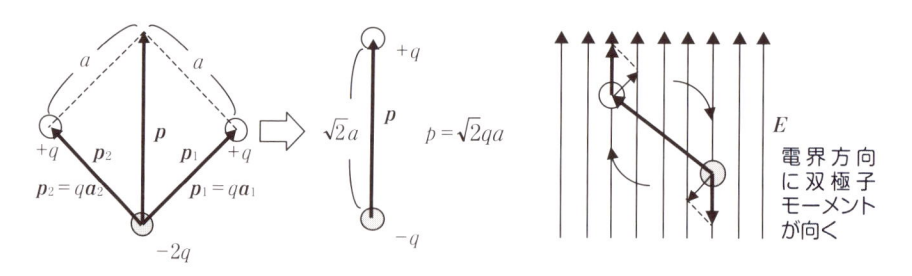

図5・9■2つの正電荷と1つの負電荷による電気双極子モーメント

図5・10■電界中の双極子モーメント

布に偏りがあれば，同じ電荷量の負電荷と正電荷の対，すなわち電気双極子が生じます．電気双極子の大きさは，対をなす電荷の電荷量を q [c]，両電荷の距離（ベクトル）を l [m]とすると電気双極子モーメント $p=ql$ として表されます．水分子の電気双極子は図5・9のように1個の正の電荷と2個の負の電荷で表されますが，そのベクトルの方向を考慮すれば，図5・9のように一つのベクトルで表すことができます．

電気双極子が電界中に置かれると，図5・10に示すように，電気双極子モーメントが電界の方向に向こうとするので，分子が回転しようとします．このように，電気双極子モーメントが電界の方向に向くことを配向と呼びます．この電界により分子の向きが変わる配向現象は，たとえば液晶表示素子に応用されています．図5・11のように，液晶分子は細長く，かつ電気双極子を持っており，この分子を光が透過する性質は，分子の方向によって異なっています．つまり，この長い分子を電極に平行に並べるか，垂直に並べるかで光の透過する性質が異なるので，配向により光のオンオフを制御できるのが液晶素子なのです．

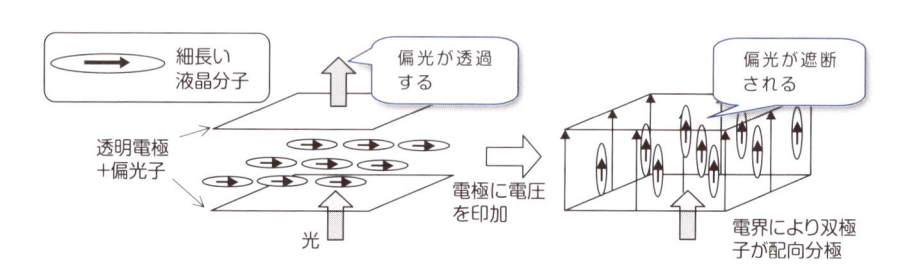

図5・11■液晶表示素子の仕組み

2 分極と誘電率

　水分子のように電気双極子をあらかじめ持っている分子で構成されている物質でも，図5·12(a)に示すように，ふつう，最初は双極子モーメントの向きがばらばらで，大きく見ると電気的な異方性は存在していません．しかし，液晶の説明で示したように，電圧を加えると，図(b)のように，双極子が電界方向に向こうとします．もちろん，必ずしもすべての双極子が完全に電界方向に向くわけではありませんが，図(c)のように一部の双極子が完全に電界方向を向いていることと等価の図で表すことができます．このような等価の図では，材料内部の双極子同士は非常に近接して存在していますので，電気的には中性に見え，結局は図(d)に示すような状態で表すことができます．つまり図(d)に示すように，もともとは電気的に中性だった電気双極子を持つ材料に，電圧を加えることで，双極子が電界の向きに配向して，材料の電極に接している部分(界面)には電荷が発生し，あたかも電極のような状態が現れます．つまり，材料表面に陰極と陽極のようなものが発生して，極が分かれたようになるので，この現象を分極と呼びます．

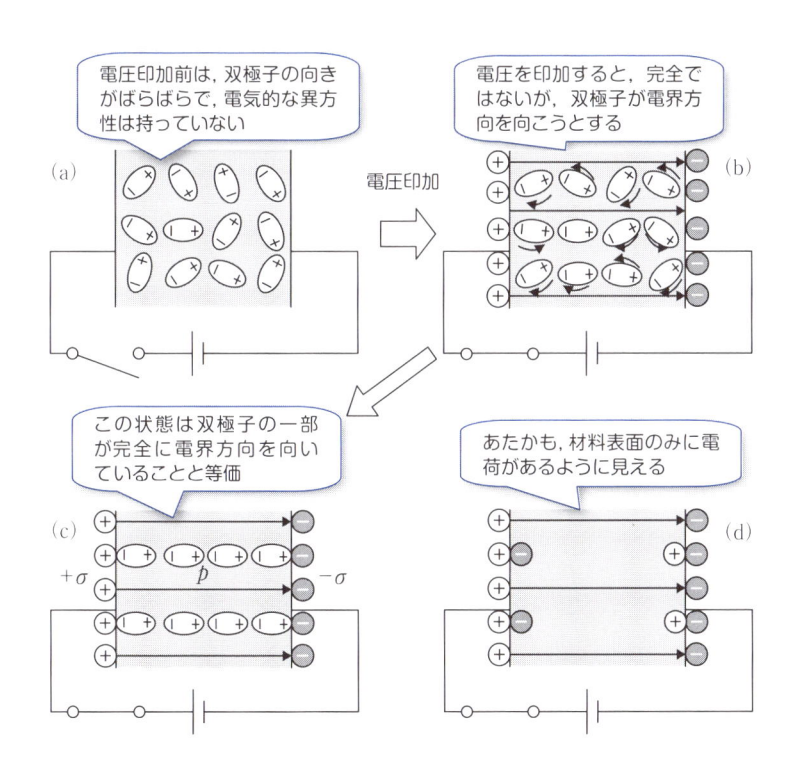

図5·12 電圧印加による分極

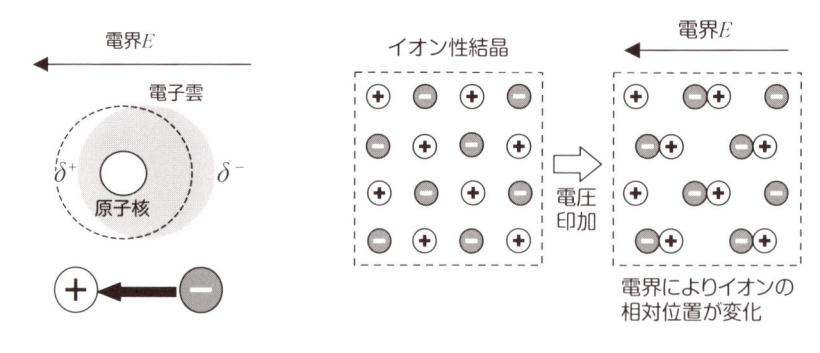

図5・13 ■電子分極

図5・14 ■原子分極

　ただし分極には，水分子のようにあらかじめ電気双極子をもつものとは別の形態も存在します．例えば図5・13のように，もともと電気的に中性で，電子雲に偏りのない原子であったとしても，電圧を加えることにより，原子中の電子雲と原子核の位置に偏りが生じ，微小な分極が生じます．これを<u>電子分極</u>と呼びます．また図5・14に示すように，イオン性結晶の場合は，もともと正と負のイオンが規則正しく並んでいますが，電圧を加えることで，もとの配置からのずれが生じ，分極が生じます．この現象を<u>原子分極</u>と呼びます．さらに図5・15に示すように，あらかじめ電気双極子を持った材料（水はこれに相当します）に電圧を加えることで生じる分極を<u>双極子分極</u>と呼びます．このように，電圧を印加すると分極を引き起こすような物質を誘電体と呼びます．

　材料に電圧を印加すると，どの程度分極が発生するかは，材料によって決まります．これについて以下に説明します．図5・12(c)において，単位体積当たりの双極子モーメントの大きさ p は，双極子の分極により電極表面に現れる電荷密度 σ_p に等しくなり，この電荷密度 σ_p を分極電荷と呼びます．また，単位体積当たりの双極子モーメント p（ベクトル）に対応した分極によるベクトル P を誘電分極（ベクトル）と呼びます．図(c)で明らかなように，電極表面の電荷には，双極子に対応したものと，誘電体内の電界にか

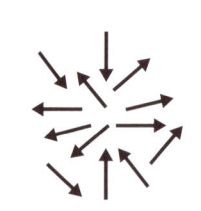

電圧印加前は双極子がランダムに配向し，分極はない

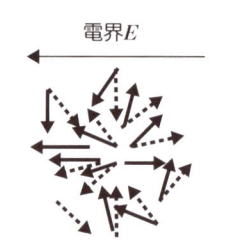

電圧印加すると双極子が電界方向に配向し分極が生じる

図5・15 ■双極子分極

かわる電荷がありますが，これを電界ベクトル E と誘電分極ベクトル P の和として電束密度（ベクトル）D を新たに考えます．

$$D = \varepsilon_0 E + P \ [\text{C/m}^2] \tag{5·6}$$

ここで，ε_0 は<u>真空中の誘電率</u>であり，その値は，約 8.854×10^{-12} F/m です（この値は"ヤヤコシ"と覚えましょう）．真空中には分極を発生させる双極子はありませんので，$P=0$ となります．

この電束密度ベクトル D は，面電荷密度の単位を持っています．ところで，上で述べたように，誘電分極 P は，平行平板間に電圧を印加したときに，双極子が電界方向を向くことより電極上の電荷密度として現れるのですが，印加する電圧を上げれば，すなわち平行平板間の電界が増加すれば，当然，**図 5·12**(a)に示した，実際にはばらばらに向いている双極子が，もっと電界の向きにそろおうとするので，同図(b)で考えた双極子モーメント p は，平板電極間の電界に比例して大きくなり，誘電分極 P も電界に比例することがわかります．そこで，誘電分極 P の電界 E に対する比例定数を分極率（polarizability：単位電界当たりの分極する割合）と定義して χ〔F/m〕と置くと，誘電分極 P は以下のように表されます．

$$P = \chi E = \varepsilon_0 \chi^* E \tag{5·7}$$

なお，上式中の χ^* は真空の誘電率に対する比を表し，比分極率（relative polarizability）と呼ばれます．

電界の大きさによりどの程度双極子が電界方向を向くかについては，材料によってさまざまです．例えば，水のような液体分子中では双極子は容易に電界方向を向くため，分極率は大きいことが予想されますが，固体中の電気双極子は，分子が自由に向きを変えられないため，分極率は低いと考えられます．すなわち，分極率や比分極率は物質固有の量です．

さらに，式(5·6)と式(5·7)より，以下の式が得られます．

$$D = \varepsilon_0 E + P = (\varepsilon_0 + \chi)E = \varepsilon_0(1 + \chi^*)E \tag{5·8}$$

ここで，以下のように誘電率 ε が定められます．

$$\varepsilon = \varepsilon_r \varepsilon_0 = \varepsilon_0 + \chi = \varepsilon_0(1 + \chi^*) \tag{5·9}$$

ここで，ε_r は比誘電率（relative permittivity）と呼ばれ，誘電率の真空中の誘電率 ε_0 に対する割合を示しています．誘電率 ε と電束密度の関係は，結局以下のように表されます．

$$D = \varepsilon E \tag{5·10}$$

すなわち，誘電率 ε は電束密度 D の電界 E に対する比例係数であり，電束によって材料中にどの程度の電界が発生するかを意味しています．ところで，ε_0 は真空中の誘電率ですが，真空でなく，物質に電圧が加われば，必ず分極が生じるので，物質の誘電率 $\varepsilon > \varepsilon_0$ となります．つまり，式(5·9)から考えて，$\chi > 0$ であり，$\varepsilon_r > 1$ となります．
表 5·1 にさまざまな材料の比誘電率 ε_r の例を示します．

表5・1 典型的な誘電体材料の比誘電率（理科年表より）

物質名	比誘電率 ε_r	備考
空気	1.00054	20℃，乾燥
Ar	1.00052	20℃
エチルアルコール	24.3	25℃，有極性
水	80.4	20℃，有極性
溶融石英	3.8	20〜150℃
塩化ナトリウム	5.9	25℃
チタン酸バリウム	〜5 000	強誘電体

(理科年表より)

3 誘電率と電磁波の伝搬

誘電・絶縁材料を光などの電磁波が伝搬する場合，その速度は，以下に示すように，主に伝搬する材料の誘電率で決まります．まず，真空中の光の速度 c は，真空中の誘電率を ε_0 ($\fallingdotseq 8.854\times 10^{-12}$ F/m)，真空中の透磁率を μ_0 ($=4\pi\times 10^{-7}$ H/m) とすると，以下の式で表されます（なお，透磁率 μ については6章で詳しく述べています）．

$$c=\frac{1}{\sqrt{\varepsilon_0\mu_0}} \tag{5・11}$$

上に示した値を代入すれば，$c\fallingdotseq 2.998\times 10^8$ m/s という光速度が算出できるはずです．誘電・絶縁材料を透過する光の速度も，これと同じ計算が適用できます．すなわち，材料の誘電率および比誘電率をそれぞれ ε，ε_r とし，透磁率，比透磁率を μ，μ_r とすると，$\varepsilon=\varepsilon_0\varepsilon_r$，$\mu=\mu_0\mu_r$ と表せますので，この材料を電磁波が透過する速度 v は以下の式で表されます．

$$v=\frac{1}{\sqrt{\varepsilon\mu}}=\frac{1}{\sqrt{\varepsilon_0\varepsilon_r\mu_0\mu_r}}=\frac{c}{\sqrt{\varepsilon_r\mu_r}} \tag{5・12}$$

ただし，光が通過するほとんどの誘電・絶縁材料では比透磁率 $\mu_r=1$ ですので，結局次式が成り立ちます．

$$v=\frac{c}{\sqrt{\varepsilon_r}} \tag{5・13}$$

また，空気と水などの界面で生じる光の屈折の角度も，空気中と水中の光の速度の比で決まるので，上式より比誘電率の比によって決まります．**図5・16** に示すように，光が通過する媒質の速度および比誘電率をそれぞれ v_1，v_2 および ε_{r1}，ε_{r2} とし，入射角および屈折角をそれぞれ θ_i，θ_r とすると，相対屈折率 n_{12} は次の式で表されます．

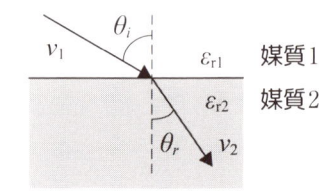

図5・16 光の屈折

$$n_{12} = \frac{\sin\theta_i}{\sin\theta_r} = \frac{v_1}{v_2} = \frac{\sqrt{\varepsilon_{r2}}}{\sqrt{\varepsilon_{r1}}} \tag{5・14}$$

また，媒質1を真空とした絶対屈折率 n は，媒質1の比誘電率が $\varepsilon_{r1}=1$ となるので，媒質2の比誘電率を ε_r とすれば，以下の式で表されます．

$$n = \sqrt{\varepsilon_r} \tag{5・15}$$

このように，誘電率は物質固有であり，光の伝搬に関係が大きなきわめて重要な物性値です．

また，5-1節4項で述べたように，誘電・絶縁材料では光が吸収されます．価電子が励起されるような比較的大きなエネルギーの光が照射されれば，基礎吸収と呼ばれる吸収が発生します．これ以外にも，前述したような双極子分極，イオン分極，原子分極などによって，電磁波の吸収もしくは印加された交流電圧の熱損失が発生します．これについて，以下に示します．

4 誘電正接と複素誘電率

図 5.17 に示すように，静電容量 C_0 の真空コンデンサに周波数 f〔Hz〕(角周波数 $\omega = 2\pi f$〔rad/s〕)で実効値電圧が V〔V〕の交流電圧を印加すると，充電電流 I_{C0} が流れ，j を虚数単位(一般的には "i" で表すが，電気分野では電流と区別するため，j を使って表される)とすると I_{C0} は次式で表されます．なお，交流回路の計算で，"j" がかかっていることは，位相が 90° 進んでいることを意味します．詳しくは電気回路の教科書を参照してください．

$$I_{C0} = j\omega C_0 V = j2\pi f C_0 V \tag{5・16}$$

次に，真空の代わりに電極間を誘電体で満たした一般的なキャパシタの場合は，前述したように，図5・17の等価回路で表すことができますが，この場合，キャパシタ成分 C では電力は消費されず，抵抗成分 R で電力が消費されます．キャパシタンスを流れる充電電流 I_C は次の式で表されます．

$$I_C = j\omega CV = j2\pi fCV \tag{5・17}$$

一方，抵抗成分 R を流れる電流は抵抗 R により消費されますので，これを損失電流成分(I_R と標記)と呼びますが，この I_R は抵抗 R の逆数のコンダクタンス G を使って，次式のように表されます．

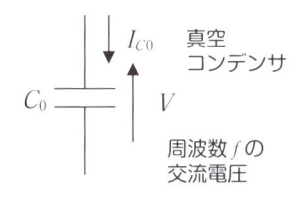

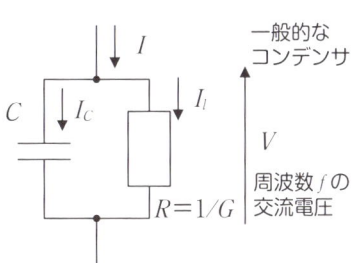

図 5・17 ■ 充電電流

$$I_R = GV \tag{5・18}$$

したがって，この材料を流れる電流 I は，充電電流成分 I_C と損失電流成分 I_R の和となります．

$$I = I_C + I_R = (j\omega C + G)V \tag{5・19}$$

このときの関係を**図5・18**に示します．この図で，電流 I と充電電流 I_C のなす角 δ を**誘電損角**と呼び，$\tan\delta$ を**誘電正接**と呼びます．ここで，抵抗成分 R で消費される電力（**誘電損**もしくは**誘電体損**）を P〔W〕とすると次の式が成り立ちます．

$$P = IV\cos\theta = I_R V \tag{5・20}$$

一方，図より明らかに $I_R = I_C \tan\delta$ となり，また $I_C = \omega CV = 2\pi fCV$ なので，上式は次式のようになります．

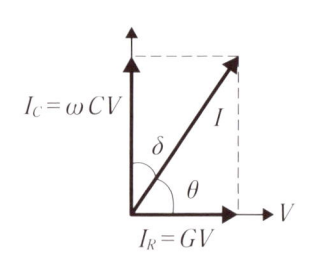

図5・18■誘電損角

$$P = \omega CV^2 \tan\delta = 2\pi fCV^2 \tan\delta \tag{5・21}$$

すなわち，交流電圧を誘電体に印加した場合の誘電損は誘電正接 $\tan\delta$ に比例します．この $\tan\delta$ は材料固有の値ですが，この値により，交流を印加した際の電力損失（誘電損）が決まりますので，交流電力ケーブル用の絶縁材料などを選定する際には，$\tan\delta$ は非常に重要なパラメータになります．実際に交流用電力ケーブルに使用されているポリエチレンや食器などに用いられるポリプロピレンでは $\tan\delta$ は 0.02～0.05 程度です．一方，ケーブルのジャケットなどに使用されるポリ塩化ビニルの $\tan\delta$ は 4～12 程度と比較的大きな値をとります．

ここで真空を媒質とした平行平板コンデンサ（真空コンデンサ）の静電容量 C_0 と誘電率が ε'（比誘電率 ε_r'）の材料を媒質としたコンデンサの静電容量 C の関係は，次節で述べるように，次の式で表されます．

$$C = \frac{\varepsilon'}{\varepsilon_0} C_0 = \varepsilon_r' C_0 \tag{5・22}$$

ここでは交流に対する誘電率，比誘電率を考えていますので，直流のそれらの値と区別するために ε' のように，"′" を付けて表しています．

このとき，C_0 と $\tan\delta$ を使って電流 I を表すと次式のようになります．

$$I = (j\omega\varepsilon_r' C_0 + \omega\varepsilon_r' C_0 \tan\delta)V \tag{5・23}$$

ここで新たに誘電損率 ε''，比誘電損率 ε_r'' という概念を導入し，以下のように定義します．

$$\frac{\varepsilon''}{\varepsilon'} = \frac{\varepsilon_r''}{\varepsilon_r'} \equiv \tan\delta \tag{5・24}$$

また，複素誘電率 ε^* および比複素誘電率 ε_r^* は次のように定義されます．

$$\varepsilon^* = \varepsilon' - j\varepsilon'' \tag{5・25}$$

$$\varepsilon_r{}^* = \frac{\varepsilon^*}{\varepsilon_0} = \varepsilon_r{}' - j\varepsilon_r{}'' \tag{5・26}$$

この関係を図 5・19 に示します．複素誘電率 ε^* は，図のようにキャパシタンス成分を実軸にとって，複素数を使って表現する手法であり，コンダクタンスの成分は，図のように位相が実軸から 90°遅れた状態になりますので，式(5・25)のように "−(マイナス)" を付けて表現されます．つまり，ε'' はコンダクタンス成分をキャパシタンス成分として表したときの誘電率であり，式(5・23)を電流密度 J〔A/m²〕と電界 E〔V/m〕とで表すと，次式のようになります．

$$J = (j\omega\varepsilon' + \omega\varepsilon'')E \tag{5・27}$$

この式から明らかなように，角周波数 ω と誘電損失 ε'' の積は，交流の導電率 σ に等しくなります．

$$\sigma = \omega\varepsilon'' \tag{5・28}$$

図 5・19 誘電損率と複素誘電率

このようにして得られる誘電率と誘電損率の周波数特性を調べてみると，図 5・20 に示すような典型的な特性を示します．この図中，誘電率 ε' が大きく変化するところで，誘電損率 ε'' がピークを持っていることがわかります．

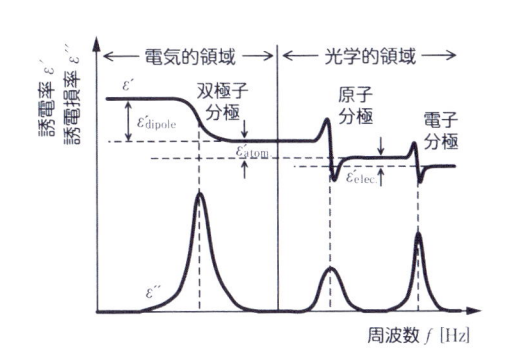

図 5・20 誘電率と誘電損率の周波数特性

図 5・20 に示した現象について以下に説明を加えます．交流電圧を誘電体に加えると，前述したように分極が生じますが，分極が発生するためには，ある程度時間がかかります．分極を起こす原因が電子の移動である電子分極の場合，電子は非常に軽いので，非常に大きな周波数の交流電圧が加わっても，電子はその電界の変化に応じて移動することができますので，この場合，エネルギーの損失は発生しません．しかし，比較的質量

141

の大きな双極子が動くには,ある程度の時間がかかるため,加えられた交流電圧の周波数が大きくなると,交流の電圧の変化に双極子の動きがついていけなくなり,双極子は動けなくなります.双極子が動けなくなるということは,その要因による分極がない状態ですので,その分,誘電率が小さくなります.この誘電率が小さくなる境界の周波数では,双極子の動きと交流電圧の変化とにずれが生じ,これが電力の損失となって,誘電体が発熱することに使われます.すなわち,誘電率が大きく変化している周波数で誘電損が大きくなることを図5・20は示しており,その損失の原因となるのが,電子分極なのか原子分極なのか,双極子分極なのかでピークの現れる周波数が異なるのです.たとえば図5・21に,水分子にマイクロ波を照射した際の水分子の運動について示します.マイクロ波の電界に沿って水分子は回転しようとしますが,その回転運動がマイクロ波の電界の変化についていけなくなると,水が発熱し始めます.つまり,マイクロ波が水により吸収され,吸収されたマイクロ波のエネルギーが水分子の激しい運動により,熱に変化することを意味します.この状態を利用したのが電子レンジです.食品は多くの水を含んでいますので,電子レンジでは2.45 GHzという非常に高い周波数のマイクロ波を食品に照射し,食品に含まれる水が,このマイクロ波を吸収して発熱することを利用して,食品を温めているのです.

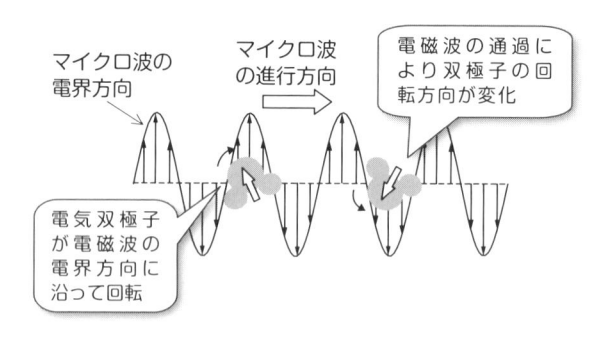

図5・21 ■電磁波と電気双極子

一方,図5・20の誘電損率の周波数特性を見ると,誘電率が小さくなる周波数の境界で,ピーク状に変化していることがわかります.誘電損率ε''は誘電体における電力の損失が生じることを表していますので,このピークを示す周波数の交流電圧をこの誘電体に加えると,そこでは誘電体が電力を吸収することを示しています.また,同図中,低周波数側は電気的な領域ですが,高周波側は光学的領域になっていますので,この特性より,この材料がこの誘電損失のピークの周波数の光を吸収することがわかります.図5・20では,比較的低い周波数で双極子分極による吸収が,さらに高くなるとイオン分極による吸収が,最も高い周波数で電子分極による吸収が,それぞれ生じることを示して

います．このうち，電子の分極による光の吸収は，前述したように，バンドギャップを越えて電子が励起される状態を表しています．

まとめ

　誘電・絶縁材料の誘電体としての特徴は，誘電率 ε で決まります．ε は，真空の誘電率 $\varepsilon_0 \fallingdotseq 8.854 \times 10^{-12}$ F/m と比誘電率 ε_r との積で表されます．また，誘電率は物質に電圧を加えたときに発生する配向分極の度合いにより決まりますが，分極には，双極子を持った分子が電界に沿って回転する双極子分極，イオン性結晶の結晶配置が変化することによって生じる原子分極，原子中で電子の分布が電界により偏る電子分極があります．

　物質の比誘電率によって，その物質中の光速度が算出され，屈折率もこの比誘電率によって決まります．また，交流の電圧を物質に印加したときの誘電率を考えると，周波数が低い電圧では，分極が交流に同期して起こるため，電力は無効電力のみで消費はありませんが，周波数が増加して，分極が交流の電圧変化に追随しなくなる周波数で，物質内で発熱が発生し，交流電圧のエネルギーが物質に吸収されることになります．さらに周波数が増加すると，光などの電磁波の領域になりますが，この領域でも，原子分極や電子分極により物質による光の吸収が発生します．このように，誘電体内で発生する熱損失を評価する物理量として，$\tan \delta$ や複素誘電率 ε'' などが使われます．

5-3 コンデンサの構造と性質

キーポイント

誘電体材料の身近な応用例として，コンデンサがあります．コンデンサはありとあらゆる電気電子機器に使用されており，その特性により機器の性能が左右されます．ここでは，コンデンサの構造を学んだあと，用途の代表例として，平滑コンデンサ，フィルタ，発振回路などについて学びます．

1 コンデンサの構造と静電容量

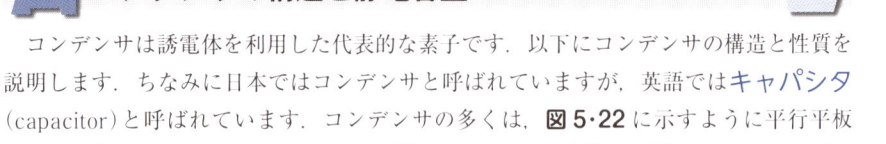

コンデンサは誘電体を利用した代表的な素子です．以下にコンデンサの構造と性質を説明します．ちなみに日本ではコンデンサと呼ばれていますが，英語ではキャパシタ (capacitor) と呼ばれています．コンデンサの多くは，図 5・22 に示すように平行平板の電極形状となっていますので，この形状のコンデンサの静電容量 C について以下に説明します．なお，図 5・22 のように誘電体を挟み込んだ平行平板の導体を電極と呼び，正の電位となる電極を陽極，負の電位となる電極を陰極と呼びます．

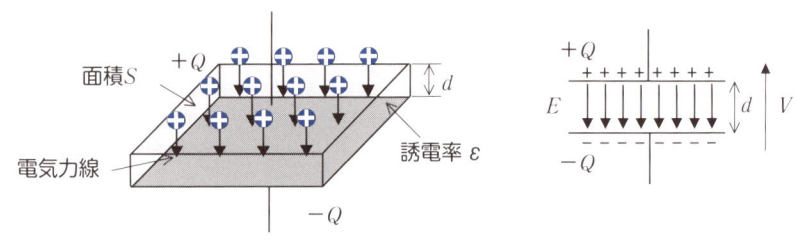

図 5・22 ■ コンデンサの電荷，電界，電位

図 5・22 のように，電極間に電圧 (電位差) V が印加されているとすると，陽極に $+Q$ 〔C〕，陰極に $-Q$ 〔C〕が蓄積し，この電位差と電荷量の間には，次の関係が成り立ちます．

$$Q = CV \tag{5・29}$$

この平行平板電極で誘電体を挟んだコンデンサの静電容量がどのように決まるのかを考えてみましょう．いま平行平板の面積を S〔m^3〕，電極間距離を d〔m〕とし，絶縁体の誘電率を ε〔F/m〕とし，直流電圧 V〔V〕を印加したときに Q〔C〕の電荷が蓄積したとすると，陽極から陰極へ向かう電気力線は平行平板に垂直の向きのみで，その総量は Q/ε〔本〕となります．電気力線の密度が電界の大きさに等しいので，図 5・22 から明らかなように，平行平板電極間では電気力線の密度は（理想的には）どこでも同じとなり，電界 E は次の式で表されます．

$$E = \frac{Q}{\varepsilon S} = \frac{\sigma}{\varepsilon} \text{〔V/m〕} \tag{5・30}$$

補足 → 電極：electrode, 陽極：anode, 陰極：cathode

なお，σ は平行平板電極に蓄積する電荷の，単位面積当たりの電荷密度（$\sigma = Q/S$〔C/m²〕）です。この電界 E を電極距離だけ積分すると電極間の電位差 V が求められます。いま，x を平行平板間の厚さ方向とすると，E は距離によらず一定なので，次の式が成り立ちます。

$$V = -\int_d^0 E dx = \int_0^d E dx = Ed = \frac{dQ}{\varepsilon S} \tag{5・31}$$

上式と式(5・29)を比較することで，この平行平板コンデンサの静電容量 C は，次のように求められます。

$$C = \frac{\varepsilon S}{d} \text{〔F〕} \tag{5・32}$$

したがって，静電容量 C は誘電体の誘電率 ε と電極面積 S に比例し，電極間距離 d に反比例することがわかります。すなわち，電極面積を広くとり，電極間隔を狭くし，電極間に誘電率の大きな材質を挿入すれば大きな静電容量が得られます。たとえば，**図 5・23** は，一般に大きな静電容量を持つ電解コンデンサの構造を示しています。電解コンデンサは静電容量を大きくするために，薄い電解紙を薄いアルミ箔で挟み，巻き込むことで，大きな面積の電極をコンパクトに納めるように工夫されています。また，誘電率の大きな電解液を封入し，電解紙に電解液をしみ込ませることにより，電極間に誘電率の大きな誘電体を挟み込む構造になっています。

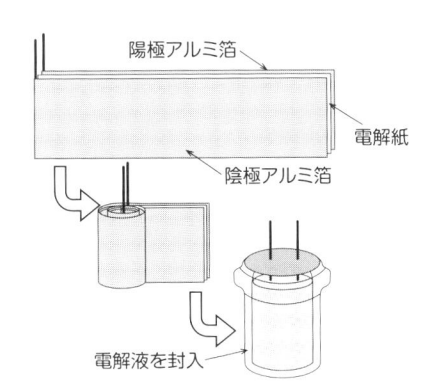

図 5・23 電解コンデンサの構造

また，構造を変化させることによって，静電容量を変化させることができます。たとえば昔のラジオでは，チューニングをする際に，共振回路として静電容量を可変できるコンデンサ（バリアブルコンデンサ，通称バリコン）を使用していました（現在，チューニングでは，スーパヘテロダインと呼ばれる方式が主流となっています）。共振回路ではインダクタンス L と静電容量 C の関係が次式のようになったときに，周波数 f が共

振周波数となります．

$$f = \frac{1}{2\pi}\sqrt{\frac{1}{LC}} \tag{5・33}$$

すなわち，空間を飛び交うさまざまな電波の中で，特定周波数のラジオの電波をキャッチするために，共振を用いて特定周波数の電波のみを増幅回路に伝達する場合，上式の中の静電容量 C としてバリコンを用い，その静電容量 C を変化させ，特定の周波数を選ぶことができます．バリコンの概要を図 5・24 に示します．この図に示すように，バリコンは複数の電極を回転させることにより，電極の重なる面積，すなわちコンデンサとして有効になる電極の面積 S を調節し，静電容量 C を変えることができます．

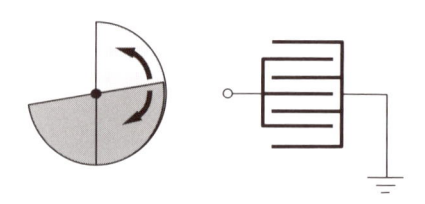

図 5・24 ■可変コンデンサ（バリコン）

例題 2

電極面積 1cm^2，厚さ 0.1mm のポリエチレン（比誘電率 2.2 とする）の静電容量 C を求めなさい．

解答 式(5・32)より

$C = \varepsilon S/d = \varepsilon_r \varepsilon_0 S/d \fallingdotseq (2.2 \times 8.854 \times 10^{-12} \times 1 \times 10^{-4})/(0.1 \times 10^{-3})$
$\fallingdotseq 1.95 \times 10^{-12}\,\text{F} = 1.95\,\text{pF}$

2 コンデンサの種類

用途と材質によりさまざまな種類のコンデンサが作られています。**表5·2**にさまざまな用途のコンデンサの例を示します。このうち電解コンデンサは、3項で後述するように、交流電圧を直流電圧に変換する電源回路において、脈流を平滑化するのに必要不可欠です。家庭用の電源は、交流として供給されますので、このコンデンサは多くの家電製品に必要不可欠な部品として組み込まれています。一方、携帯電話などの通信機器では、フィルタや共振回路として、高周波に対応したセラミックコンデンサやプラスチック材料を使ったコンデンサが使用されています。たとえば、携帯電話などに使用されるフィルタ回路では、抵抗とコンデンサとコイルを使って、特定周波数を検出するバンドパスフィルタなどに使用しますが、遮断したり通過させたりする周波数は抵抗値 R と静電容量 C によって決まります。しかし、温度変化によって C の値が変化すると、遮断周波数が変わる可能性があり、比誘電率 ε_r の温度変化が非常に重要です。ε_r の値は、表5·1に示したように値はまちまちですが、実際に製品として使用するためには、高い精度が要求され、また温度変化の影響を受けにくい材料を選定する必要があります。携帯電話の進歩は、このような材料開発に支えられているのです。

表5·2 さまざまなコンデンサ

名称	誘電体	周波数〔Hz〕	静電容量〔F〕	主な用途・特徴
アルミ電解*	電解液**	10 〜 1k	0.1p 〜 100 000 μ	電源平滑用，大容量 周波数特性が悪い
タンタル電解*	電解液**	1 〜 10k	0.1μ 〜 47μ	電源平滑用，小型・大容量 アルミ電解より若干特性良
セラミック	酸化チタン アルミナ チタン酸バリウム	1k 〜 10M	0.5p 〜 0.1μ	バイパスコンデンサ 熱電対温度補償用 外乱に弱い
スチロール	ポリスチレン	1k 〜 10M	50p 〜 4 700p	低周波のフィルタ，安価だが耐熱性悪い
マイラ	ポリエステル	100 〜 10M	0.001μ 〜 0.1μ	安価だが精度悪い
ポリプロピレン	ポリプロピレン	100 〜 10M	100p 〜 0.47μ	マイラより精度・耐圧性良
マイカ	雲母（マイカ）	100k 〜 1G	1p 〜 0.01μ	高周波フィルタ，共振回路，周波数特性，耐圧性高いが，高価で容量が小さい。

＊電解コンデンサ：電極に極性があり，逆電圧を印加すると破裂する。
＊＊電解液：溶媒（水，エチレングリコール，エチレングリコールモノメチルエーテル，グリセリン，γ-ブチロラクトンあるいは N-メチルホルムアミド）電解質（ホウ酸，アジピン酸，マレイン酸，安息香酸，フタル酸，サリチル酸，アンモニア，トリエチルアミン，水酸化テトラメチルアンモニウムなど）

3 コンデンサの充電・放電と平滑コンデンサ

　電力会社から一般家庭には交流電力が供給されていますが，テレビやステレオなどの電子機器は，一般に直流で使用されるので，交流を直流に変換することが必要です．コンデンサはこの平滑化のために必ず使われていますので，その耐久性は機器の寿命そのものを決定する場合があります．**図5・25**はパソコンのボードに使用されている電源用の電解コンデンサですが，電解コンデンサが劣化して膨張したり，液漏れを起こしたりすると，パソコンが正常に動作しなくなります．

図5・25 ■PCボードの電解コンデンサ

比較的静電容量の大きな電解コンデンサは，平滑コンデンサとしてよく利用されます．この動作を以下に示します．

　交流電圧をコンデンサに加えると，電荷がコンデンサに蓄積されます．これを**充電**（charge）と呼び，いったん電荷がコンデンサに蓄積されると，しばらくはコンデンサ内に蓄積されていますが，蓄積された電荷は徐々に減少します．これを**放電**（discharge）と呼びます．この放電の時間が長ければ長いほど，電荷が蓄積している時間は長いといえます．たとえば**図5・26**のような回路でスイッチを閉じたとしましょう．スイッチを閉じた瞬間は，電荷がコンデンサに急激に流れ込むため，コンデンサはまるで導体のように無制限に電流を流すように見えますが，電荷が徐々に蓄積されると，コンデンサには電流が流れにくくなり，電流は抵抗Rのみに流れるようになるので，十分長い間スイッチを閉じておくと，最終的にはコンデンサを付けていない場合と同様に電流が流れます（定常状態）．しかし，次にスイッチを開いて抵抗Rを電源から切り離した場合，今度はコンデンサの両端に発生していた電位差により，コンデンサから抵抗へ電荷が流れ出し，抵抗Rを流れる電流となって，抵抗Rに加わる電圧は徐々に減少するようになります．この定常状態からスイッチを開いた後の，抵抗Rに加わる電圧V_Rの時間変化をグラフに描くと**図5・27**のようになります．つまり電源を切っても，しばらくは抵抗Rに電圧が発生する状態が生まれます．この抵抗に加わる電圧V_Rの減衰特性は，静電容量Cと接続する抵抗Rの積によって決まっていて，次の式で表されます．

$$V_R(t) = V_0 e^{-t/RC} \tag{5・34}$$

　この曲線で，V_RがV_0/eとなる時刻τ（$=RC$）を**時定数**と呼びます．式(5・34)より，時定数τ（$=RC$）が大きければ大きいほど，抵抗Rに発生している電圧V_Rは減少しにくいことになります．つまり，電源が切れても抵抗に電圧がかかり続けるこの現象を見

て，コンデンサは"電気を蓄える"と理解されています．なお，この現象は交流電圧から直流電圧を作り出す"整流回路"に応用されています．図 5・28 のように，交流電圧をダイオード（電流を一方向に流す素子）を4個使ったダイオードブリッジに接続すると，図 5・29 に示すような波形（全波整流波形）が出力されます．この場合，電源の電圧は変動していますが，コンデンサを使うと電源からの電圧が減少している時間も，コンデンサから抵抗 R に電荷が供給されるので，抵抗 R に加わる電圧は急激には下がらず，一定の電圧を保ち続けます．この場合，容量の大きなコンデンサを使用し，回路の時定数 $τ$ が大きいと，図 5・29 の実線で示すように直流に近い波形が得られ，コンデンサの平滑作用と呼ばれています．しかし，コンデンサの容量が小さく，$τ$ が小さくなると，図 5・29 中に細い破線や太い破線で示したように，波形は直流にはならず，脈動（リプル）というわずかな変動が残ります．このように，静電容量の大きなコンデンサを使えば，脈流のない"きれいな"直流電圧が得られるのですが，図 5・23 に示したように，一般的に平滑用に使用される電解コンデンサは，容量が大きくなると，電極面積を大きくしなければならないため，サイズが大きくなってしまいます．コンデンサのサイズが大きいと，機器自体のサイズも大きくなるため，どの程度の容量のコンデンサを使えばよいかということが重要になります．また，サイズを大きくせずに静電容量を大きくする工夫が必要になり，後述する積層形セラミックコンデンサや電気二重層キャパシタなどが開発されています．

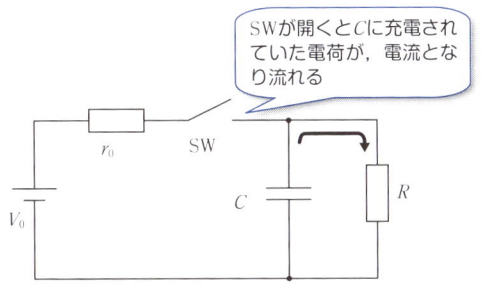

図 5・26 ■コンデンサによる放電

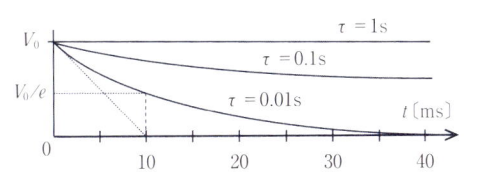

図 5・27 ■抵抗 R の電圧変化

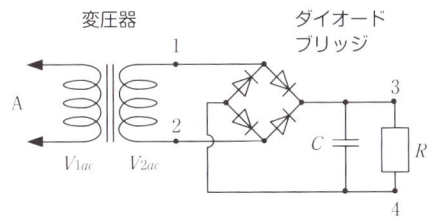

図 5・28 ■整流回路

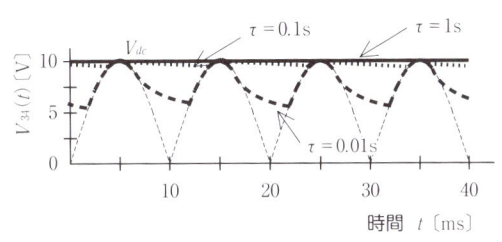

図 5・29 ■全波整流波形の平滑化

5章 誘電・絶縁材料

3 ▼ コンデンサの構造と性質

4　コンデンサを使ったフィルタ回路の基礎

　携帯電話などの電磁波を利用した電子機器などでは，信号にノイズが混入することで誤動作を招く危険性があります．このような危険性を回避するためには，信号からノイズを取り除くためにフィルタ回路が使用されます．図 5・30 に，電子回路への高周波ノイズをカットするための，フィルタ回路の実装例を示します．このような特性を持つフィルタ回路は電子機器に必要不可欠な回路として使用されています．

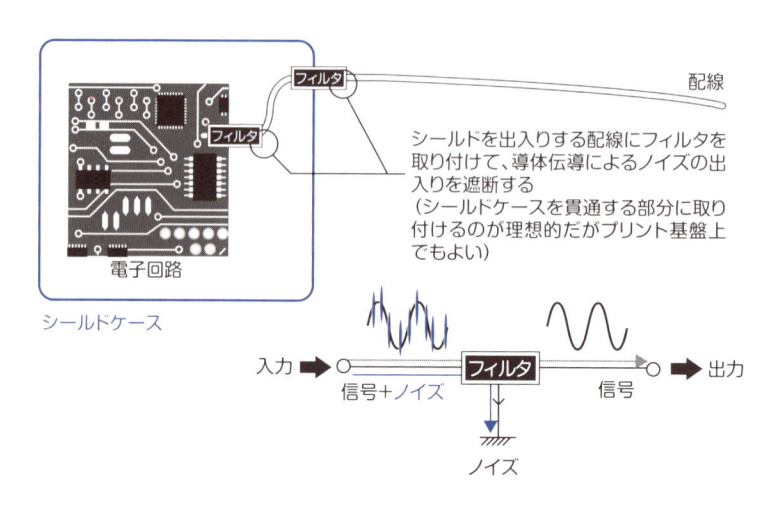

図 5・30■低帯域フィルタの電子機器への実装例

http://www.murata.co.jp/products/emc/knowhow/basic/chapter01/index.html

　フィルタ回路には，図 5・31 に示すように，低周波の信号のみを出力する低帯域フィルタ(low pass filter: LPF)と高周波の信号のみを出力する高帯域フィルタ(high pass filter: HPF)があります．このような LPF や HPF は，基本的には抵抗とコンデンサの組合せで作製することができます．ここでは，この RC 回路による HPL と LPF の特性について述べます．

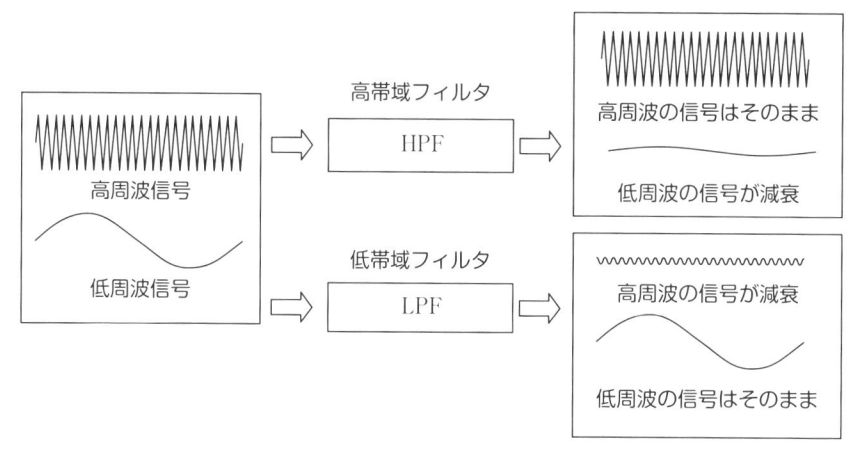

図 5・31 ■ 高帯域フィルタと低帯域フィルタの働き

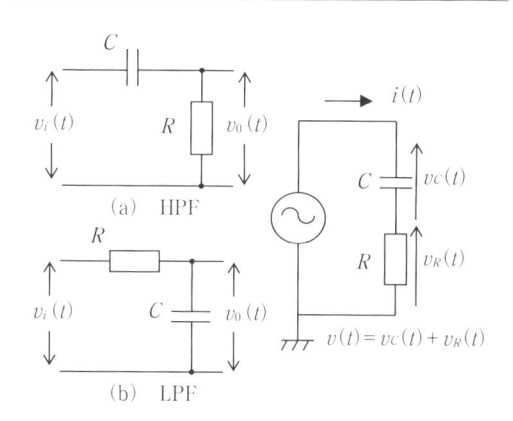

図 5・32 ■ RC 素子による高帯域フィルタと低帯域フィルタ

　まず，**図 5・32** に HPF と LPF の構成を示します．同図(a)HPF で入力信号を $v_i(t)$，出力信号を $v_o(t)$ とし，抵抗を R，コンデンサの静電容量を C とします．入力信号として，ある周波数 f の正弦波を考え，流れる電流を $i(t)$ とし，R の電圧を $v_R(t)$，C の電圧を $v_C(t)$ とすると，入力電圧 $v_i(t)$ は次の式で表されます．

$$\begin{aligned} v_i(t) &= v_R(t) + v_C(t) \\ &= Ri(t) + \frac{1}{C}\int i(t)\,dt \\ &= \left(R + \frac{1}{j2\pi fC}\right)i(t) \end{aligned} \tag{5・35}$$

また，HPFで出力される信号$v_o(t)$は，抵抗Rに印加される電圧なので，$v_o(t) = Ri(t)$となり，入出力の比を$H(f)$とすると，

$$H(f) = \frac{v_o(t)}{v_i(t)} = \frac{j2\pi fRC}{1+j2\pi fRC}$$
$$= \frac{(2\pi fRC)^2 + j(2\pi fRC)}{1+(2\pi fRC)^2} \quad (5\cdot36)$$

となります．これより，$H(f)$の絶対値，および位相$\theta(f)$は次式で与えられます．

$$\left. \begin{array}{l} |H(f)| = \dfrac{2\pi fRC}{\sqrt{1+(2\pi fRC)^2}} = \dfrac{1}{\sqrt{1+\left(\dfrac{1}{2\pi fRC}\right)^2}} \\ \theta(f) = \tan^{-1}\dfrac{1}{2\pi fRC} \end{array} \right\} \quad (5\cdot37)$$

この特性を図5・32に示します．この特性より明らかなように，周波数が高い場合，$H(f) \fallingdotseq 1$となり，$v_o(t) = v_i(t)$となります．また，周波数が低い場合，$H(f) \fallingdotseq 0$となり，$v_o(t) = 0$となります．

一方，図5・32に示すようにLPFでは，$v_o(t) = v_C(t)$となるので，$H(f)$は次式で表されます．

$$H(f) = \frac{v_o(t)}{v_i(t)} = \frac{1}{1+j2\pi fRC} = \frac{1-j2\pi fRC}{1+(2\pi fRC)^2} \quad (5\cdot38)$$

したがって，$H(f)$の絶対値と位相$\theta(f)$は次式で表されます．

$$\left. \begin{array}{l} |H(f)| = \dfrac{1}{\sqrt{1+(2\pi fRC)^2}} \\ \theta(f) = \tan^{-1}(-2\pi fRC) \end{array} \right\} \quad (5\cdot39)$$

LPFについての特性も**図5・33**に示します．この場合は，HPFとは逆に，周波数が高いと$H(f) \fallingdotseq 0$となり周波数が低いと$H(f) \fallingdotseq 1$となっていることがわかります．

なお，これらの特性で，$2\pi f_c RC = 1$となる周波数f_cを，**遮断周波数**と呼び，フィルタの特性の目安を表す周波数として使われます．この周波数では，出力電圧v_oが入力電圧v_iの約0.707倍になり，位相は$\pi/4$ずれます（図5・33に示すように，HPFでは位相が$\pi/4$進み，LPFでは位相が$\pi/4$遅れます）．

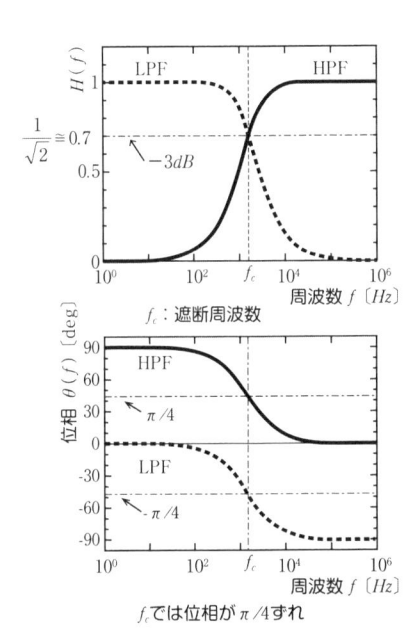

図5・33■広帯域フィルタと低帯域フィルタの周波数特性

補足➡遮断周波数：cutoff frequency

5 コンデンサを使った共振回路の基礎

　非接触ICカードなどでは，電池などの電源を備えていないICカードに電力を供給するために，図5・34に示すように，電磁誘導を利用した非接触電力伝送を使っています．この方式では，読取り機器から送信した特定周波数の電磁波をICカードで受信して使用します．ICカードのほかにも，非接触で電力を供給する方式は，電動歯ブラシや掃除機などに使用されており，電気自動車のバッテリの充電などにも応用が期待されています．この方式では，基本的にはコイルのみでも電力の送受信が可能ですが，図5・34に示したようなICカードのうち比較的低周波数(電車の改札で使用されるFeliCa方式の規格では13.56MHz)の信号を使用する場合，コイルのみで電磁波を受信するためには，アンテナとしてのコイルの長さが5.77m($\lambda/4=c/4f$)と非常に長くなりすぎるため，コンデンサを組み合わせて共振回路を構成することによって，受信回路を形成しています．

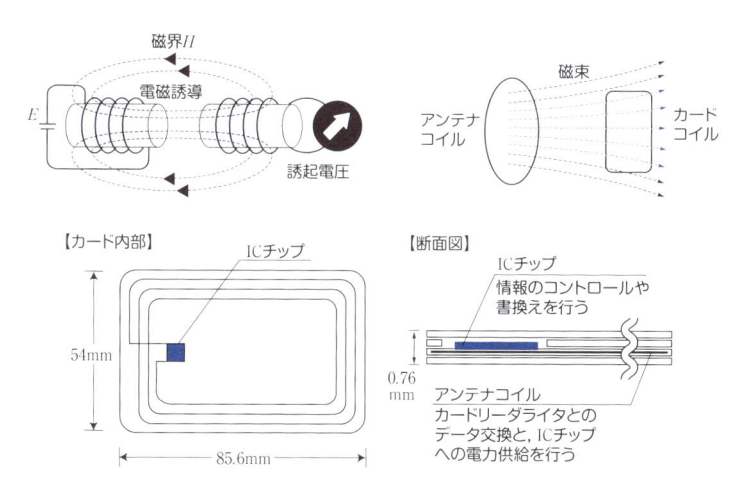

図5・34 素電磁誘導と非接触ICカードの構造

　共振回路の説明をするためには，昔のラジオのチューナ(図5・35)を使って説明するほうがわかりやすいので，以下に示します．なお，最近のチューナではこのような共振回路は使わず，スーパヘテロダインと呼ばれる方式が主流になっています．

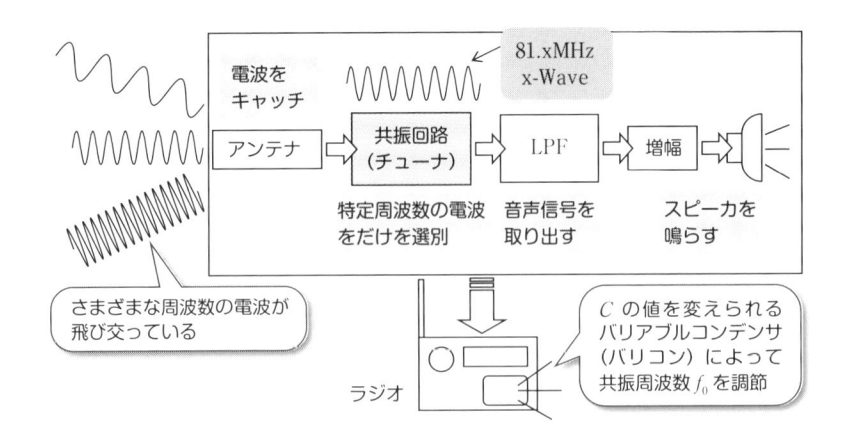

図5・35 ■昔のラジオのチューナの働き

　ご存じのように，ラジオやテレビでは，音声信号や画像信号を特定の周波数の電波に乗せて送信しています．つまり，空間にはさまざまな周波数の電波が飛び交っています．そのうち特定の周波数の信号のみをキャッチし，音声信号を取り出し，スピーカを鳴らすのがラジオです．特定の周波数を選別するために，回路の共振現象が利用されています．共振回路として RLC 直列回路を**図5・36**に示します．このとき，RLC 直列回路のインピーダンス Z は次式で表されます．

$$Z = R + j2\pi fL - j/2\pi fC = R + j(2\pi fL - 1/2\pi fC) \tag{5・40}$$

また，回路を流れる電流 I は，$I = V/Z$ より，次式で表されます．

$$I = \frac{V}{Z} = \frac{V}{R + j(2\pi fL - 1/2\pi fC)} = \frac{R - j(2\pi fL - 1/2\pi fC)}{R^2 + (2\pi fL - 1/2\pi fC)^2} V \tag{5・41}$$

電流 I と周波数 f の関係は図5・36のように表されます．ある周波数 f_0 で $2\pi f_0 L = 1/2\pi f_0 C$ であるとすると，このとき $Z = R$ となり，見掛け上，R だけの回路とみなせます．この状態を共振状態と呼び，このときの f_0 を共振周波数と呼びます．f_0 は次式で表されます．

$$f_0 = \frac{1}{2\pi}\sqrt{\frac{1}{LC}} \tag{5・42}$$

また，電流の位相 ϕ は次式で表され，図のような特性を示します．

$$\phi = \tan^{-1}\frac{(2\pi fL - 1/2\pi fC)}{R} \tag{5・43}$$

　共振状態では回路を流れる電流 $I = V/Z$ は最大になり，最大電流 $I_0 = V/R$ です．共振周波数の電圧は R のみに加わっている状態になりますので，さまざまな周波数 f の電圧

信号が RLC 回路全体に加わっているときに，R の両端電圧を観測していれば，この周波数の電圧だけが大きく観測され，それ以外の周波数の電圧信号は小さくなります．したがって，抵抗 R の電圧を取り出すことによって，さまざまな周波数の信号から共振周波数の信号だけを取り出すことが可能になります．この場合，I-f の波形がシャープであればあるほど，特定の周波数のみを選別しやすくなります．I と f の特性を評価するために，フィルタ回路の遮断周波数に相当する周波数 f_1，f_2 を $\phi(f_1)=\pi/4$，$\phi(f_2)=-\pi/4$ となる周波数であると定義します．上記の ϕ の関係から，$R=-2\pi f_1 L+1/2\pi f_1 C$，$R=2\pi f_2 L-1/2\pi f_2 C$ となることがわかります．すなわち，f_1，f_2 では，$|Z|=\sqrt{R^2+R^2}=\sqrt{2}R$ となるので，$I(f_1)=I(f_2)=\dfrac{V}{\sqrt{2}R}=\dfrac{I_0}{\sqrt{2}}$ となっています．この f_1，f_2 を使って I-f の特性の良さ Q 値を $Q=\dfrac{f_0}{f_2-f_1}$ と表すとします．f_2-f_1 が小さいと波形はシャープになり Q 値が大きくなることがわかります．

RLC 並列回路に関する特性を **図 5・37** に示します．この回路においても直列回路と同様に評価できることが，図より明らかです．

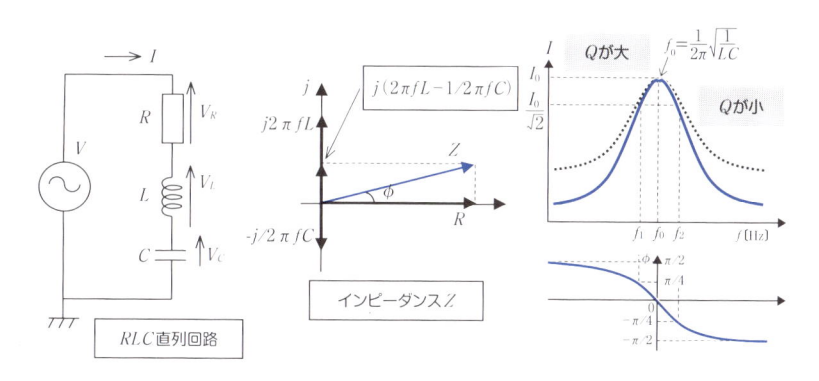

図 5・36 ■ RLC 直列共振回路のインピーダンスと周波数特性

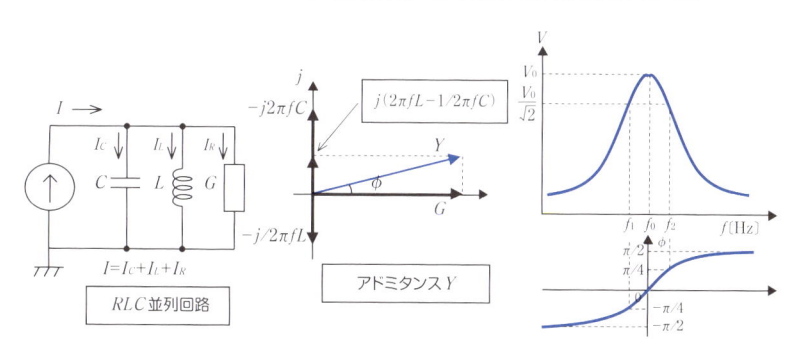

図 5・37 ■ RLC 並列共振回路のアドミタンスと周波数特性

6 コンデンサの容量改善

表5·2に示したように，コンデンサは容量によって種類が異なり，たとえば容量が大きい場合は，電解液を誘電体とした電解コンデンサが一般に使用されます．しかし，この電解コンデンサは，図5·23に示したように，電解液を缶で封入しており，大きな容量ほどサイズも大きくなります．さらに，高周波特性が悪いという欠点もあります．そこで，比較的周波数特性が良いセラミックスを使って，大容量のコンデンサが作製されています．図5·38は積層セラミックコンデンサの構造と外形を示しています．このような構造により，従来は電解コンデンサでなければ得られなかった$100\mu F$を超える大容量のコンデンサが，わずか数mm×数mmサイズのチップ型コンデンサとして作製されるようになりました．この積層セラミックコンデンサは，図に示すようにきわめて薄いセラミックスの層を電極で挟む構造になっています．電極間に挿入する材料の厚さdが薄いほど静電容量は増加しますし，積層することにより等価的な電極面積Sも増加しますので，比誘電率の比較的大きな酸化チタンやチタン酸バリウムのセラミックスをこのような構造にすることにより，小さくて静電容量の大きなコンデンサが得られました．チップコンデンサは，1980年代には3.2×1.6mm(3216)サイズが主流でしたが，現在，携帯電話などでは，1005(1.0×0.5mm)が主流であり，今後は0603(0.6×0.3mm)，さらには0402(0.4×0.2mm)へとシフトしていくと予想されています．積層セラミックコンデンサの大容量化と小型化のスピードは急激で，3216サイズで比較すると，1980年代に比べて静電容量は約1000倍になりました．また，$0.1\mu F$の静電容量のものでサイズを比較すると3216サイズから0603サイズへと小型化され，体積で言えば1/100にまで縮小されました．

一方，電解コンデンサを改善することにより，大容量で充放電が高速化された電気二重層キャパシタも開発されています．この電気二重層キャパシタでは，比表面積(単位質量当たりの表面積)がきわめて大きな活性炭を電極とすることで，従来の電解コンデンサよりも大きな静電容量のキャパシタを作製することができ，通常の電解コンデンサの約100倍もの静電容量(数十mF～数十F)をもつものが開発されています．図5·39は電気二重層キャパシタの構造を示します．製品の中には一つのセルで2 000Fという

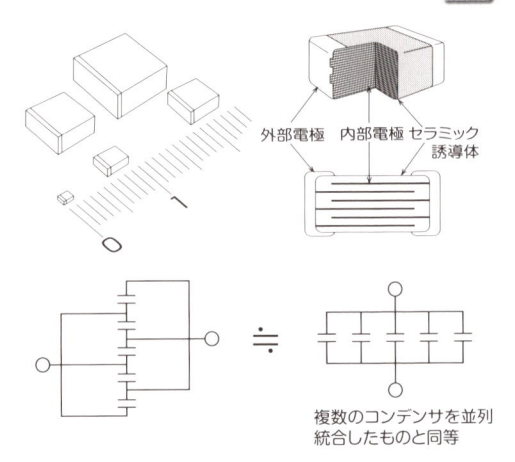

図5·38 ■ 積層セラミックコンデンサ

複数のコンデンサを並列統合したものと同等

ような非常に大きな静電容量を持つ製品も開発されています．活性炭は表面積が非常に大きいため，脱臭剤などに使用されますが，これは大きな表面積がにおいの元となるイオンを吸着するためです．これと同様に電気二重層キャパシタにおいても，活性炭が電解液中のイオンを多量に吸着しますので，多くの電荷量を蓄積することができます．なお，電解液としては，多くの製品で有機系電解液が採用され，その代表例には，プロピレンカーボネート系（PC系）

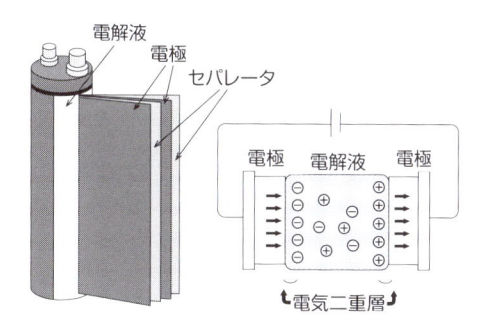

図5・39 電気二重層キャパシタ
http://www.chemi-con.co.jp/tech topics/top edlc 01.html

とアセトニトリル系（AN系）の2種類があります．AN系電解液は内部抵抗が低いという優れた性質を持っていますが，電解液の揮発温度が低いために使用環境温度が限られ，発火の際にきわめて有毒なシアンガスを発生するおそれがあるため，安全性を重視する場合にはPC系電解液が使われます．

最近では電気自動車や自然エネルギーを使った発電に使用するために，バッテリの開発が盛んに行われていますが，従来のバッテリは電解液と電極との化学反応により電気を蓄えるため，充放電の繰り返しにより電極材料が劣化します．しかし，電気二重層キャパシタは，基本的にはコンデンサですので，電極での化学反応はなく，繰返し利用できる点がメリットです．また，充電放電には，バッテリほどの時間を要しませんので，電気機器の電源オフ時にリアルタイムクロックやメモリICの動作を保持するバックアップ電源や，アクチュエータ・モータなどの起動・運転時の電力アシスト・供給電源などに使用されており，今後は，ハイブリッド自動車や燃料電池自動車などへの利用が検討されています．

まとめ

コンデンサは，交流電源の平滑化やフィルタ回路，共振回路など，ありとあらゆる用途で電気，電子機器に使用される重要な素子です．平行平板コンデンサの静電容量Cは，平板間の誘電体材料の誘電率をε，平板電極の面積をS，平板間の距離をdとすると$C=\varepsilon S/d$で決まります．したがって，用途に応じてさまざまな誘電率εの材料が選択され，面積Sや電極間距離dによって形状が決まります．また，材料や形状を工夫して，大容量化やコンパクト化が図られています．

5-4 絶縁材料の種類と応用

キーポイント

ここでは，主に高電圧機器に使用される絶縁材料の具体的な応用例を，気体，液体および固体絶縁材料に分けて示し，その特徴について述べます．

1 気体絶縁体

気体の絶縁材料として最も利用されているのは空気です．電力送電では架空線（鉄塔により中継された電線）が使用されますが，最大100万ボルトもの交流高電圧を送電する際に主に利用されている絶縁体は空気です．もちろん，気体だけで電線を支えることはできませんので，鉄塔で電線を支えるためには，ガラスや陶器などでできた碍子（がいし）が使用されます．碍子は図5・40に示すような複雑な形状をしていますが，これは放電が絶縁材料の表面を伝って発生するという特性を考慮して決められています．図5・41に示すように，金属と絶縁体と気体（もしくは真空）が接触している点を特に三重点(triple junction)といいます．この三重点の金属に高電圧が印加されると，放電が接地点に向かって，絶縁体表面に沿って発生します．このような放電は沿面放電と呼ばれます．沿面放電が何度も発生すると，絶縁体の表面が劣化するトラッキングという現象が発生し，さらに放電が発生しやすくなります．家庭用のコンセントなどで，ほこりがたまったりすることが原因で沿面放電が発生し，さらにトラッキングに至ると，火災などの原因になることが知られています．

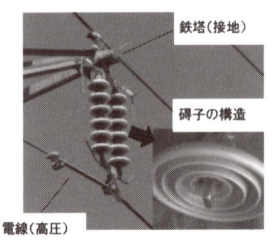

図5・40 ■ 碍子とその構造

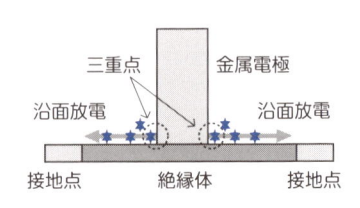

図5・41 ■ 三重点と沿面放電

なお，沿面放電がたどる接地点までの経路を長くすればするほど，沿面放電は起こりにくくなります．ですから碍子は高電圧の電線部分と，接地してある鉄塔の間を，なるべく沿面の経路が長くなるように，図5・40に示したような波を打ったような形状に設計されているのです．碍子は高電圧の線路があるところにはどこにでも使われていますので，鉄道に電圧を供給する電線や電信柱など，普段何気なく見ている風景でも目にすることができます．

話がそれましたが，碍子を介して鉄塔に接続されている部分以外は，電線は空気で絶縁されていますので，送電する電圧が高ければ高いほど，接地点である地面から離して送電線を配置する必要があります．すなわち，高い鉄塔ほど高い電圧で送電していることになります．

ところで，この送電路において，事故が発生したり，点検作業を行ったりする場合には，電圧を遮断する必要があり，このとき遮断器が必要になります．いわゆる電気回路におけるスイッチです．事故の際には急速に電圧を遮断する必要があり，時には 0.1s 以下で電圧を遮断する場合もあります．ただ，この急速な切断は非常に危険です．次の式はインダクタンス L のコイルについての電磁誘導の式ですが，この式は，図 5・42 に示すように，インダクタに電流 $i(t)$ を流した後，スイッチを切断すると高電圧 $v_L(t)$ が発生することを示しています．

$$v_L(t) = L\frac{di(t)}{dt} \tag{5・44}$$

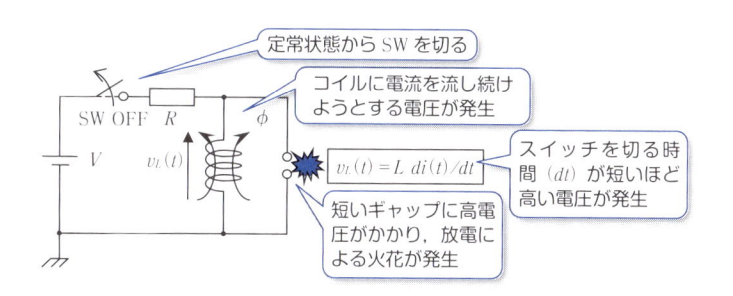

図 5・42 電磁誘導とギャップ放電

高電圧が発生するコイル両端に微小ギャップを設置しておくと，この高電圧のためギャップ間に火花放電が発生します．この現象は，エンジンの点火プラグのためのイグニッションコイルとして利用されています．また蛍光灯では，管内で放電を発生させることにより発光させますが，放電が発生するためには高電圧が必要です．そこで，この現象を利用して，放電開始管（スタータ）内で放電を発生して，放電を起こさせるしくみになっています．このように，高電圧が発生することを利用することもできますが，先ほど述べた電力の送電路においてスイッチを切断すると，とてつもない高電圧が発生することになり，厄介な問題となります．以前はこの遮断器用の絶縁体として，空気を用いていましたが，その後，きわめて優秀な気体絶縁体である SF_6（六ふっ化硫黄）ガスを用いた GIS（gas insulated switchgear）遮断器が日本で開発されました．

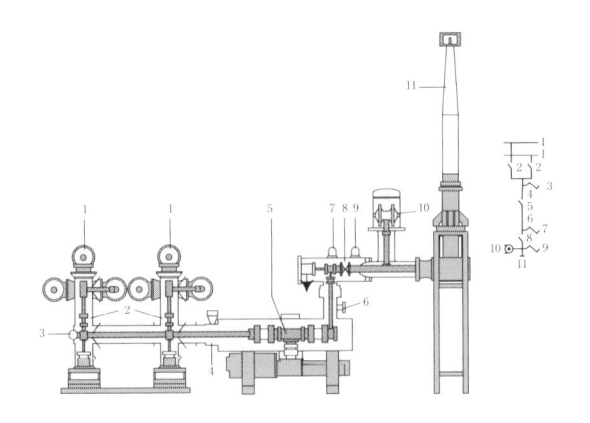

図 5・43 GISの構造(㈱東芝550 kV以上用)
http://www.toshiba-tds.com/tandd/products/giswitchgear/jp/gis550.htm

　図 5・43は，SF_6 ガスを遮断器(開閉器)として使用したGISの構造を示しています．図中5の部分が遮断器部分になりますが，この部分を含む管路全体がSF_6 ガスで満たされています．SF_6 ガスは不活性で不燃体であり，遮断時のアーク放電の発生を防いでいます．SF_6 ガスは遮断器のほかにも，変圧器などでも利用されています．このSF_6 のおかげで，遮断器のサイズはコンパクトになり，騒音も低減させることができました．しかし，SF_6 は温室効果ガスとして近年では使用が制限され，代替ガスが模索されていますが，残念ながらSF_6 ガスと同等の性能を持つガスは，いまだ見つかっていません．そこで，現在ではさらにサイズをコンパクトにするため，固体絶縁材料を使用した遮断器などの開発が進められています．

　なお，主な気体絶縁材料の特性を**表 5・3**に示します．SF_6 ガスのほかにも優秀な絶縁性を示すガスがありますが，いずれも毒性やオゾン層破壊の危険性から，使用が禁止されているものばかりです．したがって，代替ガスの開発や，固体などほかの材料を使用した方法の開発が喫緊の課題となっています．

表5・3■主な気体絶縁材料の特性

名 称	分子式	分子量	絶縁耐力比*	沸点〔℃〕
六ふっ化硫黄	SF_6	146.06	1	-64(昇華)
空気	(混合ガス)	約29	0.37	-190
窒素	N_2	28.01	0.37	-196
二酸化炭素	CO_2	44.01	0.35	-79(昇華)
R-11**	CCl_3F	137.4	1.84	24
R-12**	CCl_2F_2	120.9	1.04	-30
R-13	$CClF_3$	104.5	0.53	-81
R-14	CF_4	88.01	0.4	-128
四塩化炭素***	CCl_4	153.8	2.4	-78

*SF_6を1とした場合の相対的な絶縁破壊強度.　　　　高電圧大電流工学 表4.3 より
** 大気圏外のオゾン層を破壊するため，現在は使用禁止.
*** 毒性のため使用禁止.

2　液体絶縁材料

図5・44は変圧器の構造を示しています．変圧器は，1次側(P:Primary)と2次側(S:Secondary)の巻線の巻数の比によって，1次側の交流電圧値を上昇させたり降下させたりして2次側に出力する機器です．

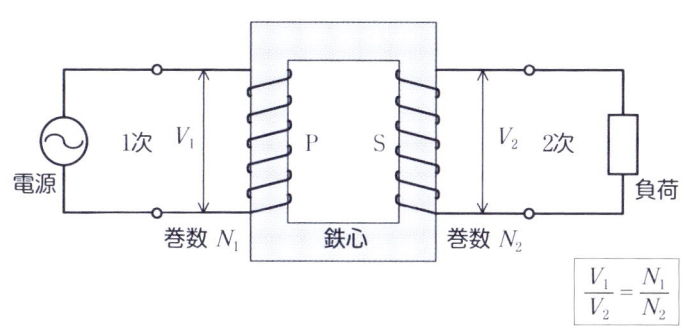

$$\frac{V_1}{V_2} = \frac{N_1}{N_2}$$

図5・44■変圧器の構造

たとえば，**図5・45**は電柱の上に設置された柱上変圧器とその構造を示しています．このような一般の電柱では，配電線として6.6 kVの交流電圧が供給されていますが，それを家庭に引き込む際には，100 Vに電圧を降下させます．この電圧降下の役割を果

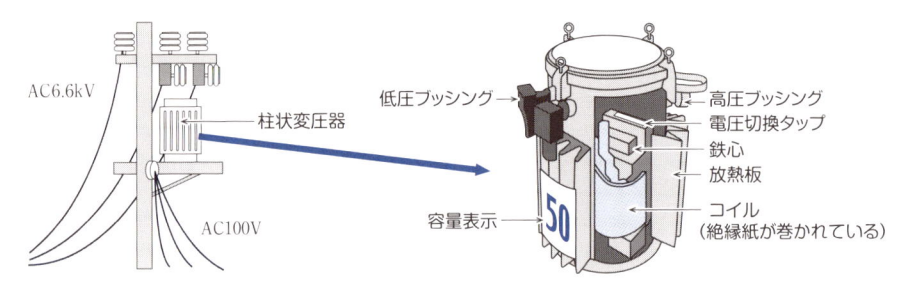

図5・45 ■柱上変圧器とその構造

たしているのが柱上変圧器です．しかし，発電所から電力が送られる際には，電圧が500kVを超えるような場合がありますので，これを電圧降下させるためには，高電圧用の変圧器が必要となります．**図5・46**は，このような特別高圧変圧器(2MVA)の例を示していますが，巨大な建築物のような大きさになっています．このような変圧器の場合，一般的に内部を絶縁するためには絶縁油が使用されます．変圧器には鉱油と呼ばれる絶縁油が主に使用されますが，鉱油という名称は，原油から生成された油の総称です．原油にはパラフィン系，ナフテン系，芳香族系などの種類がありますが，化学組成はいずれも炭化水素です．**表5・4**に各種絶縁油の特性を示します．また，以下にそのうちの主な絶縁油の特性を述べます．

図5・46 ■高電圧変圧器
（㈱三菱電機2MVA以上）

http://www.mitsubishielectric.co.jp/business/public/transformation/transformer/

表5・4 ■主な絶縁油の特性

	絶縁油	鉱油	アルキルベンゼン	ポリブテン	アルキルナフタレン	シリコーン油
特性	動粘性 [mm^2/s](40℃)	8.0	8.6	103	7.5	39
	引火点 [℃]	134	132	170	150	300
	流動点 [℃]	−32.5	<−50	−17.5	−47.5	<−50
	比誘電率(80℃)	2.18	2.18	2.15	2.47	2.53
	誘電正接(80℃)	<0.01	<0.01	<0.01	<0.01	<0.01
	体積抵抗率(80℃) [Ω・cm]	3×10^{15}	>5×10^{15}	>5×10^{15}	>5×10^{15}	>5×10^{15}
	破壊電界 [kV/2.5mm]	75	80	65	80	65

電気工学ハンドブック(第7版)より抜粋

(1) 鉱 油

　鉱油は変圧器，コンデンサ，電力ケーブルなどに使用されます．コンデンサや電力ケーブルとして使用される際には，絶縁紙などに含浸させて使用されることが多いようです．絶縁油中の芳香族成分は酸化を抑制し，部分放電によって生じたガス成分を吸収する作用がありますので，劣化が抑制されることが期待できます．

(2) アルキルベンゼン

　ベンゼン，ナフタレンなどのアルキル置換体です．高温高電界下での絶縁特性が良好なため，OF（油浸）ケーブルに使用されます．このうち，ナフタレンのアルキル置換体である，アルキルナフタレンは，絶縁紙に含浸させたときの性能が優れており，コンデンサに使用されます．この絶縁油は，PCB*の代替用材料として利用されています．

> *：コンデンサや変圧器の絶縁油としては，過去にPCB（ポリ塩化ビフェニル）という非常に優秀な液体が使用されておったが，この絶縁油は毒性，発がん性が高く，現在，日本では製造・輸入・使用が禁止されておる．しかし，それまでに生産，使用されていたPCBを利用したコンデンサや変圧器は膨大な数に上りますが，PCBの分解は非常に困難で，今でも多量のPCBが処理されずに保管されておる．ただし，使用が禁止されてから非常に年月が経過しており，その保管・管理がずさんになる場合も多く，社会問題の一つになっているのじゃ．

(3) シリコーン油

　シロキサン結合(-Si-O-)を骨格に持つ絶縁油で，粘度の異なるものが多く存在します．絶縁耐力が高く，燃えにくく，粘度の温度変化が小さいなど，優れた特徴を持っていますが，鉱油に比べると水分の溶解量が大きいことが欠点です．燃えにくいことで鉄道の車両変圧器に使用され，またプラスチックに対する膨潤性が小さいことから，CVケーブルの終端接続部の充填絶縁油としても使用されます．

　絶縁油は変圧器のように大きな電流を流す高電圧機器では特に重要です．大電流を流すと，発熱しますので，それを放熱する必要があります．そこで，変圧器では絶縁油が絶縁するとともに冷却材の役割も果たしています．もちろん，小型の変圧器では真空や固体絶縁体が絶縁材料として使用されていますが，高圧の変圧器では伝熱特性が良い絶縁油が使用されます．ただし，高圧の変圧器に絶縁油を使用すると，"流動帯電**"と

> **：変圧器内の絶縁油は，変圧器内を対流により循環するが，部分的にはその流速が大きくなることがあるのじゃ．プレスボードなどの固体絶縁体に接している絶縁油の流速が大きくなると，摩擦帯電のように，絶縁体表面において電荷が帯電する流動帯電という現象が発生することがあるのじゃ．

いう現象により高電圧が発生し，爆発するという事故が発生しています．このように絶縁油は爆発などの危険性がありますので，定期的な検査により，絶縁油の劣化や不純物の混入などを防ぐ必要があります．

また，絶縁油はケーブル用の絶縁体としても使用されます．**図 5・47** は OF (oil filled：油浸) ケーブルの一般的な構造を示しています．このケーブルでは，導体である銅線の中央部が中空になっており，その部分に絶縁油を通し，そこから絶縁油が染み出す構造になっています．染み出した絶縁油は油浸紙 (クラフト紙や半合成紙) でできた絶縁体を浸すことによって，内側半導電層と外側半導電層の間を絶縁する構造になっています．OF ケーブルは，一般の交流電圧の配電用に使用されていましたが，現在は固体絶縁材料である架橋ポリエチレン (XLPE) を使ったケーブルが主流になっています．ただし，直流送電用のケーブルには現在も使用されています．OF ケーブルは，微小部分において絶縁破壊が生じたとしても，油がその部分を補修しますので耐久性，信頼性の高いケーブルですが，事故時の絶縁油流出の危険性や，引火による爆発の危険性，さらにメンテナンスの必要性などから，直流ケーブルにおいても固体絶縁材料を使用したケーブルへの移行が図られています．

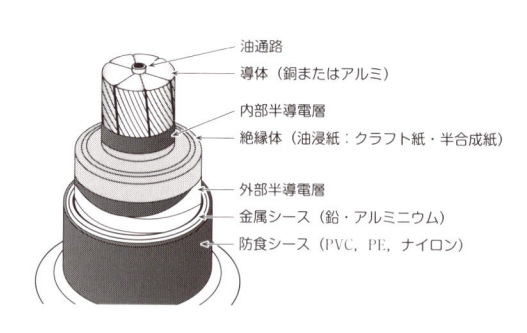

図 5・47 ■OFケーブルの一般的な構造

3 固体絶縁材料

固体絶縁材料の例として，まず同軸ケーブルの絶縁材料を例に示します．**図 5・48** は信号線用の同軸ケーブルの構造を示しています．同軸ケーブルでは内部導体と外部のシールド導体の間をポリエチレンなどの絶縁体で絶縁する構造になっていますが，その形状は適当に決められているわけではありません．高周波の信号を伝送する経路としてはいわゆる"分布定数回路"といわれる経路が必要となり，次式で表される"特性インピーダンス"という量が重要になります．

$$Z = \sqrt{\frac{L}{C}} \tag{5・45}$$

なおここでは，同軸ケーブルの単位長さ当たりのキャパシタンスをC〔F〕とし，またインダクタンスをL〔H〕としています．

分布定数回路である同軸ケーブルにおいて，内部導体の半径がa〔m〕，外部導体の半径がb〔m〕の同軸ケーブルの単位長さ当たりのCは，導体間に印加した電圧をφ〔V〕，その際に単位長さあたりに誘導される電荷量をλ〔C/m〕，絶縁材料の誘電率をε〔F/m〕として，次の式で計算できます．

$$C=\frac{\lambda}{\varphi}=\frac{\lambda}{-\int_b^a E dr}=\frac{\lambda}{-\int_b^a \frac{\lambda}{2\pi r \varepsilon}dr}=\frac{2\pi\varepsilon}{\ln\frac{b}{a}} \tag{5・46}$$

注）$\ln x$とは自然対数$\log_e x$のことです．

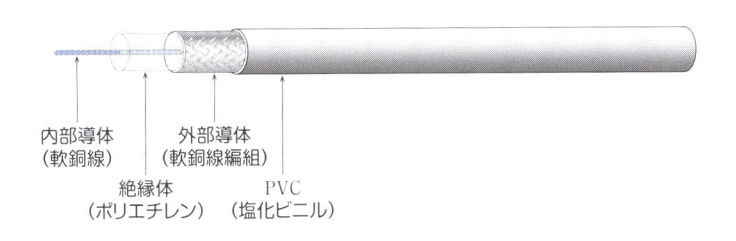

図5・48 ■ 同軸ケーブルの構造

また，単位長さ当たりのLは，電流Iを流したときの鎖交磁束をΨ〔Wb〕，同軸ケーブル中心から半径r〔m〕の点の磁束密度をB〔T〕，絶縁体の透磁率をμ〔H/m〕とすると，次の式で表されます．

$$L=\frac{\Psi}{I}=\frac{-\int_a^b B dr}{I}=\frac{1}{I}\int_b^a \frac{\mu I}{2\pi r}dr=\frac{\mu\ln\frac{b}{a}}{2\pi} \tag{5・47}$$

したがって，この同軸ケーブルの特性インピーダンスは次式のようになります．

$$Z=\sqrt{\frac{L}{C}}=\frac{1}{2\pi}\sqrt{\frac{\mu}{\varepsilon}}\ln\frac{b}{a} \tag{5・48}$$

ちなみに真空中の誘電率$\varepsilon_0\fallingdotseq 8.854\times 10^{-12}$F/m，透磁率$\mu_0=4\pi\times 10^{-7}$H/mなので，真空中の空間における特性インピーダンスZ_0は次式で与えられ，同軸ケーブルの特性インピーダンスとの違いは，ケーブル形状の要因（$\ln(b/a)$）と絶縁材料の特性（ε，μ）によるものであることがわかります．

$$Z=\sqrt{\frac{\mu_0}{\varepsilon_0}}(\fallingdotseq 377\Omega) \tag{5・47}$$

上記より，真空中の空間の特性インピーダンス$Z\fallingdotseq 377\Omega$となります．同軸ケーブルなどで使用される絶縁体の比透磁率μ_rはほとんどの場合，$\mu_r=1$となりますので，同軸ケーブルで，この値以上の特性インピーダンスは存在しないことになります．また，同軸ケーブルの特性インピーダンスは，絶縁材料の比誘電率ε_rと，内部導体および外

部導体の半径の比で決まることになります．

同軸ケーブルの経路の端末に抵抗負荷を接続する場合，負荷と分布定数回路のインピーダンスが異なってしまうと，接続部分での反射が発生するため，負荷に信号を正しく伝達することができません．通常の同軸ケーブルでは，特性インピーダンスが50Ωもしくは75Ωに決められており，これに接続する増幅器などの機器の入力インピーダンスもこれに合わせて決められています．

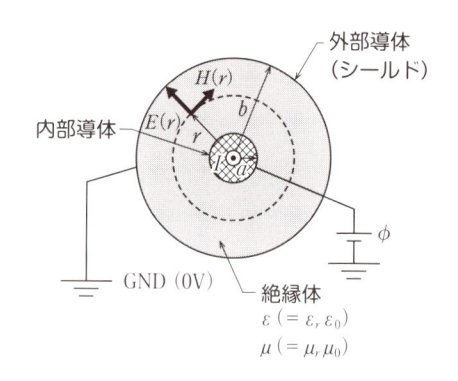

図5・49 ■ 同軸ケーブル内の電界と磁界

例題 2

特性インピーダンスが $50\,\Omega$ のポリエチレンを絶縁体とする同軸ケーブルにおいて，信号の伝搬速度と単位長さ当たりのキャパシタンスを求めなさい．ただし，ポリエチレンの比誘電率を2.2，比透磁率を1とする．

解答 式(5・46)で $Z=50\,\Omega$，$\varepsilon_r=2.2$ であり，式(5・49)より $Z_0 \fallingdotseq 377\,\Omega$ なので，$\ln(b/a) \fallingdotseq 1.24$ となり，式(5・46)に代入すると，$C \fallingdotseq 100\,\mathrm{pF}$ となることがわかります．
一方，信号の伝搬速度 v は式(5・13)より，$v \fallingdotseq 2\times 10^8\,\mathrm{m/s}$ です．つまり，おおよそのキャパシタンスはケーブルの種類により決まっており，信号伝達にも時間がかかるということが理解できると思います．

ところで，高電圧送電用の同軸ケーブルには，絶縁体に固体絶縁体である架橋ポリエチレンを使用します．ポリエチレンは可撓（とう）性（曲げることができる性能）に優れ，高い絶縁破壊値を持ち，比誘電率，誘電正接が小さいため，電力消費が少なく，高電圧で送電するケーブル用の絶縁体に適しています．また，加熱状態で溶け，冷却すると固まるために，自由に形を作ることができます．この性質を熱可塑性と呼びます．**表5・5**に熱可塑性樹脂の主な特性を示します．一方，縮重合反応によって生成された高分子が，加熱により網目状もしくは立体的に結合し，いったん固まると，硬くて溶剤に溶けにくい物質になる性質は熱硬化性と呼ばれます．**表5・6**には，熱硬化性樹脂の諸特性を示します．

表5・5■熱可塑性樹脂の諸特性

樹脂	LDPE (低密度ポリエチレン)	PP (ポリプロピレン)	PVC (ポリ塩化ビニル(軟質))	PS (ポリスチレン)	PET (ポリエチレンテレフタレート)	PTFE (ポリテトラフルオロエチレン)
融点〔℃〕	106~115	168	75~105	(100~105)	254~259	327
比重	0.917~0.932	0.90~0.91	1.16~1.35	1.04~1.05	1.34~1.39	2.14~2.20
引張強さ〔MPa〕	8~31	31~41	10~24	36~52	59~72	14~34
伸び〔%〕	100~650	100~600	200~450	1.2~2.5	50~300	200~400
比誘電率	2.2	2.2	4.0~8.0	2.4~2.7	3.2	2.0~2.1
誘電正接	0.0003	0.0003	0.07~0.16	0.0005	0.005	<0.0001
体積抵抗率〔Ω・m〕	10^{18}	10^{20}	10^{13}~10^{16}	10^9~10^{18}	10^{20}	>10^{20}
絶縁破壊強度〔MV/m〕	120	110	60~70	200	130	40~80

(電気工学ハンドブック(第7版)より抜粋)

表5・6■熱硬化性樹脂の諸特性

名称	密度〔g/cm³〕	線膨張係数 ×10^{-5}〔1/℃〕	体積抵抗率〔Ω・cm〕	絶縁破壊強度〔kV/mm〕
シリコーン樹脂	1.265	1.5	10^{11}~10^{12}	18
フェノール樹脂	1.25~1.30	2.5~6.0	10^{11}~10^{12}	12~16
エポキシ樹脂	1.1~1.4	4.5~6.5	10^{12}~10^{17}	20~50
ポリエステル樹脂	1.1~1.46	5.5~10	10^{14}	15~18

(電気工学ハンドブック(第7版)より転載)

　電力送電用高電圧ケーブルの絶縁体として優れた性能を発揮することが期待されるポリエチレンですが，熱に弱い(融点が低い)という欠点があります．低密度ポリエチレンでは，60℃を超えると軟化してしまい，ケーブルなどでは芯線が偏芯してしまうことがあります．しかし，電力送電用高電圧ケーブルでは，非常に大きな電流を流すため，芯線部分が90℃程度になる可能性があります．そこで，このような送電用高電圧ケーブルの絶縁体としては，ポリエチレンの分子鎖を架橋した架橋ポリエチレン(XLPE: Cross linked polyethylene)が使用されます．

　ところで，このような電力送電用同軸ケーブルですが，そのエネルギーはどのように運ばれているのでしょうか．なんとなく，内部導体内をエネルギーが流れているような印象を持つかもしれませんが，英国の物理学者ポインティング(Poynting)によると，電磁波により輸送される単位時間・単位面積当たりのエネルギーのベクトル(ポインテ

ィングベクトル）を S 〔W/m²〕とすると，次式が成り立ちます．

$$S = E \times H \tag{5・50}$$

ここで E, H はそれぞれ電磁波の電界ベクトルおよび磁界ベクトルです．これを同軸ケーブルに当てはめてみると，電界ベクトル E は，**図5・50**に示すように，内部導体から外部導体へ放射状に伸びており，磁界ベクトル H は，内部導体の周りに円周状に存在しています．したがって，ポインティングベクトル S は，E と H に垂直に，ケーブルの長さ方向に伝搬していることがわかります．すなわち，電界ベクトルと磁界ベクトルが存在している領域は絶縁体の領域になりますので，絶縁体中をエネルギーを伝搬していることになります．ポインティングベクトルは輸送されるエネルギー密度を表しますので，効率良くエネルギーを伝えるためには，E を大きくするか，H を大きくするかのどちらかしかありません．磁界 H は電流 I に比例しますので，I を極力大きくする方法として，超電導材料が開発されています．一方，E を大きくするためには，電圧を高くする必要があり，絶縁体の性能を上げる必要があります．すなわち"超絶縁"とでも呼べるような，きわめて高い電界に耐えうる材料の開発が必要となります．超電導現象と絶縁現象，一見まったく逆の特性を目的として材料開発が行われていますが，結果として，実は同じ目的の材料開発であることは，非常に興味あることです．

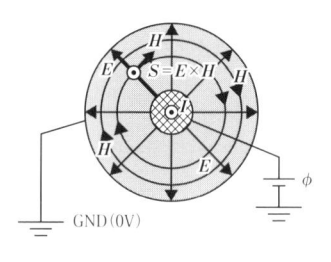

固体絶縁材料の最大の特徴は，なんといっても高い絶縁性能です．ポリエチレンなどの高分子絶縁材料は，使用温度にもよりますが，絶縁破壊電界が 100 kV/mm を越えるものが多く存在します．一方，絶縁油などの液体では 50 kV/mm 以下，気体では数 kV/mm 程度です．したがって，高電圧機器などのサイズを小さくするためには，固体の絶縁材料を使用することが望ましいのですが，実用化するには，なかなか難しい課題があります．たとえば，前述したように，変圧器などでは，大電流を流すため熱が発生しますので，放熱する必要がありますが，固体絶縁材料のほとんどは熱伝導特性が悪く，発生した熱を放熱できず，絶縁材料自体の温度が上昇して，絶縁破壊などが生じるため，使用できません．また，コイルなどの複雑な形状を有する機器では，絶縁材料を巻線などに密着させることが難しく，気泡などが存在すると，その部分が起点となって絶縁破壊が発生します．コイルの巻線や発電機などではワニス状（液体状）の絶縁材料を塗布したり，含浸させたりした後に固化させることで，絶縁被覆して使用する場合がありますが，すべての高電圧機器に適用可能ではありません．熱硬化性樹脂であるエポキシ樹脂なども，最初は粘性のある液状の材料ですので，型に入れて固化させる（モールドする）ことで，コンパクトな機器が作製できますが，金属材料とエポキシ樹脂では，熱膨張率が大きく異なるため，熱履歴によって両材料間に剥離が生じ，沿面放電を発生させるな

どの不具合が生じます．これらの課題を解決するために，現在も新たな材料開発の研究が盛んに行われています．

上述したように，固体絶縁材料に要求される性能として，耐熱性があげられます．特に近年のインバータ素子などに使用されるIGBT(insulated gate bipolar transistor)では，モータに非常に大きな電流を流すために，素子は非常に高温になります．また近年では，耐熱性の優れたSiC(炭化けい素)による半導体素子が開発され，それらの素子をパッケージするための絶縁材料などには，非常に高い耐熱性が要求されています．一般に，100℃以上で使用可能な耐熱性の高い高分子材料はエンジニアリングプラスチックと呼ばれており，CDの基板などに使用されるPC(ポリカーボネート)などがその代表格です．さらに，150℃以上でも使用可能な材料は，スーパエンジニアリングプラスチックと呼ばれ，フライパンのコーティングなどに使用されるPTFE(ポリテトラフルオロエチレン)やPI(ポリイミド)などは200℃を超えても使用できます．ただし，これらの材料でもSiCなどを使用する際に要求される耐熱性を満たしてはいません．このような優れた素子を有効に使用するためにも，新たな耐熱性絶縁材料の開発が喫緊の課題となっています．

また，固体絶縁材料は複合材料として用いられる場合があります．たとえばFRP(fiber reinforced plastics：繊維強化プラスチック)と呼ばれる材料は，軽量かつ高い強度を有しているため，航空機や自動車のボディとして利用されています．このような材料は，実はガラスエポキシ基板として，かなり昔から機械的強度と電気的特性の良い電子機器の基板材料として使用されています．

まとめ

電気機器には気体，液体，固体の絶縁材料が使用され，その用途や環境によって使い分けられています．代表的な気体絶縁材料であるSF_6を用いた送電路のGIS(ガス絶縁開閉装置)は日本で開発され，空気を絶縁体としたそれまでの開閉器に比べてコンパクトで低騒音の機器です．鉱油などの液体誘電体は，発熱を伴う変圧器などの大電流機器に用いられることが多く，絶縁体であるとともに冷却材としての機能も有しています．また，液体であるため，複雑な形状の機器でも使用できます．ただし，劣化や流動帯電などが原因となって絶縁破壊が生じると，火災や爆発の危険性があるため，吸湿や不純物の混入などによる劣化を防止するために，定期的なメンテナンスが必要です．固体絶縁体は，絶縁耐力が高く，機器をコンパクトにするために必要不可欠ですが，耐熱性，伝熱性，成形性に問題があり，今後解決すべき課題となっています．

5-5 誘電材料の種類と応用

キーポイント

ここでは，誘電材料の特徴を利用した機器の具体的な応用例を示します．特に静電容量の変化の検出は，スマートフォンのタッチパネルやジャイロセンサ，加速度センサなど身近に利用されています．また，圧電素子は誘電体材料の一種であり，超音波のソナー発生器や発振回路の水晶振動子，また，携帯電話の SAW フィルタとしても使用されており，こちらも非常に身近な材料です．ここでは，それらセンサやフィルタなどの基本原理と使用方法について学びます．

1 静電容量の変化の検出とセンサ

(1) タッチパネル

いくつかのセンサは，静電容量の変化を測定することにより計測を行っています．たとえば，スマートフォンのタッチパネルは，人が指で画面を触れることで，その部分の電極間の静電容量が変化することを検出することにより，その場所に指が触れていることを検知します．図 5・51 および図 5・52 にスマートフォンの画面の構造の例を示します．スマートフォンの画面には，透明電極が格子状に縦方向と横方向に配置されています．この縦方向と横方向の電極間は，図 5・52 の断面図に示すように接着剤を介して接着されており，ガラス表面を触れていない場合は，各電極間の静電容量は一定の値を示します．これに対して，たとえば X3-X4 と Y4-Y5 の黒丸で示した位置を指で触れたとすると，図 5・53 に示すように，人体は接地された導体とみなせますので，ガラス表面と指の間に静電容量が発生し，X3-X4 と Y4-Y5 の部分で検出される静電容量は，新たな静電容量が発生した分だけ変化します．この変化がどの電極間で発生したかを検出することにより，指が触れた位置を検出できます．このような検出方式は投影型静電容量方式と呼ばれ，比較的画面の小さいスマートフォンに使用されています．この静電容量を計測する回路例を図 5・54 に示します．この回路では，まず SW1 をオンにして電源に接続し，C_c の電圧が電源電圧の V_{cc} になるまで，R を介して充電します．(SW2，3 はオフ状態．) その後，SW1 をオフにすると，C_r (比較用コンデンサ) と C_x (電極から画面の外に向けての静電容量) に加わるそれぞれの電圧 V_r，V_x は，次式のように表されます．

$$C_r : C_x = V_x : V_r$$

なお，この状態で $V_r + V_x = V_{cc}$ となります．

ここで，画面上に指がない場合は，C_x は小さな値をとりますので，V_x は相対的に大きくなります．しかし，画面上に指がある場合，人体を導体とみなせば，この C_x はガラスを介して，人体に接続されることで，ガラスに対応した静電容量が発生し，C_x は指が接触していないときより大きな値になります．この状態では，V_x は指のない状態よりも小さくなります．この状態から，SW2 と SW3 を短時間オンオフさせ，それを繰

り返すと，オンしているときには，接地点に電流が流れ，V_xは徐々に低下します．V_xの値がコンパレータのV_{ref}より小さくなると，コンパレータの出力が切り換わりますが，この切り換わるまでの時間を計測すると，指のない状態よりも，指のある状態のほうが，初期値のV_xが小さい分だけ，早く切り換わります．すなわち，この時間変化を見れば，その地点に指が接触しているかいないかを判定できるようになっています．この作業を，すべての電極において繰り返せば，どの地点に指が置かれているかを計測できます．ただし，この一連の作業は，きわめて高速に行われていることはおわかりだと思います．

図5・51■スマートフォンのタッチパネルの構成

[テクノベインズ(株) http://www.technoveins.co.jp/technical/touchpanel/structure.htm]

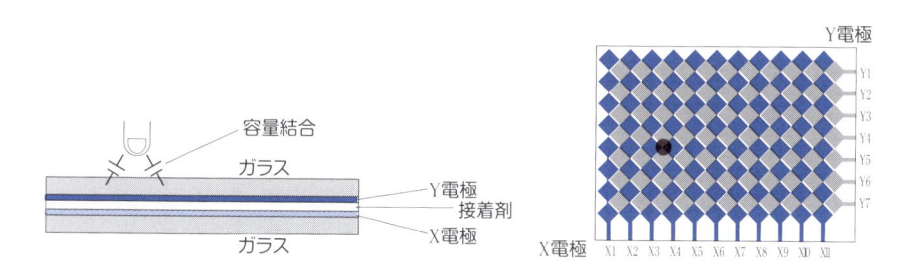

図5・52■タッチパネルの断面と電極配置例(投影型静電容量方式)

[(株)ディ・エム・シー http://www.dmccoltd.com/structure/p-cap.asp]

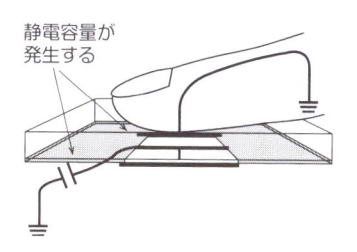

図5・53■指が接触した時の静電容量

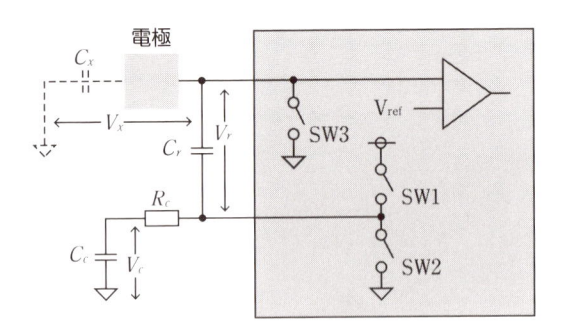

図5・54■静電容量検出回路の構成例
［ルネサスエレクトロニクス(株)］

> 投影型静電容量方式で画面を大きくしてしまうと，透明電極の抵抗値が大きくなり，位置検出の演算量やノイズが増えてしまうため，位置検出が難しくなるのじゃ．したがって，タブレット端末やカーナビ，ゲーム機や銀行ATMなど，比較的大きな画面のタッチパネルの多くは，以下に示す抵抗膜方式が採用されています．この方式は，電源に接続された透明な抵抗膜（透明電極）2層が，絶縁体であるドットスペーサを介して，通常は離されて設置されているが，タッチパネルのフィルム表面を指で触れると，触れた部分の透明電極が接触する構造になっているのじゃ．このとき上面のフィルムのx方向の片方の端部を電源に接続し，もう一端を接地しておくと透明電極の抵抗値は長さに比例するので，電源から接触点までの距離および接触点から接地点までの距離に応じて，抵抗値の分担が異なり，接触点の電圧値は位置に応じて変わるのじゃ．そこで，y方向の電極を電圧計に接続し，開放状態で電圧を測定すれば，x方向の位置が電圧値によりわかるというしくみじゃ．たとえば，xの片端に5Vの電源を接続した場合，yの端子で測定した電圧値が2Vだとすると，x方向の位置はパネルの2/5の位置にあることがわかる．これを今度はy方向の両端に電圧を加え，x方向の端部で電圧計測をすれば，y方向の位置も計測できるので，この一連の操作によりパネル上のx, yの位置を測定することが可能になるわけじゃ．ただし，この方式では複数点を同時に検出できないことが欠点じゃ．

(2) ジャイロセンサと加速度センサ

静電容量の計測は，ほかのセンサでも使われています．**図5・55**はジャイロセンサの構造を示しています．ジャイロセンサは，回転の角速度ωを計測することで回転角度を算出することに使われます．たとえばスマートフォンを回転させると縦の表示だった画面が横方向に切り換わったりしますが，これはスマートフォンの回転角度を計測することによって可能になります．ジャイロセンサの原理を初期型のモデルを使って説明します．

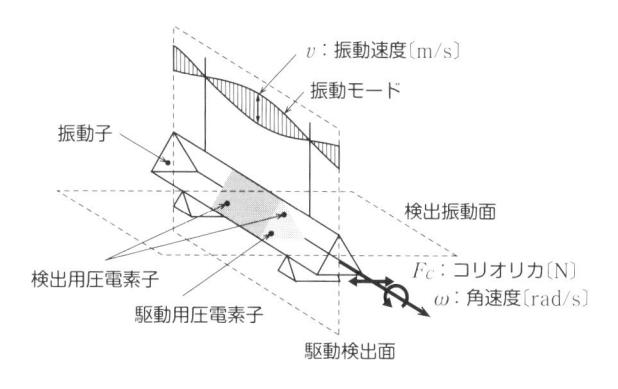

図5·55 ジャイロセンサの原理

　図中の三角柱は梁によって支えられており，底面に貼られた圧電素子に正弦波電圧を加えることにより上下方向に振動します(なお，この圧電素子は電圧を印加することにより，長手方向に伸び縮みする素子で，この運動により上下方向の振動が発生します).この振動している状態で，三角柱を角速度 ω [rad/s]で回転させると，もともとの振動方向に対して垂直な方向の振動が発生します.これはコリオリ力と呼ばれていますが，このコリオリ力 F_c [N]は，振動している物体の質量を m [kg]，速度を v [m/s]とすると以下の式で表されます.

$$F_c = -2mv \times \omega$$

　この力の発生は，慣性の法則により説明できます.つまり，回転により三角柱の振動方向は変わりますが，もともと三角柱は上下方向に運動していたため，慣性の法則によりこの方向の運動が回転しているときも加わるため，それまでになかった方向の振動成分が発生するのです.このことにより，図の三角柱には横方向の振動成分が発生しますので，この振動成分を底面以外の2面に貼り付けた圧電素子で計測すれば，どのくらいの角速度で三角柱が回転したのかを計測することができます(この計測用の圧電素子も，振動によって長手方向に伸び縮みし，そのときに正弦波電圧が発生します).

　このような三角柱を，直交した3次元に配置すれば，3軸の回転角度を測定可能です.初期型のジャイロセンサは，このような形状をした振動子を使うか，飛行機やロケットといった飛行機器に使用される光ファイバを使った高精度なリングレーザジャイロが使われていましたが，近年では半導体を作製する技術を応用した MEMS(micro electro mechanical systems)技術により，微細な機械加工を施したセンサの作製が可能になり，**図5·56** のような形状のジャイロセンサが小さくかつ大量に作製できるこようになり，ゲーム機やスマートフォンに組み込まれるようになりました.また，材料としても，図5·55のように圧電素子を使ったり，振動子自体が水晶のような圧電素子でできていたりするものが作製されていましたが，MEMS の技術によりシリコンを素材としたセン

サが作られるようになりました．このようなセンサでは，電極に交流電圧を加えることにより，静電気力により振動子を振動させます．振動方向に対して垂直な軸を中心に回転が生じると，図5・56に示すように，振動方向と垂直な方向に振動成分が発生しますが，この際，この方向に設置した電極と振動子の電極の間の静電容量が変化しますので，この静電容量の変化を計測することにより，回転角速度ωを計測することが可能です．

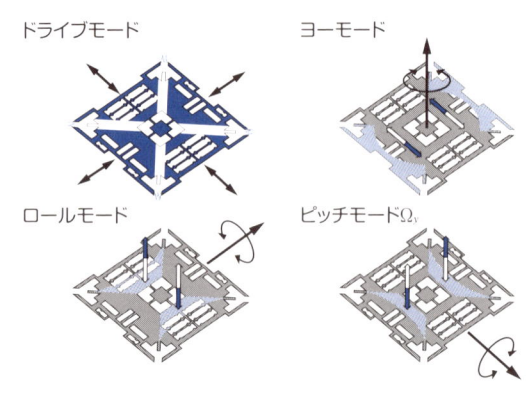

図5・56 ■MEMSを利用して作製された3軸ジャイロセンサの例

　ジャイロセンサと同じような構造のセンサとしては，加速度センサが利用されています．加速度センサは，重力加速度を計測することによって面の傾きを算出したり，運動や衝撃などを検知したりすることができます．このセンサもゲーム機やスマートフォンには欠かせなくなりました．ところでジャイロセンサは，回転運動は計測できますが，直線的な動きは計測できませんし，加速度センサは直線的な運動を計測することは可能ですが，回転運動を計測できません．そこで，これらの二つをうまく組み合わせて使うことにより，姿勢などを計測するセンサが実現できます．加速度センサの例を**図5・57**に示します．

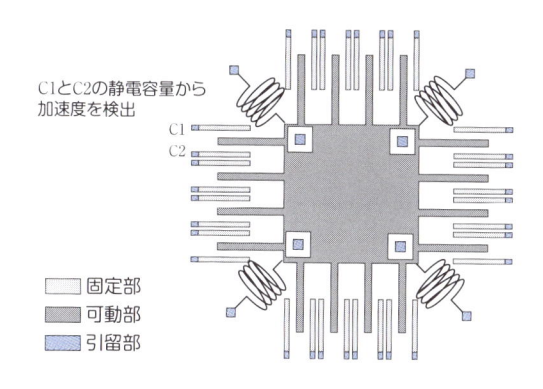

図 5・57 ■MEMSを利用して作製された2軸の加速度センサの例

[EDN Japan：http://ednjapan.com/edn/articles/1205/16/news110.html]

　この加速度センサも，MEMSの技術によりシリコンを素材として，小さく作り込まれた素子ですが，中央の素子がばねにつながれて水平方向と垂直方向に振動する構造になっています．この素子を使って加速度を測定する方法を**図 5・58**に示します．加速度が加わって，櫛の歯状の上下の電極と可動部の電極との距離が変化すると，上下の電極と可動部の電極間の静電容量が変化します．この上下の電極に図に示すような電圧信号（クロックA，B）を印加しておくと，変化した静電容量により，可動部の電極に誘導される電荷量が変化するため，可動部の電極の電位が変化します．この変化は，クロック信号の周波数と同じ周波数で変化しますので，この周波数の信号を取り出し，その振幅を整流して直流電圧として測定すれば，どの程度，可動部の電極が変位したかを計測することができます．

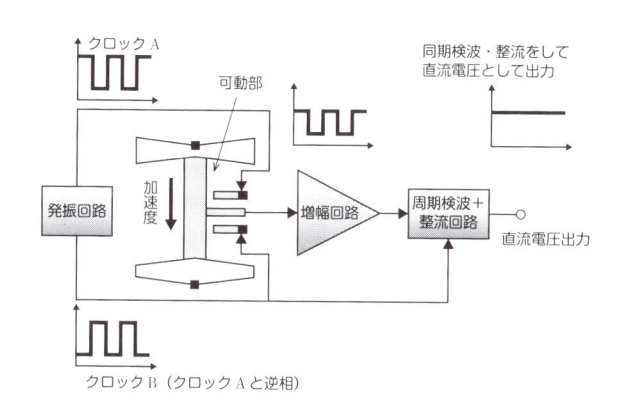

図 5・58 ■加速度センサの検出原理

[EDN Japan：http://ednjapan.com/edn/articles/1205/16/news110.html]

以上に述べてきたように，静電容量を測定することで，さまざまな量を計測するセンサが実際の機器に利用され，私たちの生活を便利にしているのです．

2 圧電素子とその応用

(1) 水晶振動子

コンピュータなどのディジタル機器では，クロック周波数が処理の速さを決めています．たとえば，CPUが2GHzなどという表記では，2GHzの周波数でオン・オフのクロック信号が発生しており，それを基準に計算や処理を行うことになっています．クロック信号を発生させるためには水晶振動子と呼ばれる素子が使用されます．水晶振動子は，水晶の圧電性と呼ばれる性質を利用しています．

誘電体の中には，圧力を加えると電圧が発生し，逆に電圧を加えると圧力波が発生する材料があります．圧力を加えることによって電圧が発生する特性は圧電性，逆に電圧を加えると圧力波が発生する現象は電歪(わい)性(逆圧電性)と呼ばれます．水晶は圧電性および電歪性を有する材料の代表的な材料です．圧電性と電歪性は同じ原理で発生しますので，圧電性を持つ材料は電歪性を持っています．たとえば図5・14に示したようなイオン性結晶の場合は，どちらの方向に電界を印加しても，原子分極により同様の分極が発生します．その場合，若干ひずみも生じますが，同じ方向に(膨らむ方向に)ひずみます．これでは，圧電性も電歪性も生じません．一方，水晶に代表される圧電素子では，図5・60に示すような構造をしています．この場合，図5・7に示した水の構造と同様で，Si原子が正に，O原子が負にそれぞれ帯電している状況が発生しています．ただし，この場合，図5・60上図のような均等な構造の状況では，それぞれの電気双極子は打ち消し合って，マクロ的には存在しません．とこ

図5・59 パソコンのマザーボードの水晶振動子(上)と携帯電話などに使われるチップ型水晶振動子(下)

http://trendy.nikkeibp.co.jp/article/qa/os/20030820/105630/ (上)
http://www.sii.co.jp/jp/quartz/datasheets/smd/sc-16s/ (下)

ろが，この水晶に，図5・60下図に示すような力Fを加えると，図のように構造が変化するため，正負のバランスが崩れて，電気双極子が発生します．また，発生する電気双極子の向きは，加える力の方向によって変わります．この電気双極子のために，材料表面に電荷が生じ，材料の両表面間には電位差が生じ，これが圧電効果です．一方，この水晶に電圧を加えると，原子間の距離が変化しますので，原子間に力が加わるため，原子間の距離が変化し，材料表面間の距離が変化して厚さが変化します（この動作は厚さ方向に電圧を加えると厚さが変わる場合もあれば，電圧を加えた方向と垂直の方向の厚さが変わるものもありますが，ここでは厚さ方向のみ変化することとして話しを進めます）．すなわち電歪効果が生じることになります．

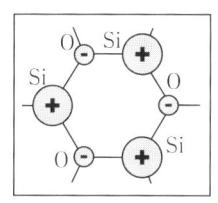

水晶の結晶構造

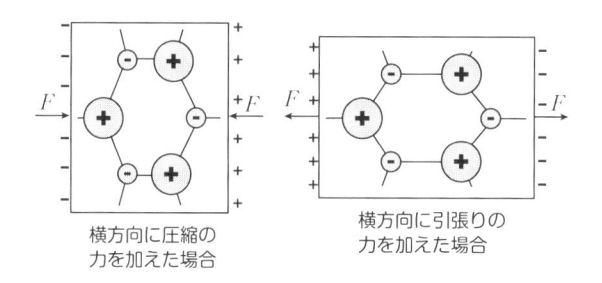

横方向に圧縮の力を加えた場合

横方向に引張りの力を加えた場合

図 5・60 ■ 圧電効果の発生

次に，水晶のような圧電素子の共振について説明します．ある周波数の電圧をこの圧電素子に加えると，**図 5・61**に示すように，厚さ方向にひずみが生じて圧力波が生じ，厚さ方向に伝搬し，端部で反射され，戻ってきます．そのときに，厚さの変化に応じて圧電素子両端に電圧が発生しますが，ちょうど圧力波が戻ってきたときに，同じタイミングで同じ電圧を印加できれば，発生する電圧と印加する電圧とで，同期して電圧をかけることができますので，伝搬する圧力波は大きくなります．この同期した電圧印加が繰り返されれば，圧電素子両端で発生する電圧信号は一定周期のもののみが大きくなる"共振"が発生します．いま，圧電素子の厚さをd，音速をcとすると，最大の共振周波数fは$f=c/\lambda=c/2d$となります（しかし前述したように，使用する素子の振動方向は，厚さ方向だけではありませんので，それぞれの振動に応じて共振条件が異なります）．

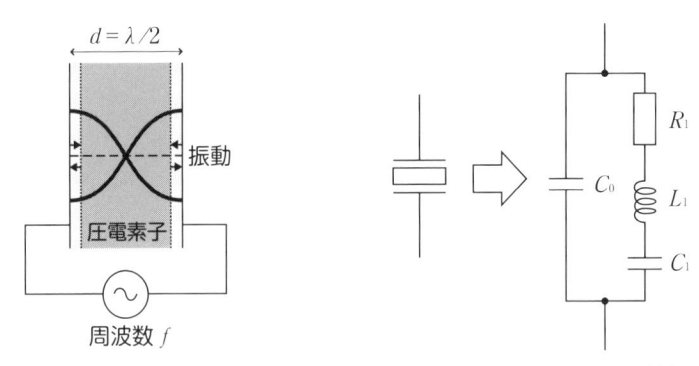

図 5・61 ■圧電素子の共振現象　　図 5・62 ■水晶振動子の記号と等価回路

　それでは次に，このような圧電素子を使った発振回路について説明します．水晶振動子の記号と等価回路を**図 5・62**に示します．水晶振動子は，R_1-L_1-C_1の直列とC_0との並列の回路で表され，この素子自体が共振周波数を持つことは，5-3節5項の共振回路のところで説明しましたので，おわかりと思いますが，水晶振動子を発振回路として使用する場合は，これを単体のLとして扱うことが多いようです．**図 5・63**はコルピッツ発振回路による水晶振動子の使用例を示しています．水晶振動子をLとして扱うと，図の破線の中は，図のような等価回路で表されます．このとき，この等価回路は，C_1+C_2とLの並列回路による共振回路になりますので，この回路に何か信号が入力されれば，共振周波数fの電圧が回路の両端に発生します．また，その電圧はC_1とC_2で分圧されますが，C_1とC_2は接地点を介して接続されていますので，それぞれの電圧v_1とv_2は逆位相になり，その差v_1-v_2がLの両端に印加されるという状態になります．ところで，コルピッツ発振回路のインバータは，入力電位であるv_1を反転して出力しますので，v_2には同相の電圧が印加されることになり，v_1-v_2はその分増加して大きくなり，さらにその反転波形がv_2に加わり，さらにv_1-v_2は大きくなり，……，すなわち，飽和状態になって周波数fの電圧を発振し続けることになります．

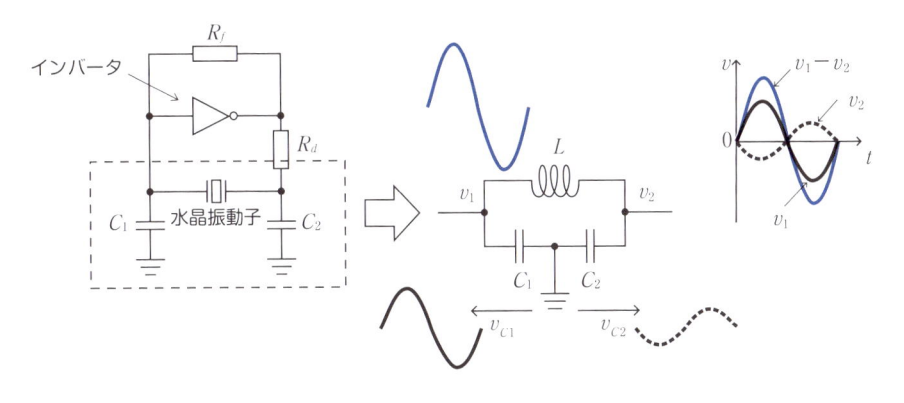

図 5・63 コルピッツ発振回路の発振原理

(2) SAW フィルタ

携帯電話などでは,特定周波数の電磁波を選別して受信するために,SAW(surface acoustic wave:表面弾性波)フィルタが使用されます.SAW フィルタは,圧電素子の表面を伝搬する表面弾性波(SAW)がきわめて安定して伝搬することを利用した素子であり,**図 5・64** のように圧電素子上に配置した IDT(inter digital transducer:くし形電極)を用いて使用されます.この IDT の電極間隔 d が SAW の半波長($\lambda/2$)に等しい場合,SAW の音速を v とすると,IDT に周波数 $f=v/d$ の交流電圧を印加することで,電極間に SAW の共振が発生し,素子表面を伝搬します.一方,素子の表面を伝搬する様々な周波数の SAW のうち,半波長 $\lambda/2$ が IDT の電極間隔 d と等しいものだけが,IDT において共振し,電極間に交流電圧として観測されます.つまり,携帯電話では,アンテナでキャッチしたさまざまな周波数の電磁波を IDT に入力すると,IDT の構造のみで決まる特定周波数の電磁波のみが素子表面の SAW となって伝搬し,それを同じ周波数の IDT で交流電圧に変換することができます.

例題 3

水晶の SAW 波の音速 v を 3 100 m/s とした場合,2GHz の携帯電話の電磁波を受信するための SAW フィルタに必要な IDT の電極間隔 d はいくらになるか.

解答 周波数を f〔Hz〕,波長を λ〔m〕とすると,$v=f\lambda$ より
$$\lambda = v/f = 3\,100/(2\times 10^9)$$
$$= 1.55\times 10^{-6}\,\text{〔m〕}$$
となる.IDT の間隔 d は $d=\lambda/2$ より,$d=0.775\,\mu m$ となります.

　SAW フィルタには用途によって水晶やリチウム化合物であるタンタル酸リチウム（LiTaO$_3$）,ニオブ酸リチウム（LiNbO$_3$）,四ほう酸リチウム（LiB$_4$O$_7$）などが使用されます.携帯電話のフィルタのように特定の周波数を選別するための狭帯域のフィルタとしては,温度変化に対して特性があまり変化しない水晶が用いられ,広帯域のフィルタとしてはリチウム化合物が用いられています.

(a) SAWチップの構造

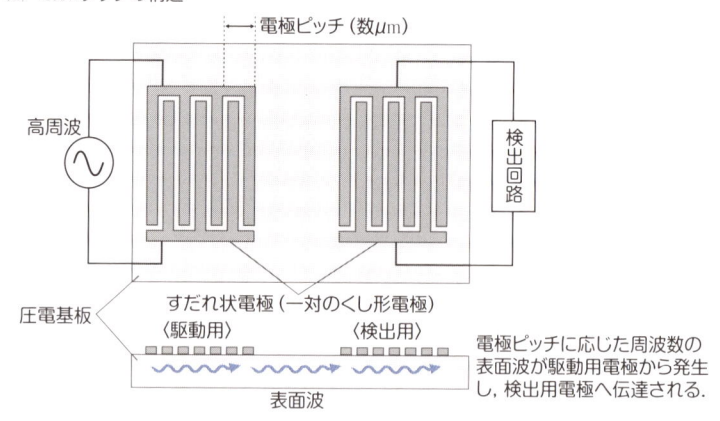

(b) 小型薄型SAWフィルタの構造

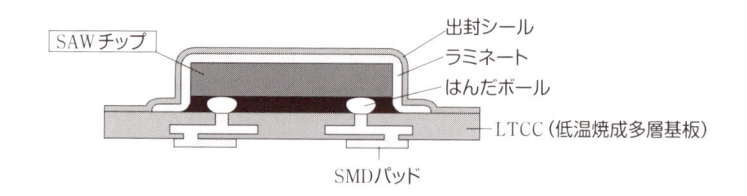

図5・64 ■SAWフィルタの構造

〔http://www.tdk.co.jp/techmag/inductive/201012/index2.htm〕

練習問題

① 以下の空欄に当てはまる語や数式，数値を答えよ．

　　絶縁体は電圧を印加した際に，電流を流しにくい材料である．電流の流しにくさを表す値として，(ア)(名称)があり，この値を ρ (イ)(単位)，材料の厚さを l [m]，面積を S [m²] とすると，この材料の厚さ方向の抵抗値 R は (ウ)(数式) [Ω] と表される．絶縁体は一般に，この値が (エ)(数値) 以上の材料を指すことが多い．またこの ρ の逆数は，(オ)(名称) と呼ばれる．絶縁体は一般的に抵抗とキャパシタの並列回路として表され，絶縁体に直流電圧を印加して電流を測定すると，抵抗成分に流れる (カ)(名称) とキャパシタンス成分に流れる (キ)(名称) の和が電流として測定される．また絶縁体には，金属でキャリアとなる (ク)(名称) がなく，絶縁体のエネルギーバンド構造の特徴を見ると，絶縁体は (ケ)(名称) が広い材料であることがわかる．

② 以下の空欄に当てはまる語や数式，数値を答えよ．

　　絶縁体のうち，ε (ア)(ε の名称) が大きな材料は誘電体と呼ばれ，その単位は (イ)(単位) である．また，材料の ε は真空中の ε ($=\varepsilon_0$) に対する比である ε_r (ウ)(ε_r の名称) を使って表される場合が多く $\varepsilon =$ (エ)(式) と表される．ちなみに ε_0 の値は，およそ (オ)(値) である．誘電体には，正電荷と負電荷が対になった (カ)(名称) が多く含まれることがあり，この材料を電極で挟んで電圧を印加すると，材料表面に電荷が誘導される分極が生じるが，この分極には(カ)が電界方向に沿って向きを変えることによって生じる (キ)(名称) や，イオン性結晶のイオンが電界方向に微量に移動することによって生じる (ク)(名称)，さらに原子内の電子と原子核の微小な移動によって生じる (ケ)(名称) などがある．また，誘電体に交流電圧を印加した場合，交流電圧に追随して分極が発生する際には，電力は消費されず無効電力となるが，周波数に追随できなくなると，物質内で発熱が生じ，交流電圧のエネルギーが物質に吸収されることになる．このとき誘電体を流れる電流とキャパシタンス成分に流れる充電電流の位相差を δ とおくと，$\tan\delta$ を (コ)(名称) と呼び，誘電体で消費される電力を表す目安として使用される．

　　比透磁率 $\mu_r = 1$ の誘電体中を透過する光の速度 v は，真空中の光速度 c (約 (サ)(値) m/s) とすると，$v =$ (シ)(式) と表され，また，真空に対するこの材料の屈折率 $n =$ (ス)(式) と表される．

③ 以下の空欄に当てはまる語や数式，数値を答えよ．

　　電力の送電網において気体絶縁体を使用した遮断機の略称を (ア)(アルファベットの略称) と呼ぶ．この機器を使って電流を遮断すると，電力網のインダクタンス

181

成分による (イ)(名称) が発生し，持続的な (ウ)(名称) 放電が発生する可能性がある．このような放電が発生しないように(ア)では，気体としては (エ)(名称) が高く，化学的な構造の安定性も高い (オ)(名称) ガスが使用される．また，金属と絶縁体と気体が接するような (カ)(名称) では，金属に高電圧が印加されると，絶縁体表面に沿って (キ)(名称) 放電が発生し，絶縁体表面を劣化させる (ク)(名称) 現象が生じる危険性があるため，高電圧機器では，金属の高電圧部分と接地点間の絶縁体表面の沿面距離を長くするような絶縁設計が必要となる．

一方，電力用変圧器のように高電圧で大電流を流す機器では，絶縁と (ケ)(名称) のために液体絶縁材料が使用される．この材料としては，鉱油と呼ばれる液体が使用される場合が多いが，液体絶縁材料の絶縁性能は，液体に含まれる (コ)(名称) 量に依存することが多く，この含有量を定期的に点検する作業が必要な場合がある．また変圧器では，液体絶縁材料内部で対流が生じ，これが原因で (サ)(名称) が発生する可能性があり，変圧器の爆発事故の原因となっている．

固体絶縁材料は，気体や液体の絶縁材料に比べ，(シ)(名称) が高いため，機器のコンパクト化に必要となるが，(ス)(名称) が他に劣るため，今後解決しなければならない．

易 ☆★★ 難

④ 以下の空欄に当てはまる語や数式，数値を答えよ．

電解コンデンサは，交流を直流に整流する際に (ア)(名称) を取り除き，電圧を (イ)(名称) 化するのに使用される．また，高周波を使用する携帯電話などの電子機器には，非常に小型の (ウ)(名称) コンデンサが使用される．用途としては，高周波雑音を取り除く (エ)(名称) や，特定周波数の電磁波をキャッチするための (オ)(名称) の部品として使用される．

易 ☆★★ 難

6章

磁性材料

　磁石は変圧器，発電機，電動機（モータ），リアクトル，家電製品，自動車など身近なところにきわめて多数使われており，電気エネルギーと磁気エネルギーの相互変換に重要な役割を果たしています．また，磁石のN極とS極を利用して，ハードディスクなどの大容量の記憶装置が作られています．

　磁性材料は透磁率，磁束密度，保磁力，残留磁束密度などの磁化特性の違いにより，磁石（硬質磁性材料）と軟質磁性材料に分類されます．

　磁性体は小さな磁石である磁区からできています．磁区の磁化特性は，磁区を単位とした磁気モーメントの平均的なふるまいにより説明されます．交流電流で磁化させると，ヒステリシス特性を示します．またヒステリシス損と渦電流損が発生します．これらの和を鉄損といいます．磁性体は鉄損が少なく，比透磁率ならびに磁束密度が大きいことが重要です．

　また，磁性体には磁気ヒステリシス特性や自己減磁作用があります．磁性体の磁化特性は，使用時の温度や磁石の形などの使用条件により変化しますので，使い方に注意が必要です．

- 6-1　磁性体とは何だろう
- 6-2　磁化のメカニズム
- 6-3　磁性体の種類と磁気特性
- 6-4　強磁性体の磁化特性
- 6-5　磁性材料には何があるのだろうか

6-1 磁性体とは何だろう

キーポイント

あらゆる物質は磁界によって何らかの影響を受けます．磁界に引き付けられる物質もあれば，反発する物質もあります．磁界の影響により，それ自体が磁石のようにふるまう物質を磁性体といいます．磁界は電流によっても発生します．

1 磁石の性質

鉄を磁石に近づけると，あたかも磁石になったかのように磁気を帯びます．また，鉄の棒に導線を巻き，これに電流を流すと鉄の棒は磁石になり近くの鉄片を吸い付けます．また，磁石に吸い付けられた鉄片が，さらにほかの鉄片を吸い付けることも身近な現象として観察されます．

このように，磁石や電流による磁界によって物体が磁気的性質を帯びることを磁化といいます．物質の磁気的性質を磁性といい，磁性を示す物質を磁性体と呼びます．また磁性体となる材料を磁性材料と呼んでいます．

磁性体は磁化されるとN極とS極が形成され，これらが対になり磁気双極子ができます．磁化は誘電体の分極に対応する現象であり，磁気分極と呼ばれます．磁界中に置かれた物質が磁化されると，新たな磁束が生じます．この現象を磁気誘導といいます．

物質は，原子や分子など磁気的な作用を受ける粒子からできており，これらが磁気双極子となるので，すべての物質は磁気双極子の集合体とみなすことができます．磁性体の中で特に強い磁気双極子を持ち，さらに特殊な磁気的性質が備わっているために，実用的な価値を持つものを磁石といいます．

磁石のN極とS極はお互いに引き合う力が働きますが，同じ極性（N極とN極，またはS極とS極）のものは反発する力が働きます．

補足➡磁石：magnet，磁化：magnetization，磁性：magnetism，磁性体：magnetic material，磁性材料：magnetic materials，磁気双極子：magnetic dipole，磁気分極：magnetic polarization，磁束：magnetic flux，磁気誘導：magnetic induction

2 磁区と磁壁

外部からの磁界の影響を受けていない鉄を拡大して見ると，図 6・1 に示すように小さな磁石がいろいろな方向を向いていることがわかります．これらの小さな磁石を磁区といいます．また磁区の境界を磁壁と呼びます．

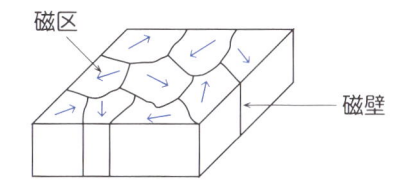

図 6・1 ■ 外部磁界の影響を受けていないときの鉄の磁区の向き

磁区の向きはランダムであるため，鉄全体としては磁気を帯びていません．しかし，図 6・2 に示すように永久磁石や電流を流したコイルを近づけると，磁界の影響を受けて磁区の向きが一方向にそろうようになり，全体として磁気を帯びることになります．図 6・2 は磁区が 2 次元の磁化ベクトルとして表されていますが，実際には 3 次元の立体的な構造を持っています．また，磁区の向きと大きさは，磁気モーメントで表すことができます．

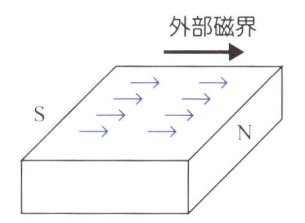

図 6・2 ■ 外部磁界により磁化された鉄の磁区の向き

磁壁の近傍では図 6・3 に示すように，磁気モーメントの向きが徐々に変化します．消磁状態にある磁性体に磁界を徐々に印加すると，磁区の境界である磁壁の移動が起こります．磁界が弱いときは磁壁の移動が磁界に比例して起こりますが，磁界が強くなると磁壁は不連続的に移動するようになります．これに伴い磁化も不連続的な変化をします．このときの磁束密度の時間変化は，磁性体の一部にコイルを巻き，これを増幅器で増幅することにより一種の雑音として検出できます．この現象は，1919 年にドイツの物理学者バルクハウゼン(*Heinrich Georg Barkhausen*, 1881-1956)により発見されました．これをバルクハウゼン効果と呼びます．

補足➡磁区：magnetic domain, 磁壁：magnetic domain wall,
バルクハウゼン効果：Barkhausen effect

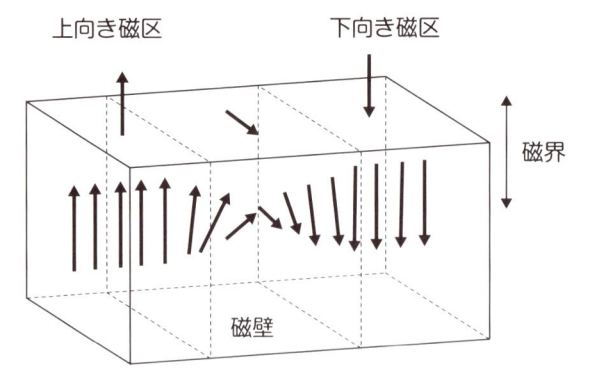

図6・3 ■磁壁と磁区

3 磁気エネルギーと磁歪

　磁性体の磁気モーメントは，互いに平行に整列するだけでなく，結晶のある特定の方向を向こうとします．たとえば，鉄は図6・4に示すように結晶構造が立方体の構造(立方晶)をしているため，磁気モーメントは立方体の稜の方向を向こうとします．この方向を磁化容易軸と呼びます．外からの磁界がない場合，鉄の自発磁化は結晶の軸方向を向いていますが，磁界が印加されると磁化方向にずれが起こり，結晶内部の磁気エネルギーが増加します．これを磁気異方性エネルギーと呼びます．

　さらに，磁性体の結晶は磁化方向にわずかにひずみを持ち，鉄の場合は磁化方向にわずかに伸びています．また磁化の大きさを変化させると，ひずみの大きさが変化します．この現象を磁歪(じわい)または磁気ひずみといいます．磁歪の量はごくわずかですが，磁気異方性とともに強磁性の性質に大きな影響を与えることが知られています．イギリスの物理学者ジュール($James\ Prescott\ Joule$, 1818-1889)は1842年に，この現象がニッケルで現れることを発見しました．

　磁気異方性や磁歪の原因は，図6・4のように原子の形状が球形でなく，ラグビーボールのような回転楕円体で，その回転軸が磁気モーメントの方向と一致しているためです．ネオジム(Nd)やサマリウム(Sm)のような希土類元素はひずみが鉄より大きく，このような元素を含む強磁性化合物は大きな磁気異方性エネルギーを持ちます．

補足 ➡ 磁化容易軸：axis of easy magnetization,
　　　磁気異方性エネルギー：magnetic anisotropy energy, 磁歪：magnetostriction

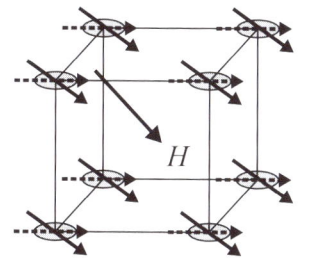

図6・4 磁化と磁気モーメント

図6・5(a)に示すように，すべての磁気モーメントの向きが特定の方向にそろったものは，一つの磁区構造を持ち，強い磁石になります．

物質が持つエネルギーは，できるだけ最小の状態で安定を保とうとする性質があります．図6・5(b)に示すように，磁性体をブロックに分割し逆向きの磁気モーメントを持つように交互に並べてみます．するとN極とS極が隣り合せとなり強い吸引力が働くことにより安定します．さらに図6・5(c)のように分割を小さくするとより安定します．これよりブロックが持つ磁気エネルギーは，分割数が大きいほど小さくなることがわかります．

図6・5(d)に示すように，隣り合う磁区の磁化の向きが180°異なっている磁壁を**180度磁壁**(180° domain wall)，90°異なるものを**90度磁壁**(90° domain wall)と呼びます．

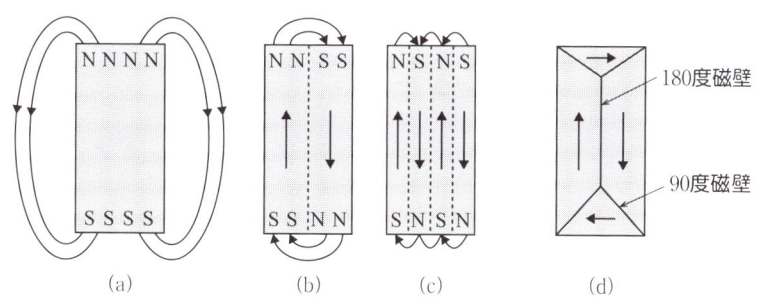

図6・5 磁壁と磁区の向き

磁気エネルギーには
(1) 静磁気エネルギー(magnetostatic energy)
(2) 磁気異方性エネルギー(magnetic anisotropy energy)
(3) 交換エネルギー(exchange energy)
(4) 磁壁エネルギー(domain wall energy)

が知られています．隣接するブロック間には磁壁が生じますが，磁壁のエネルギーは磁

区のエネルギーよりも高いため，磁性体は全体として磁気エネルギーが最小になるように磁壁の移動が行われます．

まとめ

(1) 磁界により物質が磁気的性質を帯びることを磁化といいます．
(2) 磁化が生じる物質の中で，特に強い磁石となる物質を磁気材料と呼びます．
(3) 磁化された物質のかたまりを磁性体と呼びます．
(4) 強磁性体の中にできる微小磁石の集まりを磁区と呼びます．
(5) 磁区の壁面を磁壁と呼びます．
(6) 磁区の磁気的性質は磁気モーメントにより表すことができます．
(7) 磁気モーメントの向きがそろうと，強力な磁石ができます．
(8) 磁化の過程において磁壁は不連続的に移動が起こります．このときの磁束密度の変化はコイルを用いて検出できます．この現象をバルクハウゼン効果といいます．
(9) 磁壁は磁石がもつ磁気エネルギーが最小になるように移動します．

6-2 磁化のメカニズム

キーポイント

物質は原子や結晶格子などの単位が集まって構成されています．物質が磁石にくっつくかどうかは物質の磁化率（磁化のしやすさ）によって決まります．一般の物質は，原子レベルでは磁石につくかつかないかにかかわらず，周囲に磁界がなくても磁気モーメント（磁力の大きさと向きを表すベクトル）を持っています．外部からの磁界がない場合は，それぞれの原子における磁気モーメントの向きはランダムであり，物質全体としてはそれらが打ち消し合って磁化は生じません．外部から磁界を加えると磁気モーメントの向きが同じ方向にそろい，磁性を帯びます．

1 磁気モーメントと磁化の強さ

磁区は図6・6に示すように，一つの磁化ベクトルを m 単位として分割された磁性体の領域と考えることができます．この磁化ベクトルに外部から磁界が印加されるとモーメント（偶力，回転力）が生じることから，これを磁気モーメントといいます．

巨視的な磁化の強さ M は，単位体積当たりの磁気モーメントにより定義できます．すなわち図6・6に示すように，巨視的には十分小さな体積 Δv を考え，この中には多数の原子や分子が含まれるとします．微小体積 Δv 内に生じる磁気モーメントのベクトル和を $\sum m$ とすると

$$M = \lim_{\Delta v \to 0} \frac{\sum m}{\Delta v} \left(\frac{\text{A} \cdot \text{m}^2}{\text{m}^3} \right) = \left(\frac{\text{A}}{\text{m}} \right) \tag{6・1}$$

となります．

磁化の強さを表すベクトル M を磁化ベクトル，または単に磁化といいます．磁化ベクトル M は磁界と同じ単位〔A/m〕を持っています．

磁区を構成する微小体積 Δv の大きさを，どの程度に選ぶべきかは，磁性体の使用目的により異なりますが，磁区は大きなものでは0.1～1mmくらいの広がりがあります．磁区の体積 Δv を磁区よりさらに小さく磁壁を含まない部分に選べば，その中のそれぞれの磁気モーメント m はすべて同じ方向にそろっています．もし Δv がいくつかの磁区を含めば，磁化ベクトル M はいろいろな方向の磁気モーメントを平均した値になります．外部からの磁界がない場合は，それぞれの磁区が持つ磁気モーメントはランダムであり，互いに打ち消し合うため外部に磁化が生じません．これを消磁状態といいま

補足 ― 磁気モーメント：magnetic moment, 磁化の強さ：intensity of magnetization,
磁化ベクトル：magnetization vector, 磁化：magnetization,
消磁状態：demagnetization, neutralization, degaussing,

す．また，消磁状態にある磁性体を磁化させることを**着磁**といいます．

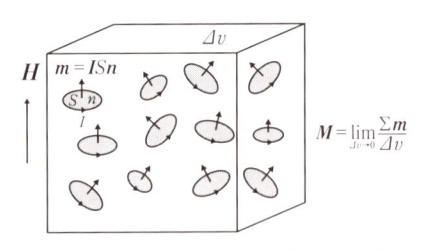

図6・6 磁気モーメントと磁化ベクトル

真空の場合，磁化の大きさ M は0です．微小な体積 Δv を持つ磁性体の磁化は，**磁化率** χ_m を用いて

$$M = \chi_m H = \lim_{\Delta v \to 0} \frac{m}{\Delta v} \ [\text{A/m}] \tag{6・2}$$

と表されます．外部磁界 H のもとでは，磁束密度と磁化率との間には，次の関係があります．

$$B = \mu_0(H + M) = \mu_0(1 + \chi_m)H \ [\text{T}] \tag{6・3}$$

ここで

$$\mu_r = 1 + \chi_m \tag{6・4}$$

と置き，これを**比透磁率**といいます．これを用いると

$$B = \mu_0 \mu_r H = \mu H \ [\text{T}] \tag{6・5}$$

の関係が成り立ちます．また

$$\mu = \mu_0 \mu_r \ [\text{H/m}] \tag{6・6}$$

を**透磁率**といいます．

透磁率は，磁性体の外部磁界方向への磁気双極子の向きやすさを表すもので，磁気双極子の方向が変化しやすいものほど透磁率は高くなります．**表6・1**に代表的な磁性材料の比透磁率を示します．その値が数百から数十万の範囲にあることがわかります．これらの値は，磁界の大きさや磁界の印加される履歴あるいは使用条件などによっても変化します．

補足 → 磁化率：magnetic susceptibility, 比透磁率：relative permeability, 透磁率：permeability

表6・1 磁性材料の比透磁率

材料名	成分	初比透磁率 μ_i	最大比透磁率 μ_m
鉄	0.2% 不純物		5000
純鉄	0.05% 不純物	200 ～ 300	6000 ～ 200 000
コバルト			250
ニッケル			600
けい素鋼板	4%Si + Fe	500	1 600 ～ 7 000
アモルファス			2 900
Fe-Ni 合金（パーマロイ）		600 ～ 100 000	15 000 ～ 800 000
センダスト	5%Al + 10%Si + Fe		30 000
Mn-Zn フェライト		1 000	20 000
Ni-Zn フェライト		650 ～ 1 500	

2 磁化電流と磁気モーメント

　磁気モーメントは，**図6・7**に示すように，微小磁石の性質を表す等価的なループ電流と，ループ電流の周回によって作られる面積の積により表すことができます．すなわち磁性体の中に微小な磁石を考え，微小面積 S の周辺を電流 I が流れていると考えます．このときの磁気モーメント m は，次式で定義されます．

$$m = ISn \quad [\text{A} \cdot \text{m}^2] \tag{6・7}$$

　ベクトル m の大きさは電流 I と微小面積 S の積に等しく，方向は面積 S に垂直で右ねじの方向を向きます．このような微小磁石を表す等価的な電流 I を<u>磁化電流</u>と呼びます．強磁性体を磁界の中に置くと強い磁性を示しますが，この原因は磁性体を構成する原子や分子内の電子が微小ループ電流と同じ働きをしていることによります．すなわち，荷電粒子である電子は原子内において軌道運動と自転運動をしていますが，これにより微小ループ電流が形成され磁気作用が生じると考えられています．

　電子が作る磁気モーメントを μ_B で表し，これを<u>ボーア磁子</u>と呼びます．

　軌道運動そのものはランダムな向きを持つので，平均すると見掛け上ループ電流を作りません．しかし磁界が加わると，図6・7に示したようにループ電流が作られ特定の向きに磁気モーメントが発生します．

補足 ⇒ 磁化電流：magnetization current，ボーア磁子：Bohr magneton

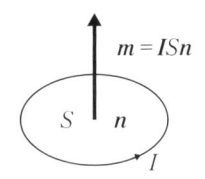

図6・7 ■微小ループ電流による磁気モーメント

原子の磁性の根源は，次の三つの磁気モーメントであることが知られています．
(1) 電子の自転(スピン)による磁気モーメント M_s
電子の質量を m，電荷を e，P を軌道角運動量 $m\omega r^2$，μ_0 を真空の透磁率とすれば，M_s は次式で与えられます．

$$M_s = \frac{\mu_0 e}{m} P \tag{6・8}$$

(2) 原子核の周囲に作られる電子軌道に沿って運動する電子が作る磁気モーメント M_l は次式で与えられます．

$$M_l = \frac{\mu_0 e}{2m} P \tag{6・9}$$

量子力学によれば，M_l は磁気モーメントの最小単位であるボーア磁子 μ_B(= 1.165×10^{-29} Wb・m)の整数倍になることが知られています．

(3) 原子核のスピンによる磁気モーメント
このモーメントは，前の二つの電子による磁気モーメントに比べて，電子と原子核の質量比($\sim 10^{-3}$)程度に小さいため，無視されます．

原子の磁気モーメントは，これらの磁気モーメントの量子力学的総和として与えられます．物質としての磁性は原子の種類や結合状態により，(1)が優勢の場合は強磁性または常磁性となります．(2)だけの場合は反磁性となります．

6-3 磁性体の種類と磁気特性

キーポイント

あらゆる物質は磁性を帯びることが可能な物質，つまり磁性体であるといえます．磁性体は強磁性体，反磁性体，常磁性体の三つに分類されます．

すべての物質は磁性体ですが，通常，磁性体というと強磁性体を指します．強磁性体ではそれぞれの原子の磁気モーメントの向きが自発的にそろい，外部からの磁界がなくても磁化を生じます．これを自発磁化といいます．強磁性体でも，ある温度以上になると自発磁化がなくなり磁性を失います．物質の温度が高くなると，磁気モーメントをそろえようとする作用よりもランダムな熱振動のほうが大きくなるからです．この温度をキュリー温度といいます．

1 磁性体の種類

磁性体の中には永久磁石のように常に磁気を帯びているものと，鉄などのように永久磁石に近付けた場合や電流を流したコイルの中に入れるなど外部からの磁界の影響を受けた場合に初めて磁気を帯びるものがあります．

物質に磁界を加えると強弱の差があるものの，何らかの磁性を示します．磁化のされ方は物質により大きく異なりますが，大きくは強磁性体，常磁性体，反磁性体に分類できます．**表6・2**に磁性体の種類と物質の磁性の例を示します．

表6・2 ■ 磁性体の種類と物質の例

磁性体の種類		元素または物質
強磁性体	フェロ磁性体	Fe, Co, Ni
	アンチフェロ磁性体（反強磁性体）	Mn
	フェリ磁性体	磁性酸化鉄，フェライト
常磁性体		Al, O, Sn, Pt, Na, 空気
反磁性体		Zn, Sb, Au, Ag, Hg, H, S, Cl, Bi, Cu, Pb, He, Ne, Ar, 水晶，水

鉄，コバルト，ニッケルあるいはこれらの合金やほかの金属との合金は，外部磁界の向きに磁化され強い磁石となります．このような物質を強磁性体といいます．強磁性体である永久磁石は磁気モーメントの大きな磁気双極子を有しており，かつ透磁率が小さいことが特徴です．このため，磁化させる目的で印加する外部磁界を取り除いても，強い磁性を持続できます．

　アルミニウムやマンガン，プラチナなどは鉄などと同じく外部磁界方向に磁化されますが，その強さは強磁性体と比較するとけた違いに小さい（〜 10^{-6}）ことが特徴です．また，外部磁界を取り去ると磁性は消失します．このような物質を常磁性体といいます．気体でも空気や酸素は常磁性体です．

　銅や鉛などは磁化の強さがきわめて小さく，磁化の方向が強磁性体や常磁性体とは逆になっています．このような物質を反磁性体といいます．水や食塩など身の回りの多くの物質は反磁性体です．通常，磁性体という場合は強磁性体を指します．強磁性体は実用上重要であり，強磁性体でないものは弱磁性体あるいは非磁性体として区別されます．

　強磁性体はさらにフェロ磁性体，アンチフェロ磁性体，フェリ磁性体に区別されます．図 6・8 のように，磁化ベクトルの向きが同じものをフェロ磁性といいます．また，磁化ベクトルの向きが逆で大きさが同じものは，外部に対しては磁性を示しません．これを反強磁性（またはアンチフェロ磁性）といいます．さらに磁化ベクトルが逆方向でも大きさが異なる場合は，その差に等しい磁化ベクトルとなり外部に対して大きな磁性を示します．これをフェリ磁性といいます．

　このように磁性材料となりうる物質は，磁気双極子の配列に特徴があり，フェロ磁性体である領域は一定の磁化の強さを持っています．これを自発磁化といいます．

(a) フェロ磁性　(b) 反強磁性　(c) フェリ磁性

図 6・8 強磁性体の種類と磁気双極子の配列との関係

　鉄，コバルト，ニッケルのような遷移金属元素と呼ばれる系列の元素は磁性が大きく現れますが，希土類元素と呼ばれる元素の原子を含む多くの物質でも磁性が現れます．磁性体はこれらの元素の集まりであり，磁石としての性質はこれら個々の物質の磁化の統計的な平均量が関係していると考えることができます．

　表 6・3 に常磁性体と反磁性体の磁化率 χ_m の値を示します．磁化率は，常磁性体では $10^{-3} \sim 10^{-6}$ 程度の正の値を，反磁性体では 10^{-5} 程度の負の値を持っています．強磁性体の磁化率は $10^2 \sim 10^5$ にもなります．

補足 → 強磁性体：ferromagnetic material，常磁性体：paramagnetic material，
反磁性体：diamagnetic material，フェロ磁性：ferromagnetic material

表 6・3 ■ 磁化率 χ_m

常磁性体	χ_m	反磁性体	χ_m
液体酸素	3.46×10^{-5}	ビスマス	-16.7×10^{-5}
パラジウム	8.25×10^{-4}	水晶	-1.51×10^{-5}
白金	2.93×10^{-4}	水	-0.88×10^{-5}
アルミニウム	2.14×10^{-4}	水銀	-3.23×10^{-5}
酸素	1.79×10^{-4}	銀	-2.64×10^{-5}
空気	3.65×10^{-7}	鉛	-1.69×10^{-5}
		銅	-0.94×10^{-5}
		アルゴン	-0.945×10^{-8}
		水素	-0.208×10^{-8}

例題 1

鉄の磁気モーメントはどのようになっているのか考察しなさい．

解答 鉄(Fe)は原子番号 $Z=26$ の元素であり，26個の核外電子の配列は**表 6.4** のようになっています．K, L 殻は電子で完全に満たされているので，磁気モーメントは殻内の＋スピンと－スピンで相殺されて0となっています．M 殻と N 殻は電子配列に空きがありますが，3s, 3p, 4s は電子で満たされており磁気モーメントは0です．一方，M 殻の 3d は＋スピンが5，－スピンが1であり 5－1＝4 の差があります．したがって，原子1個当たり $4\mu_B$ のモーメントを持っています．

表 6・5 に，M 殻にスピン分配の差がある元素を示します．マンガン(Mn)を除き強磁性体であることがわかります．Mn は後述するように反強磁性体であり，同じ大きさの磁気モーメントが互いに逆向きに配列しているため常磁性体として振る舞います．

補足→反強磁性：diamagnetism，フェリ磁性：ferrimagnetism，
自発磁化：spontaneous magnetization

表6・4 鉄の電子配列

主量子数	1	2		3			4
電子殻記号	K	L		M			N
電子数	2	8		14			2
電子軌道	1s	2s	2p	3s	3p	3d	4s
スピン分配	+1 −1	+1 −1	+3 −3	+1 −1	+3 −3	+5 −1	+1 −1

表6・5 元素の磁気モーメント

元素		3d軌道のスピン不平衡		原子の磁気モーメント M_B
原子番号	記号	+スピン	−スピン	
25	Mn	+5	0	+5
26	Fe	+5	−1	+4
27	Co	+5	−2	+3
28	Ni	+5	−3	+2

2 キュリー温度

　磁性体の透磁率は温度によっても変化します．たとえばフェロ磁性体の磁区の構造は，ある温度以下では磁気モーメントが同じ方向を向いており，磁区内ではある一定の強さで磁化され安定な状態を保っています．これを**自発磁化**といいます．しかし温度が高くなると**図6・9**に示すように，熱エネルギーの影響を受けて磁区構造が消失し，常磁性体になります．このように磁性がなくなる温度を**キュリー温度** T_C といいます．この値は，鉄が1 043K，コバルトが1 393K，ニッケルが631Kです．

　フェロ磁性体の磁化率 χ と温度 T との関係は，次式で与えられます．

$$\chi = \frac{c}{T - T_p} \quad (ただし，T > T_C) \tag{6・10}$$

ここで，c は**キュリー定数**，T_p は**常磁性キュリー温度**，T_C は自発磁化が消失する温度でキュリー温度です．これは**キュリー・ワイス**(Curie-Weiss)**の法則**と呼ばれています．磁性材料として使える強磁性体は，キュリー温度が室温あるいは使用環境より十分高いことが必要です．この現象はフランスの物理学者キュリー夫人の夫であるピエール・キュリー(*Pierre Curie*, 1859-1906)が発見しました．

補足⇒自発磁化：spontaneous magnetization, キュリー温度：Curie temperature, キュリー定数：Curie constant, 常磁性キュリー温度：paramagnetic Curie temperature

図 6・9　鉄の磁化の温度特性

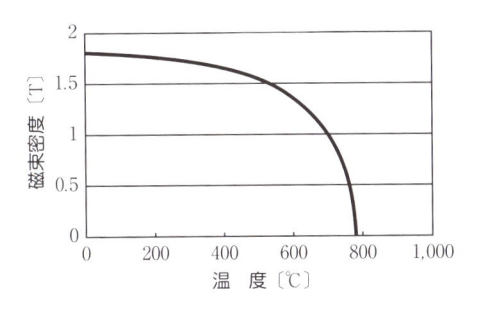

まとめ

(1) 磁区の内部には多数の原子や分子があります．これらの周りを微小なループ電流が流れることによって磁気モーメントが発生します．
(2) 磁区の磁気モーメントは，個々の原子や分子が作る磁気モーメントの平均的な大きさと向きになります．
(3) 磁性体は強磁性体，常磁性体，反磁性体に分類されます．
(4) 実用的に重要な強磁性体は，さらにフェロ磁性体，アンチフェロ磁性体（反強磁性体），フェリ磁性体に分類されます．これらは磁気モーメントの大きさと向きで，磁気特性が決まります．
(5) フェロ磁性体の磁化の温度特性はキュリー・ワイスの法則で表すことができます．

6-4 強磁性体の磁化特性

キーポイント

　強磁性体では印加した外部磁界を取り除いても，磁化がない状態には戻らず磁性を持ち続けます．この性質を（磁気）ヒステリシスと呼び，残った磁化を残留磁化といいます．

　ヒステリシスは履歴現象ともいいます．つまり，ある状態が，現在の条件だけでなく，過去に加わった磁界や履歴に依存して変化することです．

　永久磁石は残留磁化を持った強磁性体です．この性質は磁気記録に用いられることがあります．また，鉱物の残留磁化を調べることで古代の大陸移動の様子がわかったりします．

　磁性体に交流磁界を加えると磁気ヒステリシスと渦電流により電力が熱となって消費され，エネルギー損失が起きます．これを鉄損といいます．鉄損は，銅損（導線における損失）とともに，電動機や発電機，変圧器などの電気機器の効率を低下させます．したがって，電気機器の設計において重要なパラメータであり，理想的には損失は0です．

1 磁気ヒステリシス特性

　鉄などの強磁性体では横軸に磁界 H，縦軸に磁束密度 B をとりこれらの関係を表すと，図6・10に示すように非線形な磁化特性になります．これを **B-H 曲線** または **磁気ヒステリシス曲線** と呼びます．

　図6・10に示した B-H 曲線において，磁化されていない磁性体に磁界を0から徐々に大きくなるよう印加すると，原点Oから始まり急に磁化が進んだ後点Pに至る曲線を描きます．これを **初期磁化曲線** といいます．さらに，磁界を強くしていくと，点Pに示すように磁束密度が飽和します．これを **飽和現象** と呼び，このときの磁束密度 B_m を **飽和磁束密度** といいます．飽和した後，磁界を徐々に弱めていくと磁化が弱まりPQ曲線に示されるような特性を示しますが，磁化はすぐには減少せず，磁界 H を0にしても磁束密度は B_r にとどまります．磁界 H が0である点Qにおける磁束密度 B_r を **残留磁束密度** あるいは **残留磁気** または **残留磁化** といいます．

　さらに，磁界を負にして徐々に（負方向に）大きくしていくと，これまでとは逆向きに磁化されますので，点Qから点Rに向かって磁束密度が減少します．磁界が H_C に達した点Rで磁束密度は0になります．このときの曲線を **減磁曲線** といいます．また，磁束密度が0になるときの磁界 H_C を **保磁力** といいます．これは着磁された磁石に逆向きの磁界を印加したとき，磁化の向きが反転する磁界の大きさを表しています．点Rから磁界を負方向にさらに大きくすると点Sに示されるように飽和現象が起こります．続いて（負方向の）飽和状態から磁界を0に向かって弱め，さらに正方向に磁界を加えると下側の曲線 S-T-U-P に沿う磁化特性を示します．

補足 → B-H 曲線：B-H curve，磁気ヒステリシス曲線：magnetic hysteresis loop，初期磁化曲線：initial magnetization curve，飽和現象：saturation，飽和磁束密度：saturated magnetic flux density

このように，磁界を増加させたときと減少させたときでは，履歴によって磁束密度が異なります．これを**ヒステリシス現象**といいます．また，コイルに交流電流を流すときのように，磁界の大きさをある値から出発して増減させ，元の値に戻る1サイクルを描くと，B-H曲線はヒステリシス現象に基づいた一つのループを描きます．これを**ヒステリシスループ**といいます．

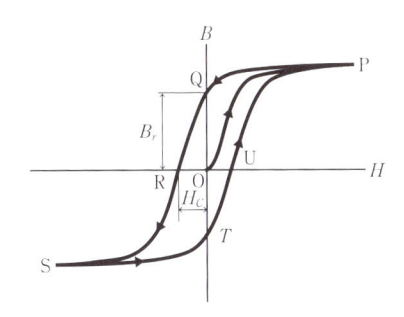

図6・10 磁気ヒステリシス特性（$B\text{-}H$ 曲線）

図6・11に鉄の初期磁化曲線と透磁率の変化の様子を示します．

磁界と磁束密度との関係は式(6・5)で表されますが，図6・11は透磁率 μ や磁化率 χ_m が定数にはならないことを意味しています．また，その特性も温度や使用条件などにより変化します．

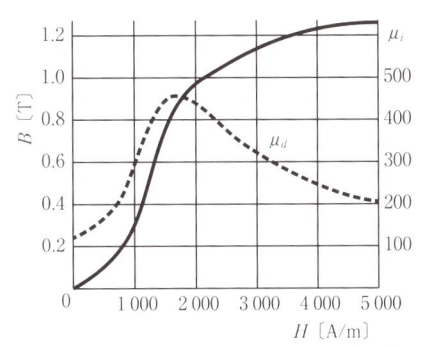

図6・11 鉄の初期磁化曲線と微分比透磁率の変化

磁界を0から印加するときの点Oにおける透磁率を**初比透磁率** μ_i，点Oから点Pに至る途中で最大となる比透磁率を**最大比透磁率** μ_m，B-H曲線における接線の傾きを**微分比透磁率** μ_d といいます．これらを式で表すと，それぞれ次のようになります．

補足 残留磁束密度：remanent magnetic flux density, 残留磁気：magnetic remanence, 残留磁化：residual magnetization, 減磁曲線：demagnetizing curve, 保磁力：coercive force, ヒステリシス現象：hysteresis phenomenon

$$\mu_i = \frac{1}{\mu_0} \left.\frac{B}{H}\right|_{H=0}, \quad \mu_m = \frac{1}{\mu_0} \left.\frac{B}{H}\right|_{\max}, \quad \mu_d = \frac{1}{\mu_0} \frac{dB}{dH} \tag{6・11}$$

 また，直流磁界に幅 ΔH の交流磁界を重ねたときの B-H 曲線をマイナループといいます．このときの磁束密度の増分 ΔB と磁界 ΔH との比を増分透磁率といいます．マイナループは電磁鋼板をインバータで励磁する場合や高調波が含まれる電流が流れる場合，あるいは電源リアクトルのように電源電圧を平滑化する場合，これらの機器の性能を左右するため重要です．

 また増分透磁率において ΔH を小さくしたものを可逆透磁率といい μ_r で表します．

 磁性体の磁化特性はヒステリシスループで表されますが，飽和磁束密度 B_m，残留磁束密度 B_r，保持力 H_c でその概要を知ることができます．

 保磁力は，磁気モーメントの向きを変えるのに要する磁界の大きさを表す数値であり，保磁力が大きいほど大きな外部磁界に対しても変化しない安定な磁石になります．

 磁性体が持つエネルギーは，B-H 曲線において磁束密度と磁界の積に比例します．この積の最大値を最大エネルギー積 $(BH)_{\max}$ といいます．単位は〔kJ/m³〕です．強力な磁石とするためには，最大エネルギー積を大きくする必要があり，このためには残留磁化ならびに保磁力が大きく，B-H 曲線が四角形に近いほうが良いことがわかります．

 横軸に磁界 H，縦軸に磁化 M をとって表したものを M-H 曲線と呼びます．磁化特性を表す B-H 曲線や M-H 曲線を磁化曲線といいます．

 このような強磁性体の磁化は，強磁性体が磁気モーメントの集まりであることを示しています．すなわち，磁化されていない強磁性体に磁界を加えると磁気モーメントの向きが変化し，すべての向きが一方向にそろったときに飽和現象が現れます．強磁性体では磁界が与えられても磁束密度の大きさは決まらず，それまでの履歴に依存することになります．このような考え方はドイツのウェーバー (W.E.Weber, 1804-1891) により提唱されました．また，磁気ヒステリシス現象はヴァールブルク (E.Warburg, 1846-1931) とリーギ (A.Righi, 1850-1920) が 1880 年にそれぞれ別々に発見しました．ユーイング (J.A.Eving, 1855-1935) は，東京帝国大学に在職中 (1878-83) の 1881 年に，応力による針金の熱電的性質の変化が履歴に依存することを発見し，ヒステリシスと名付けました．磁気履歴現象もこの一種です．

 なお，鉄の飽和磁束密度については，スレーター・ポーリング (Slater-Pauling) 曲線が与える 2.5T 程度以上の実現はできないことが知られています．

2 鉄損（ヒステリシス損と渦電流損）

 磁性体に交流磁界を印加すると，図 6・10 に示したヒステリシス曲線により囲まれた面積に等しい (比例した) エネルギー損失が発生します．これをヒステリシス損といいます．この損失は材料の結晶方向がそろっていないことが原因で起こり，周波数に比

補足 ヒステリシスループ：hysteresis loop，初透磁率：initial permeability，
最大透磁率：maximum permeability，微分透磁率：differential permeability，
マイナループ：minor loop，増分透磁率：incremental permeability

例して損失が増えます．したがって，ヒステリシス損を低減させるためには，ヒステリシス曲線の面積が小さい材料が必要となります．このためには保持力を小さくする必要があります．また磁区幅が大きいと，磁界の向きが変化する際に生じる渦電流が増加し，エネルギー損失が増します．

　磁性体は磁界により磁化されますが，磁性体の内部で磁束が時間変化すると，電磁誘導作用により誘導電界が発生し，磁束の変化を打ち消す方向に渦電流が流れます．渦電流の流れる方向に抵抗があると，ここで発熱が発生し損失となります．これを渦電流損といいます．渦電流損を低減するためには，磁気材料の体積抵抗率を大きくすると同時に，磁心の表面を絶縁した薄板を積み重ね渦電流の流れを阻止することが有効です．また，高い周波数で使用するものは，この対策を施してもなお損失が大きいため，材料を微粉として粒間を絶縁して押し固めた圧粉心を用います．

　渦電流損とヒステリシス損の和を鉄損といいます．鉄損は電気機器や電子部品を設計するうえで重要な項目の一つです．たとえばけい素鋼板のけい素の含有量や加工プロセス（電磁鋼板の結晶方位や磁区構造の制御）は，渦電流損とヒステリシス損ができるだけ小さくなるよう選ばれます．

　また磁壁の移動時には，磁性体のわずかな伸縮が発生します．180度磁壁の場合，滑らかに磁壁が移動するため磁化に伴う結晶格子の伸び縮み（磁歪）は起こりません．これ以外の磁区構造では複雑な磁区構造となるため磁歪が発生し，磁性体から「騒音」が発生します．

　一般に磁気材料は動作させる周波数が高くなると，磁気特性の低下や鉄損の増大が認められます．また磁石はインバータのPWM制御やスロット内の高調波などにより，渦電流が発生し発熱します．これにより損失が発生し，機器の効率が低下します．

　磁気記録材料としては残留磁束密度が大きく，保持力もある程度大きくかつエネルギー損の少ないものが要求されます．かつ記録信号がひずみなく再生されることが必要です．さらに超音波を発生させる目的で使用される磁気ひずみ材料では，磁気ひずみが大きく，弾性体としての特性が良く磁気的・機械的エネルギー損失の少ないものが望まれます．

補足➡可逆透磁率：reversible permeability, 最大エネルギー積：maximum energy product, M-H曲線：M-H curve, 磁化曲線：magnetization curve, ヒステリシス損：hysteresis loss, 渦電流損：eddy current loss, 圧粉心：dust core, 鉄損：iron loss

まとめ

(1) 磁石の性質は磁界と磁束密度との関係により，磁化曲線として表すことができます．この関係はヒステリシス曲線として表すことができます．
(2) 一般に磁性体の比透磁率は定数ではなく，磁界すなわち励磁電流の大きさにより変化します．
(3) 交流磁界を磁性体に印加すると，ヒステリシス特性と渦電流の発生により発熱が起こり損失となります．
(4) ヒステリシス損と渦電流損を合わせて鉄損といいます．

6-5 磁性材料には何があるのだろうか

キーポイント

磁性材料は，強磁性体としての性質を利用して，さまざまな機能の実現に用いられます．

実際に磁性材料を使用した製品は私たちの生活に多く普及しており，現在では欠かせないものとなっています．

科学技術以外では，最近は医療の現場でも磁性材料の活用が期待されていて，がん治療などに役立てられています．

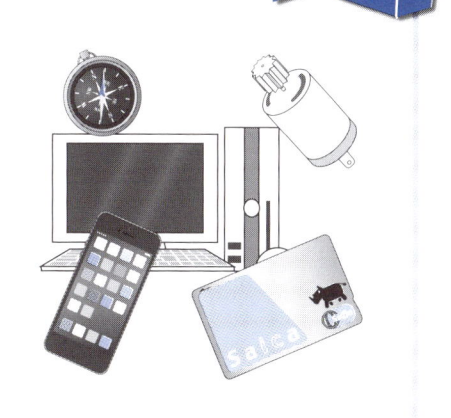

1 磁性材料

磁性材料には，比透磁率の大きな軟質磁性材料と保磁力が大きい硬質磁性材料（永久磁石）があります．電子回路に使われるインダクタンスの磁性材料には，消費電力を少なくするため磁界が弱い領域で大きな比透磁率を持つものが望まれます．また回転機，変圧器などの磁性材料には，比透磁率が高く飽和磁束密度の大きいものが必要です．さらに鉄損が少ないことが望まれます．

磁石は主に，NdFeB磁石とフェライト磁石の2種類に，また製造方法により焼結磁石とボンド磁石に分類されます．フェライト(ferrite)は，酸化鉄を主成分とするセラミックスの総称です(1930年に発明)．強磁性を示すものが大半であり，磁性材料として広く用いられています．軟磁性を示すものをソフトフェライト，硬磁性を示すものをハードフェライトと呼んでいます．東京工業大学の加藤与五郎と武井武により発明されました．1984年に佐川眞人らにより発明されたNdFeB焼結磁石は，フェライト磁石の10倍もの最大エネルギー積$(BH)_{max}$を有しています．

> 磁性材料の特性を把握すれば，さまざまな用途に適切に応用することができます．適材適所というわけじゃ．

補足 → 磁性材料：magnetic material, 軟質磁性材料：soft magnetic material, 硬質磁性材料：hard magnetic material

2 軟質磁性材料

軟質磁性材料は，保磁力が小さく透磁率が大きいことを特徴とする材料です．コイルやトランスなどの磁心，磁気ヨーク，磁気シールドなどに用いられています．これには以下のものがあります．

(1) 鉄

図6・12に鉄の外観を示します．鉄は原子番号26の元素で，元素記号は Fe です．金属元素の一つで，遷移元素に属しています．太陽やほかの天体にも豊富に存在し，地球の地殻の約5%を占め，大部分は地核に存在しています．

図6・12■鉄

(2) 電磁鋼板

1900年，英国のハドフィールド（*Robert Abbot Hadfield*, 1858-1940）は，鉄心用薄鋼板にけい素を加えると鉄損が非常に少なくなることを発見しました．また1934年，米国のゴス（*Goss*）が冷間圧延と焼鈍の組合せで，圧延方向に優れた磁気特性を持つ方向性けい素鋼板を見いだしました．けい素鋼板は現在ではけい素を含まないものもあり，一般に電磁鋼板と呼ばれています．電磁鋼板には磁束が特定の方向に通りやすい**方向性電磁鋼板**と，方向性を持たない**無方向性電磁鋼板**があります．前者の一つの磁区幅は数百 μm 程度であり，主として変圧器の鉄心に使用されます．また後者の磁区幅は数十 μm 程度の大きさであり，主に回転機用に使い分けされています．

けい素鋼は，鉄に少量のけい素を加えた合金です．けい素鉄と呼ばれる場合もあります．実用例を図6・13に示します．電磁鋼板を積層したものは透磁率が比較的高く，飽和磁束密度が大きいことが特徴であり，かつ安価であることから変圧器やモータの磁心用磁性材料として最も多く用いられています．

- **無方向性けい素鋼**はけい素を約3%含んでいます．方向によって透磁率が変化しないので，モータの電機子などの複雑な形状のものに用いられています．
- **方向性けい素鋼**はけい素を約3%含み，圧延と熱処理の条件を調整することで結

補足➡軟質磁性材料：soft magnetic material，方向性電磁鋼板：grain oriented magnetic steel sheet，無方向性電磁鋼板：non-oriented magnetic steel sheet

晶方位をそろえたものです．圧延と平行な方向の透磁率は無方向性けい素鋼の約3倍に高まりますが，それ以外の方向では逆に透磁率が低くなります．変圧器の鉄心など，比較的単純な形状のものに用いられています．磁歪が比較的大きいので磁励音の原因となります．これを磁気雑音といいます．

- けい素が4%を超えると飽和磁束密度は低下するようになりますが，比透磁率が極めて大きくなります．また，ヒステリシス損，過電流損ともに極めて小さくなります．**6.5%けい素鋼**はけい素の量を磁歪定数がほぼ0になる組成である6.5%まで増やしたもので，硬くもろいため圧延加工には高い技術を必要とします．

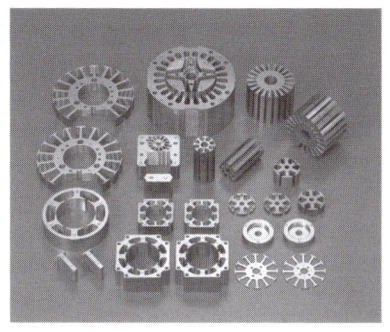

図6・13 けい素鋼を用いた磁心の例

（左）［出典：城山産業株式会社 http://www.shiroyama-ind.co.jp/product/Item/p1.html］
（右）［出典：有限会社加藤精工 http://www.nc-net.or.jp/company/75894/product/detail/29624/］

（3） パーマロイ（鉄-ニッケル合金）

パーマロイはニッケル（Ni）を 35〜80% 含む鉄-ニッケル合金（Fe-Ni 合金）の総称で，初透磁率の大きいことを目的に作られた高透磁率合金です．名前の由来は permeability（透磁率）＋alloy（合金）です．

この合金の磁気特性はニッケル量によって大きく変わるので使用目的によって選択します．たとえば継電器，各種変成器，磁気増幅器などの弱電用では，大きな電流は取り扱わず初透磁率が大きいことが要求されます．**表6・6**にこのような用途に使われるパーマロイ（Fe-Ni 合金）の例を示します．比透磁率は数万から数十万に達します．**図6・14**に外観を示します．

補足➡パーマロイ：permalloy

表6・6 Fe-Ni合金例

名　称	主組成（wt%）	主用途	特　長
インバー (アンバー)	Fe-36Ni	ブラウン管の シャドーマスクなど	低熱膨張率
エリンバー	Fe-38Ni-12Cr, 微量の （Mn，C，W）	ひげぜんまいの素材	常温付近での温度変化の少なさ
42アロイ	Fe-42Ni	ICリードフレーム材	硬質ガラス，セラミックと熱膨張係数が近い
インコネル	Fe-72Ni	タービンブレード	優れた耐熱性，耐食性，耐酸化性，耐クリープ性
78パーマロイ	Fe-78Ni		初透磁率が最大となる組成比率 磁気異方性が少ない 磁歪定数がほぼ0

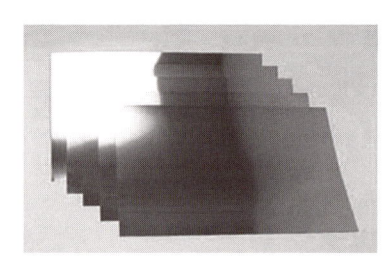

図6・14 パーマロイ(鉄－ニッケル合金)

[出典：栃木精工株式会社 http://www.tochigiseiko.co.jp/product_permalloy_material.html]

（4）センダスト

　センダストは，磁性材料のうちの高透磁率合金の一つです．外観を図6・15に示します．けい素9.5%，アルミニウム5.5%を含む鉄合金(Fe-Si-Al合金)で，パーマロイに匹敵する高い透磁率を示し，また飽和磁束密度も高い特徴があります．非常に硬くてもろく，鍛造や圧延などの加工はほとんどできません．飽和磁束密度・透磁率が高く，鉄損が小さく，耐摩耗性に優れています．ハードディスクの磁気ヘッドなどに用いられます．1937年に，東北大学金属材料研究所の増本量博士らが発明しました．仙台市（東北大学）で発見され，粉（ダスト）にしやすいことから，この名が付けられたといわれています．

補足→センダスト：sendust

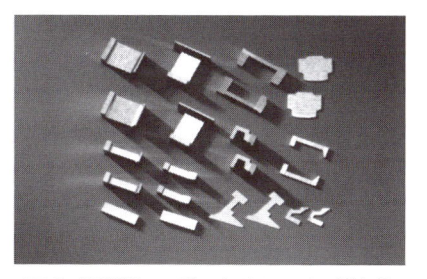

図 6・15 ■ センダストを用いた磁性体
［出典：有限会社クマノ http://www2u.biglobe.ne.jp/ kumano/index.htm］

（5） パーメンジュール

パーメンジュールは，鉄とコバルトを1対1の割合で混ぜた合金です．実用化された軟質磁性材料の中で最大の飽和磁束密度を持つことから，図6・16に示すように電磁石の鉄心や励磁形のスピーカ，電子顕微鏡の磁界レンズなどに用いられています．

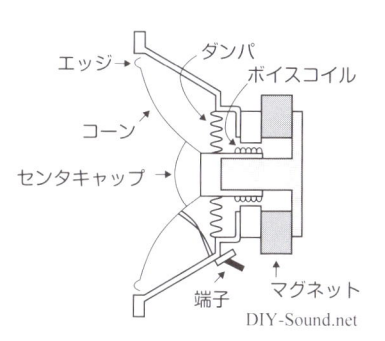

図 6・16 ■ パーメンジュールとスピーカへの応用例
［出典：株式会社アイ・ビー・アイ http://www.feastrex.jp/］

（6） ソフトフェライト

ソフトフェライトは，ニッケル，亜鉛，マンガン，銅，鉄などの遷移金属と酸素からなる金属酸化物を主原料とする軟質磁性材料で，磁界が加わったときだけ磁石になります．金属酸化物を細かい粉にした後，粒間を絶縁し押し固めて焼成します．これを圧粉心といいます．顕微鏡による拡大写真を図6.17(a)に示します．元素の組成比を変えることでさまざまな磁気特性を示します．その特徴を生かして，インダクタ，トランス，ノイズ対策部品，フィルタなどの電子部品の主材料として使われています．チップインダクタへの応用例を図6.17(b)に示します．

ほかの軟質磁性材料と異なり，飽和磁束密度はやや小さいものの，電気抵抗が大きく，

補足 → パーメンジュール：permendur, 圧粉心：dust core

高周波領域における磁気特性が断然優れているのが特徴です．パルス電源，高周波やマイクロ波回路などに用いられています．

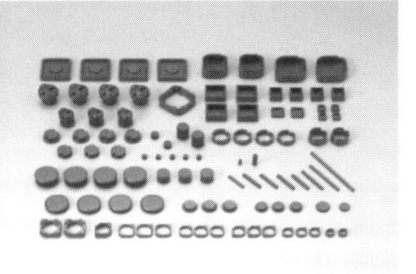

(a) フェライト粉末の SEM 写真　　　(b) チップインダクタ用 Ni-Zn-C
図6・17 ソフトフェライトを用いた製品例とフェライト粉末のSEM写真
(a)〔出典：日立金属株式会社 http://www.hitachi-metals.co.jp/products/elec/tel/p13_21.html〕
(b)〔出典：戸田工業株式会社 http://www.todakogyo.co.jp/product/electronic/softferrite.html〕

(7) アモルファス磁性合金

アモルファス金属(amorphous；非晶質金属)とは，ガラスのように，元素の配列に規則性がなくまったく無秩序な金属です．1960年にカリフォルニア工科大学のポール・デュエーらにより，Au75%，Si25%の合金を急冷することによりはじめて発見され，1970年初頭に東北大学の増本健によって実用化されました．**図6・18**に結晶とアモルファスの違いならびにアモルファス磁性合金の外観を示します．

アモルファス合金は低鉄損，高電気抵抗であるため変圧器用鉄心として，小容量のものから大容量のものまで適用が拡大しています．特徴として強靱性，耐食性，軟磁性があげられます．アモルファスでは金属結晶のようなすべり面がないため，強度と粘りを両立させることができます．また，一般にアモルファス金属は化学的な活性が高いため，合金中にクロムのような不動態を作るような元素を添加すると，厚い不動態被膜を作りやすく，高い耐腐食性を示します．アモルファスは均一性が高く，腐食の起点となる結晶粒界が存在しないことも耐腐食性の高さに寄与しています．アモルファス金属には異方性がなく，磁壁の移動を妨げる粒界が存在しないため，組成中に強磁性金属を添加することで優れた軟質磁性材料が得られます．この軟磁性を利用して，アモルファス金属は電源用トランスやノイズフィルタなど，電子機器の基幹材料に用いられています．

通常は融点 T_m 以上でアモルファス，T_m 以下で結晶となりますが，T_m 以下でアモルファス状態を得られる合金がアモルファス合金です．

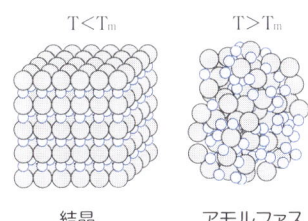

T<T_m	T>T_m	
結晶	アモルファス	
(a) 結晶とアモルファスの違い		(b) アモルファス磁性合金

図 6・18 アモルファス磁性合金

(a) [出典：物質・材料研究機構 http://www.nims.go.jp/apfim/amorphous.html]
(b) [出典：中外電気産業株式会社 http://www.chugai-denki.co.jp/contents/products/pro05/]

(8) SMC

軟質圧粉心(SMC：soft magnetic composite)は、図 6・19 に示すように界面に有機物を用いて電気的に絶縁を施した皮膜を持つ鉄粒子の圧粉心で、高周波特性に優れた磁性材料です。最新のものでは有機物を使用しないものも製作されています。FeSi 磁粉の SMC は高周波特性のほかに透磁率の向上、ヒステリシス損の低減、電気抵抗率の改善が図られています。

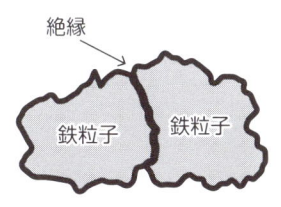

図 6・19 軟質圧粉心SMC

(9) ナノ結晶磁性合金

ナノ結晶磁性合金は、ナノ結晶粒(粒径約 10nm)組織を有する磁性材料です。鉄の含有量がアモルファスと比べて 10% 程度多く、図 6・20(a)に示すように急冷状態でアモルファス母相に Cu クラスタを形成させ、熱処理によりクラスタを核にナノ結晶組織を実現させたもので、優れた軟質磁性特性を示す金属磁性材料です。図 6・20(b)に示すように超微細なナノ結晶組織を有する合金は通常の合金に比べて高強度・高延性などの優れた性質を示します。従来の結晶質軟性磁性材料は、磁気特性を改善するために結晶粒を大きくする手法がとられていますが、図 6・20(c)に示すようにナノ結晶材料は逆にナノオーダまで結晶粒を微細化することにより鉄損が少ない良好な軟磁気特性、特に高透磁率の材料が得られます。外観を図 6・20(d)に示すように鉄・遷移金属系ナノ結晶軟磁性合金は、高い飽和磁束密度、優れた軟磁気特性、磁心損失が小さいなどの特性を持ち、

スイッチング電源，ノイズフィルタなどの磁心の小型化，高性能化を可能にします．

アルミニウム結晶中に準結晶粒子を分散させると，高温強度，延性，靱性および耐摩耗性に優れたアルミニウム合金が製造できます．

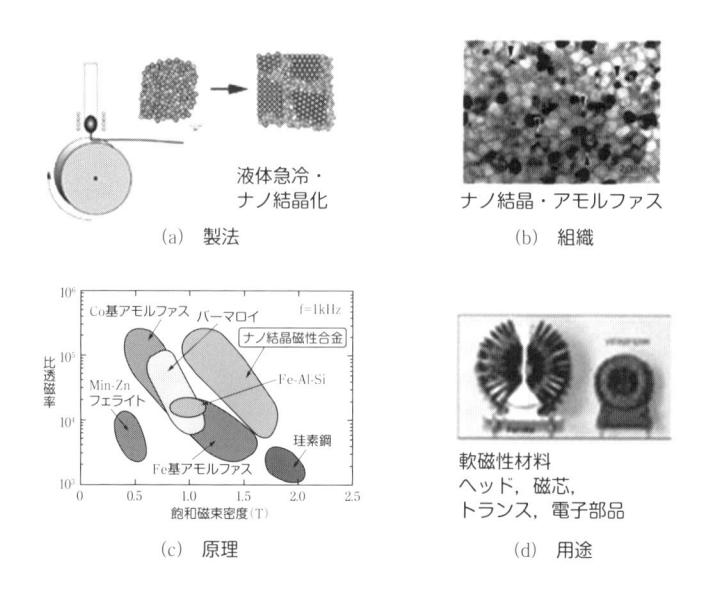

図6・20 ナノ結晶軟質磁性材料

[出典：http://www.nims.go.jp/apfim/nanosoftmag.html
http://www.hitachi-metals.co.jp/product/finemet/fp07.htm]

(10) 磁気記録材料

強磁性体の重要な用途に磁気記録があります．PETフィルムでできたテープの上に軟性磁性材料を塗布したものは，テープレコーダとして古くから使われてきました．磁気記録においては，単位面積当たりに書き込める情報量が大きいことが必要ですが，減磁力が生じるため抗磁力が大きな材料が必要になります．しかし，抗磁力があまり大きいと磁化に大きなエネルギーが必要となり，記録密度が低下してしまいます．また磁化できないというジレンマが生じます．最近の高密度記録が可能なハードディスクでは，磁界により電気抵抗が変化する磁気抵抗効果を利用しています．**表6・7**に代表的な磁気記録材料を示します．

表 6・7 ■ 代表的な磁気記録材料

磁性材料	σ_s [Wb・m/kg]	磁束密度 [T]	保持力 H_c [kA/m]
γ-Fe_2O_3	1.0×10^{-4}	0.1	20 〜 31
Co 含有 γ-Fe_2O_3	1.0	0.1	20 〜 80
CrO_2	1.1	0.15	16 〜 64
Co-Ni 薄膜	> 2.5	1.0	8 〜 80

注：1T ＝ 1Wb/m²

3 硬質磁性材料（永久磁石）

硬質磁性材料は，保磁力が大きいことを特徴とする材料です．永久磁石として用いられます．また磁気記録用の磁性体もこれに分類されます．現在，主に工業的に使用されている永久磁石材料にはフェライト磁石と合金磁石があります．合金磁石にはアルニコ磁石，希土類磁石があります．希土類磁石はレアアース磁石ともいい，希土類元素（アクチニウムを除く第Ⅲ族元素やランタノイド）を用いて作られます．1960年代後半から開発され，SmCo 系磁石と NdFeB 系磁石があります．これらの希土類磁石は，磁束密度を高くできるという優れた磁気特性を有しており，永久磁石を使用した回転機(PM モータ：permanent magnet type synchronous motor)用材料として注目されています．

表 6・8 に希土類磁石の物性値を示します．

表 6・8 ■ 希土類永久磁石の物性値

磁石	残留磁束密度 B_r [T]	保磁力 H_{ci} [kA/m]	$(BH)_{max}$ [kJ/m³]	キュリー温度 T_C [℃]
フェライト磁石 BaO・6Fe_2O_3（焼結） SrO・6Fe_2O_3（焼結）	0.2 〜 0.4	100 〜 300	10 〜 40	450 480
アルニコ磁石(焼結)	0.6 〜 1.4	275	10 〜 88	700 〜 860
サマリウム磁石 $SmCo_5$（焼結）	0.8 〜 1.1	600 〜 2 000	120 〜 200	720
サマリウム磁石 $Sm_2(Co,Fe,Cu,Zr)_{17}$（焼結）	0.9 〜 1.15	450 〜 1 300	150 〜 240	800
ネオジム磁石 $Nd_2Fe_{14}B$（焼結）	1.0 〜 1.4	750 〜 2 000	200 〜 440	310 〜 400
ネオジム磁石 $Nd_2Fe_{14}B$（結合）	0.6 〜 0.7	600 〜 1 200	60 〜 100	310 〜 400

補足 ➡ 硬質磁性材料：hard magnetic material

(1) フェライト磁石

フェライト磁石(ferrite magnet)はFeとBa，またはSrの酸化物を主成分としています．このため，比電気抵抗が高い，耐腐食性に優れるなどの特徴があります．

(2) アルニコ磁石

アルニコ磁石(AlNiCo)は，アルミニウム(Al)，ニッケル(Ni)，コバルト(Co)などを原料として鋳造された磁石(鋳造磁石)です．「アルニコ」の名前の由来は，各元素記号を単純に並べたものです．鉄や銅などを添加物として加えることがあり，強い永久磁石として利用されます．

一般的に利用可能な磁石として，ネオジム磁石やサマリウムコバルト磁石などの希土類磁石(レアアース磁石)と同じくらいに強い磁力を持っています．また，アルニコ磁石は地球の磁力の約3 000倍に相当する0.15T(テスラ)ほどの磁束密度を持っています．

アルニコ合金は，約800℃の高いキュリー点を持ちます．しかし，保磁力がそれほど大きくないため，反磁界の大きい薄板形状では自己減磁のために使用することができないという欠点があります．

アルニコ磁石は電動機やセンサなどに使用されるほか，スピーカ，エレクトリックギターのピックアップなどにも広く利用されます．図6・21はスピーカへの応用例です．また，変わった用途として，5cmくらいの棒状にしたアルニコ磁石を牛に飲み込ませて，第3胃内の針金など鉄片を束状に吸着させ創傷性心膜炎を予防するために使われています．

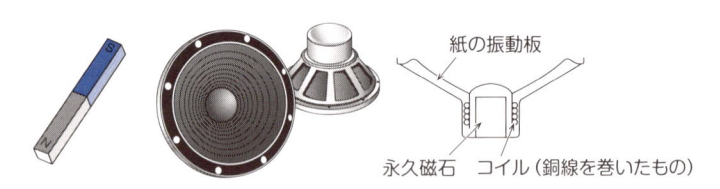

図6・21■アルニコ合金磁石の応用例

(3) サマリウムコバルト磁石(サマコバ磁石)

サマリウムコバルト磁石(samarium-cobalt magnet)は，1970年代前半に開発された磁石であり，サマリウムとコバルトで構成されている希土類磁石(レアアース磁石)です．サマコバ磁石と略されることもあります．組成比の異なる$SmCo_5$(1-5系)とSm_2Co_{17}(2-17系)があります．「1-5系」は高価なサマリウムの比率が高いため，「2-17系」の登場以降あまり用いられなくなってきています．硬度が低いためにもろい性質がありますが磁気特性が安定しており，かつ最も強いネオジム磁石に次ぐ磁力を持っています．磁性がなくなる温度であるキュリー温度は700～800℃と非常に高く，耐熱性に優れています．最高で350℃程度までの環境でも使用できるため，高温での用途に用いられています．耐食性にも優れていますが，水分が十分に少なく表面が研磨されている状態であると，低い温度で発火することがあるため火災に注意する必要があります．

（4） ネオジム磁石（ネオジム鉄ボロン磁石）

1984年に，日本の住友特殊金属（当時の社名，2004年から日立金属）の佐川眞人らによって発明された**ネオジム磁石** $Nd_2Fe_{14}B$ は，ネオジム，鉄，ほう素を主成分とする希土類磁石（レアアース磁石）の一つで，永久磁石の中では最も強力とされています．図6・22にネオジム磁石の応用例を示します．磁束密度が高く，非常に強い磁力を持っています．図6・23にNd系磁石の保持力と組織粒度との関係を示します．粒径が小さいほど保持力が大きくなることがわかります．これは結晶粒が単磁区粒子サイズ以下になると，磁気的にアイソレーション（絶縁）されていることによります．

一方，ネオジム磁石は機械的に壊れやすく，磁力の温度変化が大きく，特に加熱すると磁石から発生する磁束量が不可逆的に減少する**熱減磁**，**高温減磁**が生じやすい欠点があります．希少金属であるジスプロシウム（Dy）やガリウム（Ga）を添加すると，保磁力 H_C が磁束密度 $\mu_0 H_C$ に換算して1.5～3Tに向上します．また，1％のジスプロシウムの添加で，熱減磁が15℃改善するといわれています．キュリー温度は約310℃です．ネオジム磁石はさびやすいためニッケルでめっきして用います．

なお，ネオジム磁石が高周波電流にさらされると，発生する渦電流により発熱します．この熱対策として，結晶方向が一方向にそろうNd系異方性ボンド磁石が研究開発されています．

2009年に発明されたNdCuAl拡散法では，Ga，Dy，Coを含まない保持力1.8TのNd系異方性ボンド磁石が実現されています．これは従来の焼結磁石より電気抵抗率が2～3桁大きく，かつ射出成型ができる利点があります．

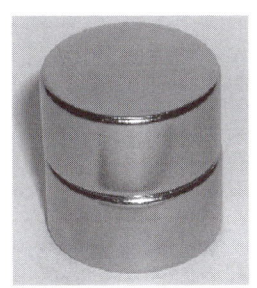

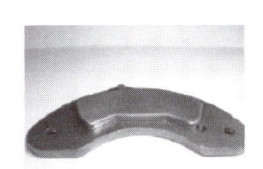

(a) ネオジム磁石　　(b) ハードディスクヘッドのアクチュエータ

図6・22 ネオジム磁石の応用例

補足 → ネオジム磁石：neodymium magnet,
高温減磁：Demagnetization at high temperature

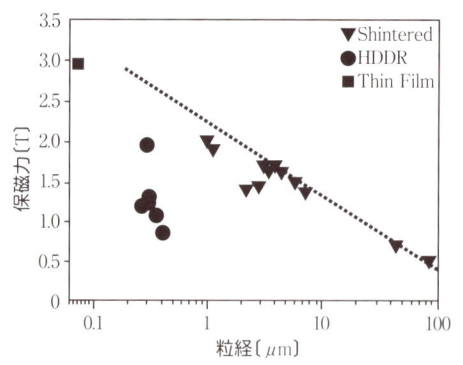

図6・23■粒径と保磁力との関係
(出典:電気学会誌, Vol.134, No.12, p.828, 図1)

(5) サマリウム鉄窒素磁石

　サマリウム窒化鉄ボンド磁石は，磁力そのものは劣るもの，絶縁性に優れるうえにさびないといった特性を有しており，現在ハイブリッドカーのモータやパソコン内部などに広く使用されています。「ネオジム焼結磁石」の代替として開発されましたが，熱に弱く粉末焼結工法が使えないためボンド磁石として使われています。サマリウム磁石と成形品の例を図6・24に示します。

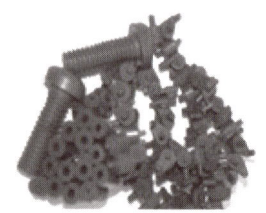

図6・24■サマリウム磁石と成形品の例

4 磁歪材料

　磁歪材料は，図6・25に示すように磁界をかけることによって磁性体が変形する材料です。これを**ジュール効果**といいます。強磁性体を磁化したとき，その外形が変形する現象またはその変形を磁歪または磁気ひずみといいますが，変形によるひずみの割合は非常にわずかで10^{-5}～10^{-6}程度です。ニッケルやフェライトで起こります。また，通常の磁歪材料に比べて変化倍率が40～100倍程度大きいものを**超磁歪材料**といいます。これにはテルビウム(Tb)，ジスプロシウム(Dy)，鉄(Fe)からなる単結晶などがあり，圧電材料並みの変位量を持っています。

補足➡磁歪材料:magnetostrictive material, ジュール効果:Joule effect

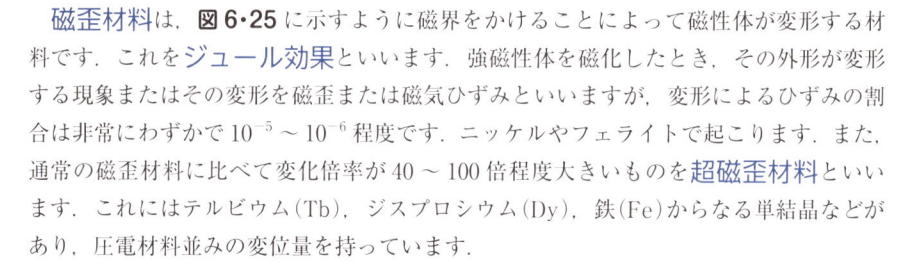

磁歪の原因は，磁気モーメントを担うスピン間の相互作用のエネルギーがスピン間の距離の関数であるために，強磁性の発生とともに弾性エネルギーとの和が最小になるように結晶格子がひずむためです。

用途には，超音波発振器，海底や資源探査用ソナー，センサのほか，振動発電，アクティブ制振などのアクチュエータとしての用途が期待されています。

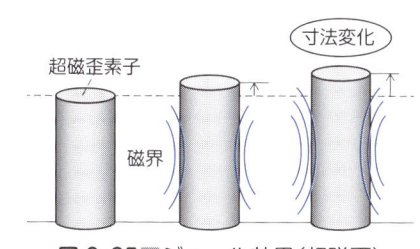

図6・25 ジュール効果(超磁歪)

また，図6・26に示すように超磁歪素子に圧力を加えると透磁率が変化し，磁化の強さが変化する現象を**ビラリ効果**(Villari effect)といいます。センサとして用途があります。

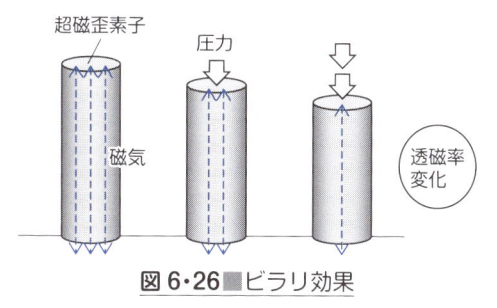

図6・26 ビラリ効果

また，磁歪材料をねじると円周上にヘリカル状に磁界が発生することを**マテウチ効果**といい，逆に円周上の磁界により磁歪材料にねじりが生じる現象を**ウィーデマン効果**といいます。

5 磁気抵抗材料

磁気抵抗材料は，磁界をかけると電気抵抗が変化する材料です。このような現象を**磁気抵抗効果**と呼びます。1856年にウィリアム・トムソンにより発見されました。たとえばInSb板面に垂直方向に磁界が加わると抵抗値が増大します。これは電流の通路がローレンツ力により変化し，材料の電子移動度が変化することによります。また，

補足 → マテウチ効果：Matteucci effect, ウィーデマン効果：Wiedemann effect,
磁気抵抗材料：magnetoresistive material, 磁気抵抗効果：magnetoresitance effect

強磁性金属であるコバルト(Co)と酸化物絶縁体である Al_2O_3 からなる金属-絶縁ナノグラニューラ膜はトンネル形の磁気抵抗効果(TMR)を示します．磁気抵抗効果の特殊例として，1nm 程度の強磁性薄膜(F層)と非強磁性薄膜(NF層)を重ねた多層膜には数十％以上の磁気抵抗比を示すものがあります．このような現象を**巨大磁気抵抗効果**(GMR：giant magneto resistive effect)といいます．1987 年にドイツのペーター・グリューンベルク，フランスのアルベール・フェールらにより発見され，2007 年ノーベル物理学賞を受賞しました．磁気多層膜以外にも，ペロブスカイト型マンガン酸化物においても観測されます．巨大磁気抵抗効果を応用した機器として，大容量ハードディスクの磁気ヘッドがあります．**図 6・27** にハードディスクの構造を，また**図 6・28** に磁気ヘッドの構造を示します．磁気ヘッドは薄膜でできています．磁化領域が非常に小さいため磁界により電気抵抗が変化する磁気抵抗効果を用いています．

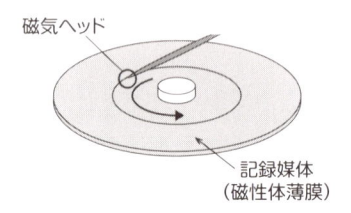

図 6・27 ■ハードディスクの構造

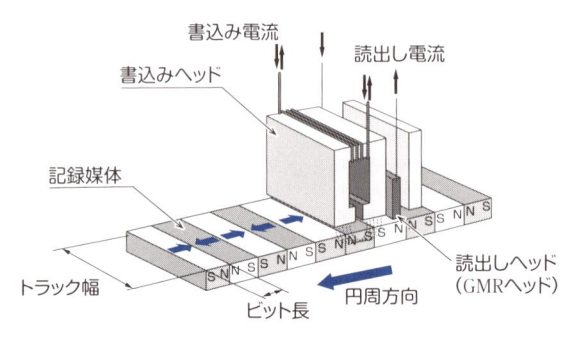

図 6・28 ■磁気ヘッドの構造

［出典：産業技術総合研究所 http://www.aist.go.jp/aist j/press release/pr2005/pr20050331/pr20050331.html］

6 磁性流体

磁性流体とは，流体でありながら磁性を帯び，砂鉄のように磁石に吸い寄せられる性質を持つ**機能性流体**の一つです．**MR 流体**ともいいます．**図 6・29** に外観を示し

補足 ⇒ 磁性流体：magnetorheological fluid, magnetic fluid, ferrofluid,
機能性流体：mart fluid

ます。

　1960年代初めに「宇宙空間の無重力状態の中で，宇宙船内部の液体燃料を送るにはどうすればよいか」というNASAのスペースプログラムの中で開発された液体材料です。

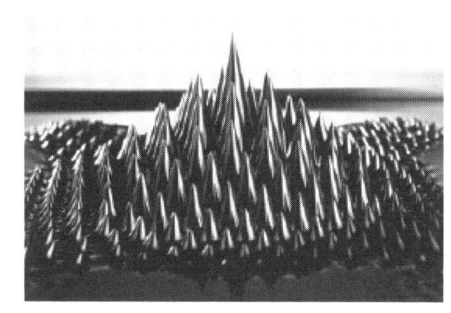

図6・29■磁性流体
[出典：児玉幸子、竹野美奈子：磁性流体のアートプロジェクト「突き出す、流れる」]

　「磁石に反応する液体」という特性を生かして、さまざまな産業用途で活用されています。磁性流体はマグネタイトやマンガン亜鉛フェライトなどの強磁性微粒子，その表面を覆う界面活性剤，ベース液(水や油)の三つで構成される磁性コロイド溶液です。磁性流体中の強磁性微粒子は，直径10nm程度であり，界面活性剤とベース液の親和力と界面活性剤同士の反発力により，ベース液中で凝集したり沈降したりすることなく安定した分散状態を保つことが知られています。

　磁性流体は磁界が0のときは磁性のない単なる液体ですが，マグネットなど外部から磁界を作用させることで磁化します。しかし，マグネットを遠ざける(外部磁界を取り除く)と，磁性流体の磁化は再び消滅します。このような磁気的性質を「超常磁性」といいます。磁性流体は，**図6・30**に示すように残留磁化およびヒステリシスといった特性を持ちません。

　また，磁性流体の磁化は，単位体積当たりの磁性流体中に含有される磁性粒子の量に比例し，外部から印加された磁界によって磁化が飽和した値を飽和磁化値と呼びます。

図6・30 ■磁性流体の磁気特性

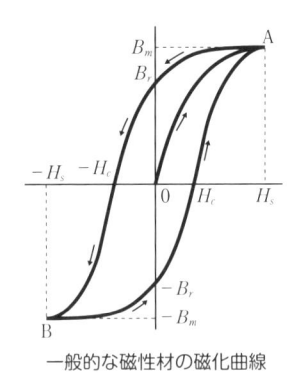

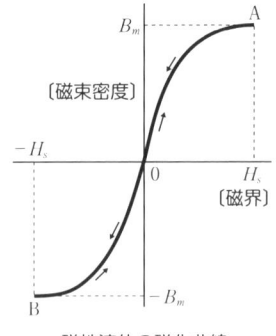

(左)一般的な磁性材の磁化曲線　(右)磁性流体の磁化曲線

まとめ

(1) 磁性材料は電気機器や素子に必要な磁束密度を，できるだけ小さな外部磁界で得ることができる機能性材料です．
(2) 磁性体は強磁性体，常磁性体，反磁性体に分類できます．
(3) 一般には強磁性体を磁性体と呼びます．
(4) 実用化されている磁性材料には多種多様なものがあり，それらはフェライト磁石と合金磁石に大別できます．
(5) NdFeB磁石は，フェライト磁石の10倍もの最大エネルギー積を持っています．
(6) 巨大磁気抵抗(GMR)効果を利用したハードディスクの読出し磁気ヘッド(GMRヘッド)が実用化されています．

練習問題

① 磁性材料の最大比透磁率,保磁力,残留磁束密度,ヒステリシス損の関係について述べなさい.

② 電磁鋼板の種類と特性の違いをまとめなさい.

③ 鉄-ニッケル合金は高透磁率材料として有用です.この用途について述べなさい.

④ アモルファス磁性合金の製造法と用途について調べなさい.

⑤ 圧粉磁心とは何でしょうか.また,これに用いる強磁性材料にはどのようなものがありますか.

⑥ 高透磁率フェライト磁心の特徴を述べなさい.

⑦ 永久磁石材料として望ましい特性にはどのようなものかあるかを述べなさい.

⑧ ボンド磁石とは何でしょうか.

⑨ 巨大磁気抵抗(GMR)効果とは何でしょうか.

練習問題 解答&解説

1章

① 硬貨の中の銅原子のモル数は

$$\frac{4.5\times10^{-3}\mathrm{kg}}{63.5\times10^{-3}\mathrm{kg/mol}}=7.1\times10^{-2}\,\mathrm{mol}$$

であるから，原子数は $7.1\times10^{-2}\,\mathrm{mol}\times6.0\times10^{23}\,[1/\mathrm{mol}]=4.3\times10^{22}$

銅箔の体積に存在するモル数は

$$\frac{8.9\times10^{3}\mathrm{kg/m^{3}}\times10^{-3}\times10^{-3}\times10^{-4}\mathrm{m^{3}}}{63.5\times10^{-3}\mathrm{kg/mol}}=1.4\times10^{-5}\,\mathrm{mol}$$

となる．したがってアボガドロ数を用い

$$1.4\times10^{-5}\,\mathrm{mol}\times6.0\times10^{23}\,[1/\mathrm{mol}]=8.4\times10^{18}$$

② 銅原子の原子量は 63.5 であるから数値を代入すると

$$v=\sqrt{\frac{3\times1.4\times10^{-23}\mathrm{J/K}\times300\,\mathrm{K}}{63.5\times1.7\times10^{-27}\mathrm{kg}}}=340\,\mathrm{m/s}$$

③ 古くは KS 鋼，MK 鋼，さらにアルニコ磁石，フェライト磁石，サマリウム・コバルト磁石，ネオジム磁石などがあり，これらの材料の開発には日本人の研究者が大きな貢献をしています（詳細は6章を参照してください）．

④ 金属系超電導材料，銅酸化物系材料，鉄系材料などがあります．これらの材料開発にも日本人の貢献が大です．
【参考文献】仁田旦三(編著)：『EE Text 超電導エネルギー工学』オーム社(2006年) など

2章

① 1 eVは，1 Vの電位差の並行平板中で電子を加速するときに，電子が得る運動エネルギーのことです。1 eVをジュール〔J〕単位で表すと，下記のように非常に小さな値になります。電子を扱う場合，エネルギーをジュールの単位で扱うと，この小さな値の計算が必要になりますが，eV単位で扱うことで扱いやすい数値になります。

$$1 \text{ eV} = 1.60 \times 10^{-19} \text{C} \times 1 \text{ V} = 1.60 \times 10^{-19} \text{ J}$$

② 電子は電子と陽子間の静電引力 $e^2/4\pi\varepsilon_0 r^2$ と遠心力 mv^2/r が釣り合った状態で運動しているので，$e^2/4\pi\varepsilon_0 r^2 = mv^2/r$ です。また，ボーアの量子条件より，運動量 $p = mv = h/2\pi r$ です。この二つの式より，水素電子の軌道半径は次式のように求まります。この半径をボーア半径といいます。

$$r = \frac{\varepsilon_0 h^2}{\pi m e^2} = 0.53 \times 10^{-10} \text{ m}$$

電子の全エネルギーは，電子の運動エネルギーと静電ポテンシャルエネルギーの和です。

電子の運動エネルギー

$$= \frac{1}{2}mv^2 = \frac{1}{2}\left(\frac{e^2}{4\pi\varepsilon_0 r}\right) = \frac{e^2}{8\pi\varepsilon_0 r} = \frac{e^2}{8\pi\varepsilon_0 \left(\frac{\varepsilon_0 h^2}{\pi m e^2}\right)} = \frac{me^4}{8\varepsilon_0^2 h^2} \text{〔J〕}$$

電子のポテンシャルエネルギー

$$= \int_\infty^r \delta \frac{e^2}{4\pi\varepsilon_0 r^2} dr = \left[\frac{-e^2}{4\pi\varepsilon_0 r}\right]_\infty^r = \frac{-e^2}{4\pi\varepsilon_0 r} = \frac{-e^2}{4\pi\varepsilon_0 \left(\frac{\varepsilon_0 h^2}{\pi m e^2}\right)} = \frac{-me^4}{4\varepsilon_0^2 h^2} \text{〔J〕}$$

したがって

電子の全エネルギー

$$= \frac{me^4}{8\varepsilon_0^2 h^2} - \frac{me^4}{4\varepsilon_0^2 h^2} = -\frac{me^4}{8\varepsilon_0^2 h^2} \text{〔J〕} = -2.165 \times 10^{-18} \text{ J} = -13.5 \text{ eV}$$

電子の静電ポテンシャルエネルギーが負の値になるのは，静電ポテンシャルの基準を，電子が原子核の影響を受けない，原子核から無限大離れた位置にとったからです。電子は原子核に引き付けられ，ポテンシャルエネルギーを小さくしながら r の位置に存在するため，ポテンシャルエネルギーは負になります。

③

軌道	主量子数 n	方位量子数	軌道名	磁気量子数 m	スピン量子数 s	最大収納電子数	
K殻	1	0	1s	0	+1/2, -1/2	2	2
L殻	2	0	2s	0	+1/2, -1/2	2	8
		1	2p	-1	+1/2, -1/2	2	
				0	+1/2, -1/2	2	
				+1	+1/2, -1/2	2	
M殻	3	0	3s	0	+1/2, -1/2	2	18
		1	3p	-1	+1/2, -1/2	2	
				0	+1/2, -1/2	2	
				+1	+1/2, -1/2	2	
		2	3d	-2	+1/2, -1/2	2	
				-1	+1/2, -1/2	2	
				0	+1/2, -1/2	2	
				+1	+1/2, -1/2	2	
				+2	+1/2, -1/2	2	
N殻	4	0	3s	0	+1/2, -1/2	2	32
		1	4p	-1	+1/2, -1/2	2	
				0	+1/2, -1/2	2	
				+1	+1/2, -1/2	2	
		2	4d	-2	+1/2, -1/2	2	
				-1	+1/2, -1/2	2	
				0	+1/2, -1/2	2	
				+1	+1/2, -1/2	2	
				+2	+1/2, -1/2	2	
		3	4f	-3	+1/2, -1/2	2	
				-2	+1/2, -1/2	2	
				-1	+1/2, -1/2	2	
				0	+1/2, -1/2	2	
				+1	+1/2, -1/2	2	
				+2	+1/2, -1/2	2	
				+3	+1/2, -1/2	2	

④

殻	軌道	$_6$C	$_{15}$P	$_{18}$Ar	$_{26}$Fe	$_{28}$Ni	$_{31}$Ga	$_{32}$Ge	$_{33}$As	$_{49}$In	$_{50}$Sn	$_{51}$Sb
K	1s	2	2	2	2	2	2	2	2	2	2	2
L	2s	2	2	2	2	2	2	2	2	2	2	2
	2p	2	6	6	6	6	6	6	6	6	6	6
M	3s		2	2	2	2	2	2	2	2	2	2
	3p		3	6	6	6	6	6	6	6	6	6
	3d				6	8	10	10	10	10	10	10
N	4s				2	2	2	2	2	2	2	2
	4p						1	2	3	6	6	6
	4d									10	10	10
	4f											
O	5s									2	2	2
	5p									1	2	3
	5d											
	⋮											

⑤ 熱エネルギーは，絶対温度を T〔K〕とすると，ボルツマン定数 k_B (1.38×10^{-23} J/K) によって，$E = k_B T$〔J〕と定義されます．したがって，300K の熱エネルギーは 4.14×10^{-21} J ($= 0.026$ eV) です．一方，光のエネルギーは，波長を ν とすると，プランク定数 h (6.63×10^{-34} J·s) によって，$E = h\nu$〔J〕で定義されます．波長 λ が 500nm の光の振動数 ν は，光の速度 c を 3×10^8 m/s とすると，$\nu = c/\lambda$ より 6×10^{14}〔1/s〕です．したがって，500nm の光のエネルギーは 3.98×10^{-19} J ($= 2.49$ eV) と求まります．熱エネルギーに比べて，光のエネルギーの大きいことがわかります．

⑥

	共有結合	イオン結合	金属結合	ファンデルワールス結合
結合力	← 強い			
融点・沸点	極めて高い	高い	中程度	低い
電気伝導	一般に低い	極めて低い（液体は高い）	極めて高い	極めて低い
硬さなど	極めて硬い	硬くて脆い	硬い～軟らかいまで 延性・展性に富む	軟らかい

⑦ 結晶面　①$(1\bar{1}00)$　②$(10\bar{1}1)$　③$(\bar{1}2\bar{1}0)$
　　結晶方位　①$[100]$　②$[001]$　③$[011]$

3章

① 電子密度 $n=$ アボガドロ数×密度÷原子量 $=8.47\times10^{28}$ 個/m^3 であるため，次式のようになる．

　　移動度　$\mu_e=\dfrac{1}{n\cdot e\cdot\rho}=4.3\times10^{-3}$ m^2/(V·s)

　　平均速度　$v_e=\mu_e\cdot E=8.6\times10^{-2}$ m/s

　　緩和時間　$\tau_e=\dfrac{m_e}{ne^2\rho}=2.44\times10^{-14}$ s

② 電子密度 $n=$ アボガドロ数×密度÷原子量 $=6.03\times10^{28}$ 個/m^3 であるため，次式のようになる．

　　移動度　$\mu_e=\dfrac{1}{n\cdot e\cdot\rho}=4.3\times10^{-3}$ m^2/(V·s)

　　平均速度　$v_e=\dfrac{I}{S\cdot n\cdot e}=5.27\times10^{-5}$ m/s

　　緩和時間　$\tau_e=\dfrac{m_e}{n\cdot e^2\cdot\rho}=2.09\times10^{-14}$ s

③ 波長　$\lambda=\dfrac{C_0}{\nu}=472$ nm

　　振動数　$\nu=\dfrac{1}{2\pi}\sqrt{\dfrac{n\cdot e^2}{\varepsilon_0\cdot m_e}}=6.35\times10^{-14}$ Hz

④ 光量子エネルギーは $E = \dfrac{h \cdot C_0}{e \cdot \lambda} = 2.25$ eV となる.

---

⑤ マクスウェル・ボルツマン (Maxwell-Boltzmann) 分布は円筒を重力場内に考え, 内部の気体分子が温度 T [K] で熱平衡状態と仮定する. 高さ Z と $Z+dZ$ 間にある粒子による圧力 dP は

$$dP = -nmgdZ \tag{1}$$

ここで, $n(Z)$：Z における分子濃度, g：重力加速度, m：分子質量
一方, ボイル・シャルルの法則より, 1mol の気体の体積 V_m をとすると

$$PV_m = RT \tag{2}$$

ここで, R：気体定数 $= 8.314$ J/kmol
気体密度 ρ, アボガドロ数 $N_0 = 6.025 \times 10^{23}$ [1/mol] から

$$V_m = \dfrac{N_0 m}{\rho} = \dfrac{N_0}{n} \tag{3}$$

ここで, $n = \rho/m$
よって, 式(2)はボルツマン定数：$k_B = \left(\dfrac{R}{N_0}\right) = 1.38 \times 10^{-23}$ J/K から

$$P = \dfrac{n}{N_0} RT = n k_B T \tag{4}$$

したがって(4)式を微分すると, また式(1)から

$$\dfrac{dP}{dZ} = k_B T \dfrac{dn}{dZ} \tag{5}$$

$$\dfrac{dP}{dZ} = -nmg \tag{6}$$

ゆえに

$$k_B T \dfrac{dn}{dZ} = -nmg \Rightarrow -\dfrac{dn}{n} = \dfrac{mg}{k_B T} dZ \tag{7}$$

積分すると

$$n = A \exp\left(-\dfrac{mgZ}{k_B T}\right) \tag{8}$$

ここで, A：積分定数
式(8)で mgZ は高さの差による重力のポテンシャルエネルギー $W(Z)$ とすると

$$n(Z) = A \exp\left(-\dfrac{W(Z)}{k_B T}\right)$$

単位面積当たりの気合粒子数を N とすれば

$$N = \int_0^\infty n(Z) dZ = A \int_0^\infty \exp\left(-\dfrac{W(Z)}{k_B T}\right) dZ = A \dfrac{k_B T}{mg} \tag{9}$$

$$\therefore A = \frac{mg}{k_B T} N$$

であるから

$$n(Z) = \frac{Nmg}{k_B T} \exp\left(-\frac{mgZ}{k_B T}\right) = \frac{Nmg}{k_B T} \exp\left(-\frac{W(Z)}{k_B T}\right) \tag{10}$$

一般形として高さ Z から $Z+dZ$ にある気体粒子数は

$$f(Z)dZ = A(N,T) \exp\left(-\frac{W(Z)}{k_B T}\right) dZ \tag{11}$$

$$\left[\because A(N,T) = \frac{Nmg}{k_B T}\right]$$ となる. $f(Z)$ は分布関数と呼ぶ.

⑥ 熱電性能定数は $Z = \dfrac{\alpha^2}{\eta \cdot \rho} = 2.32 \times 10^{-3}$ となる.

⑦ 超電導臨界電流密度は $J = \dfrac{B}{\mu_0 \cdot N \cdot \pi \cdot r_2} = 1.27 \times 10^8 \text{A/m}^2$ となる.

⑧ ロンドンの侵入深さは $\lambda = \sqrt{\dfrac{m_s}{n_s \cdot e^2 \cdot \mu_0}} = 2.38 \times 10^{-8} \text{m}$ となる.

4章

① 半導体中のキャリア移動度 μ はキャリアの動きやすさを示します．半導体中において，電界 E 〔V/m〕の中にキャリアが置かれたときに，キャリアの電界による移動速度 v 〔cm/s〕は，$v = \mu E$ で表されます．この式から，キャリア移動度 $\mu = v/E$ となり，単位は cm/s ÷ V/m = cm^2/(V・s) と表されます．

② ムーアの法則とは，Gordon Moore 氏が 1965 年に経験則として提唱した「半導体の集積密度は 18～24 か月で倍増する」という法則です．半導体の微細化の方向性と，性能向上を予測する際の指標として広く用いられてきました．提唱以後，半導体の加工技術は，だいたいムーアの法則と同じペースで高密度化してきました．しかし，近年，ⅰ 製造コスト増大，ⅱ 特性のばらつき，ⅲ リーク電流の増大，ⅳ 消費電力の増大などの問題から，集積密度の向上ペースはこれより鈍化しています．ⅰ 製造コスト増大の要因は，半導体製造工場への設備投資の増大，設計期間の長期化，マスク価格の高騰，テスト/検証コストの増加，少量多品種化などがあげられます．ⅱ 特性のばらつきとは，チップに注入された不純物分布のゆらぎに起因するしきい値電圧の

ロットごと，ウエハごと，チップごと，チップ内の変動です．iii のリーク電流の増大は，短チャネル効果やトンネル効果に起因するドレイン-ソース間のリーク電流の増大のことです．iv の消費電力に関しては，チップ当たりの消費電力が 200W を超えるようになり，放熱が困難になりつつあり，チップの動作が不安定になることです．

③　逆バイアスの電圧を大きくすると，図(a)に示すように，空乏層を通過する熱励起などで発生した電子は高い逆電圧によって加速され，大きな運動エネルギーを持ちます．この電子が原子と衝突すると価電子にエネルギーを与えます．その価電子が禁制帯を飛び越えるだけのエネルギーを得ると，空乏層領域内に電子-正孔対を生成します．生成された電子も電界により加速し，同じように価電子を励起するので，ねずみ算式に電子が増加します．この機構を電子雪崩といい，逆バイアス電圧を印加したときの大きな逆方向電流が流れる要因の一つです．また，逆バイアスが印加されると，図(b)に示すように，禁制帯の幅が電界の影響で曲げられ狭くなります．このとき，接合面近傍の電子が，伝導帯から価電子帯にすり抜ける現象が起こります．この現象は，トンネル効果と呼ばれる量子論による現象です．価電子帯にすり抜けた電子が，逆方向に流れる大きな電流のもう一つの要因で，ツェナー降伏と呼ばれています．半導体の不純物密度が高い場合は，遷移領域の幅が小さくなるのでツェナー降伏のほうが起きやすく，不純物密度が低い場合は，遷移領域の幅が広がるので電子雪崩降伏が支配的となります．

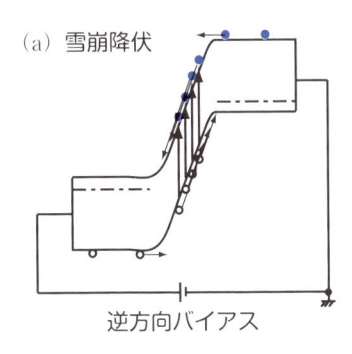

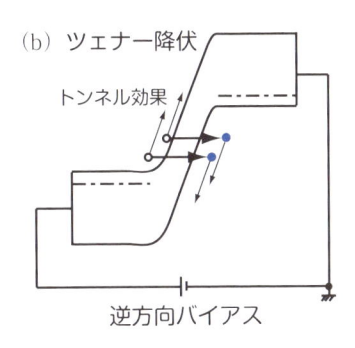

(a) 雪崩降伏　　(b) ツェナー降伏

トンネル効果

逆方向バイアス　　逆方向バイアス

④ 熱平衡状態とバイアス電圧印加時の pnp トランジスタのエネルギーバンド図を下に示します.

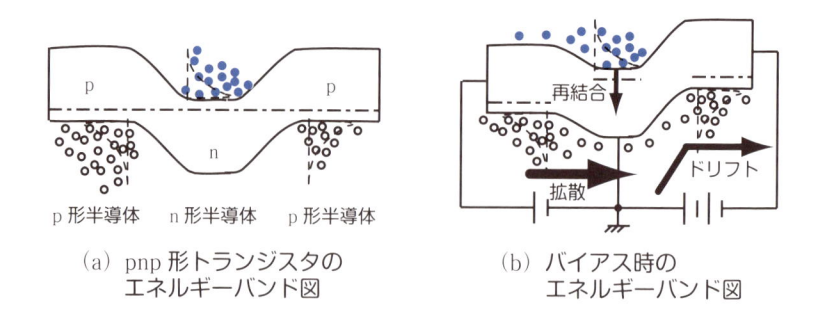

(a) pnp 形トランジスタの
エネルギーバンド図

(b) バイアス時の
エネルギーバンド図

----

⑤ 図(a)に理想的な p チャネル MOS 構造のエネルギーバンド図を示します．図(b)はゲート電極に正の電圧を印加した場合です．n 形基板には電子が静電誘導されます．このときのエネルギーバンドは，電界の影響で図のように曲がります．このような状態を蓄積モードといいます．図(c)はゲート電極に負の電圧を印加した場合です．この場合，n 形基板には正の電荷が静電誘導されることになりますが，n 形半導体には電子の数は少ないため，誘起される電子はほとんどありません．

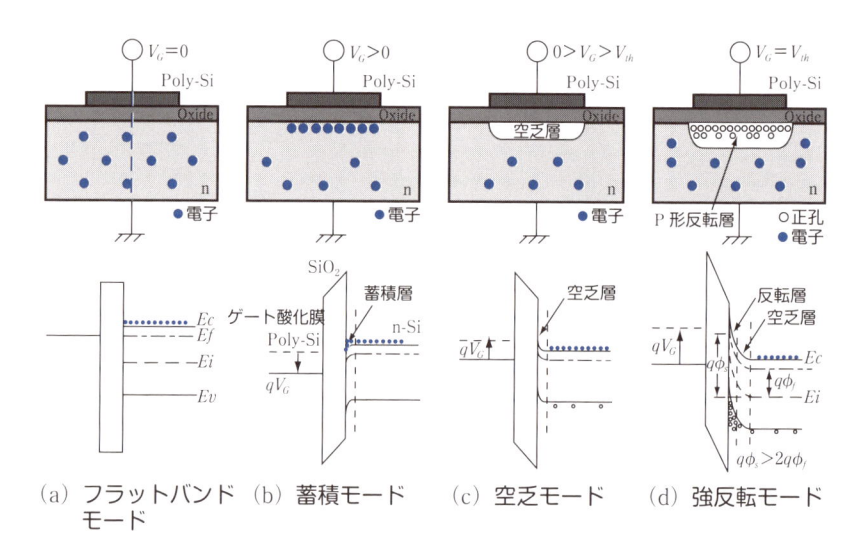

(a) フラットバンドモード　(b) 蓄積モード　(c) 空乏モード　(d) 強反転モード

pn 接合の空乏層と同じ状況になります．ゲートに印加される電圧を低くしていくと，ゲート酸化膜直下に正孔が集まり始めます．この状態を弱反転モードといいます．この正孔は，熱励起により n 形基板内部で発生した正孔と電子対を起因としていま

す．図(d)のように，さらにゲート電圧を低くすると，n形半導体の電子の数と同じ数の正孔が反転層に溜まる強反転モードになります．

⑥ STI (shallow trench isolation) は，素子領域と素子領域を分離するための構造の一つです．LOCOS 法では，SiN 端下のシリコンが横方向にも酸化されるため，微細化が十分に行えないという課題がありました．STI は，図に示すように素子分離領域に細い溝を形成して，絶縁膜 SiO_2 を埋め込んだ構造です．LOCOS のように横方向に広がることはないので，微細化にとって有利です．

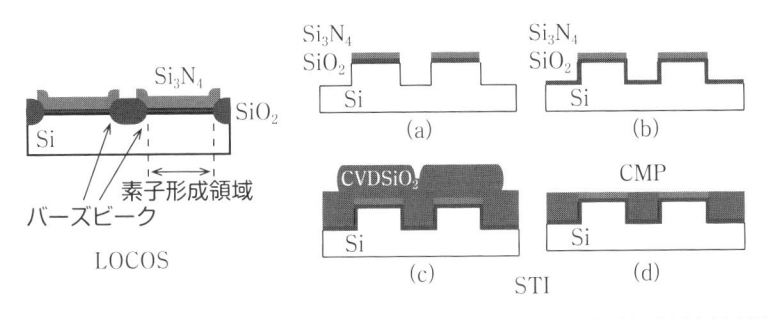

5章

① (ア)体積抵抗率　(イ)〔Ω·m〕　(ウ)$\rho l/S$　(エ)10^{10}　(オ)導電率
(カ)伝導電流　(キ)変位電流　(ク)自由電子　(ケ)バンドギャップ

② (ア)誘電率　(イ)〔F/m〕　(ウ)比誘電率　(エ)$\varepsilon_0 \varepsilon_r$　(オ)8.854×10^{-12}
(カ)電気双極子　(キ)双極子分極　(ク)原子分極　(ケ)電子分極
(コ)誘電正接　(サ)3×10^8　(シ)$c/\sqrt{\varepsilon_r}$　(ス)$\sqrt{\varepsilon_r}$

③ (ア)GIS　(イ)(逆)起電力，(誘導)起電力　(ウ)アーク　(エ)絶縁破壊電界
(オ)SF_6(六フッ化硫黄)　(カ)3重点(トリプルジャンクション)　(キ)沿面
(ク)トラッキング　(ケ)冷却　(コ)水分　(サ)流動帯電
(シ)絶縁破壊電界　(ス)耐熱性(伝熱性や成形性でも可)

④ (ア)脈流　(イ)平滑　(ウ)チップ　(エ)低帯域フィルタ(Low Pass Filter)
(オ)共振回路

6 章

① 最大比透磁率：図 6・11 に示した B-H 曲線において，透磁率が最大となるときの比透磁率．
保磁力：磁気ヒステリシス特性 (p.198) を参照．
残留磁束密度：磁気ヒステリシス特性 (p.198) を参照．
ヒステリシス損：鉄損（ヒステリシス損と渦電流損）(p.201) を参照．

② 発電所の発電機，変電所の変圧器，モーターやコイルの鉄心に使われる電磁鋼板は，主に鉄にけい素を添加することによって製造されるのでけい素鋼板とも称されます．ケイ素添加量が増すごとに鉄損が低下しますが，けい素を添加しすぎると鋼が割れやすくなるので，実用的な電磁鋼のけい素添加量は約 4% までです．近年では，けい素を使わない電磁鋼板もあります．

電磁鋼板の種類には，無方向性電磁鋼板と方向性電磁鋼板の 2 種類があります．

無方向性電磁鋼板は，特定の方向に偏って磁化しないようにした鋼板であり，結晶軸の方向がランダムになるように調整して製造します．主にモーターの鉄心や発電機に使われています．

方向性電磁鋼板は，結晶配列を圧延方向に整列させることにより特定方向のみの磁化特性が優れている鋼板です．変圧器や電磁石などに使われており，板の厚さは 0.23mm から 0.35mm のものが多用されています．また，渦電流損を低減させるため，板の表面には絶縁被覆が施されています (p.204 参照)．

③ 非常に高い透磁性を持つため，弱電機器の鉄心や電子機器を電磁干渉から遮蔽する用途に適しています．アルミニウム・ニッケル・コバルト・鉄を主成分とする永久磁石は，かつては広く用いられていましたが，多くの用途でフェライト磁石や希土類磁石に取って代わられています．

④ 金属の液体状態から 1 秒間に 10 000 〜 1 000 000℃ の速度で超急冷することにより，液体金属が整列しない原子の状態で固体化することでアモルファス磁性合金が得られます．実用的なつくり方は冷却用ロールを高速回転させ，ロール表面に溶けた金属を連続的に注入することで箔状の長いテープをつくる方法が一般的です．アモルファスの大きな特質は結晶金属に比べ 3 〜 4 倍の強度が得られ，しかも靭性も大きい点です．また，アモルファスでは原子が非晶質で方向性がないため磁気的性質に優れ，磁化しやすいことから高飽和磁束密度と高透磁率が従来材に比べ飛躍的に向上します．たとえば，13% B（ボロン）− 9% Si（シリコン）の Fe（鉄）基非晶質合金は飽和磁束密度が高く，鉄損がきわめて低いため，電力用トランス鉄心として実用化されてい

ます．

⑤　鉄などの磁性粉末の表面を無機系のりん酸・ほう酸・酸化マグネシウムなどで絶縁処理した軟磁性粉を金型の中に入れ，高い圧力で圧縮成形したものを圧粉磁心といいます．絶縁処理がされていることにより渦電流損失の発生が抑制されています．そのため，圧粉磁心の高周波磁心損失はけい素鋼板に比べると小さいという長所を持っています．チョークコイルやモータコアなど多方面で用いられています．

⑥　鉄損は高周波になるほど増加するため，高周波では酸化鉄を主成分とする高透磁率フェライト磁心が用いられます．このフェライトは，鉄などの磁性粉末に電気絶縁と接合の機能を有する樹脂コンパウンドを混合し圧縮成型したもので，高透磁率，高磁束密度，低損失な特性を得ることができます．

⑦　永久磁石材料の特性としてエネルギー積 $(BH)_{max}$ が大きいことが重要です．これに加えて，保磁力 H_c が大きいことも用途によっては必要となってきます．使用目的によっては耐熱性や耐食性に優れていること，また原料が安価で入手しやすいことも重要な要因となってきます．

⑧　微小な磁石粒ないしは微粉を樹脂等のバインダと混ぜ合わせて，成型固化して製造される磁石をボンド磁石といいます．磁石粉には，フェライト系磁石と希土類系磁石があります．バインダを使用するため，形状の自由度や寸法精度は高いのですが，非磁性部分を多く含むため焼結磁石と比較すると，磁気特性が低く耐熱性も劣る欠点があります．また，着磁方法にも工夫が必要です．

⑨　磁気抵抗材料（p.215）参照．

索 引

ア 行

アクセプタ準位・・・・・・・・・・・・・・・・・・・・・・ 83
圧電性・・・・・・・・・・・・・・・・・・・・・・・・・・・・・ 176
アノード・・・・・・・・・・・・・・・・・・・・・・・・・・・・ 86
アモルファス・・・・・・・・・・・・・・・・・・・・・・ 7, 26
アモルファス磁性合金・・・・・・・・・・・・・・・・ 208
アルキルベンゼン・・・・・・・・・・・・・・・・・・・ 163
アルニコ磁石・・・・・・・・・・・・・・・・・・・・・・・ 212

イオンインプランテーション・・・・・・・・・ 114
イオン結合・・・・・・・・・・・・・・・・・・・・・・・・・ 21
イオン注入・・・・・・・・・・・・・・・・・・・・・・・・ 114
異方性エッチング・・・・・・・・・・・・・・・・・・・ 113
陰　極・・・・・・・・・・・・・・・・・・・・・・・・・・・・ 144
インバータ回路・・・・・・・・・・・・・・・・・・・・・ 94

ウィーデマン効果・・・・・・・・・・・・・・・・・・・ 215
ウエットエッチング・・・・・・・・・・・・・ 51, 113
ウエット酸化・・・・・・・・・・・・・・・・・・・・・・・ 107
ウェル・・・・・・・・・・・・・・・・・・・・・・・・・・・・ 117

永久磁石・・・・・・・・・・・・・・・・・・・・・・・・・・ 211
エッチング工程・・・・・・・・・・・・・・・・・・・・・ 113
エネルギー準位・・・・・・・・・・・・・・・・・・・・・ 23
エネルギーバンドギャップ・・・・・・・・・・・・ 78
エピタキシャル成長・・・・・・・・・・・・・・・・・ 107
エンジニアリングプラスチック・・・・・・・・・ 6
エンハンスメント形・・・・・・・・・・・・・・・・・ 94
沿面放電・・・・・・・・・・・・・・・・・・・・・・・・・・ 158

カ 行

外因性半導体・・・・・・・・・・・・・・・・・・・・・・・ 82
化学気相堆積・・・・・・・・・・・・・・・・・・・・・・ 110
化学結合・・・・・・・・・・・・・・・・・・・・・・・・・・ 21

可逆透磁率・・・・・・・・・・・・・・・・・・・・・・・・ 200
拡散電位・・・・・・・・・・・・・・・・・・・・・・・・・・ 87
化合物半導体・・・・・・・・・・・・・・・・・・・・・・・ 99
カソード・・・・・・・・・・・・・・・・・・・・・・・・・・ 86
活性化アニール・・・・・・・・・・・・・・・・・・・・・ 107
活性炭・・・・・・・・・・・・・・・・・・・・・・・・・・・・ 156
価電子・・・・・・・・・・・・・・・・・・・・・・・・・・・・ 19
価電子帯・・・・・・・・・・・・・・・・・・・・・・・・ 24, 78
可変抵抗器・・・・・・・・・・・・・・・・・・・・・・ 44, 47
間接遷移半導体・・・・・・・・・・・・・・・・・・・・・ 101

基底状態・・・・・・・・・・・・・・・・・・・・・・・・・ 3, 19
軌道角運動量子数・・・・・・・・・・・・・・・・・・・ 15
機能性流体・・・・・・・・・・・・・・・・・・・・・・・・ 216
逆圧電性・・・・・・・・・・・・・・・・・・・・・・・・・・ 176
逆スタガ形・・・・・・・・・・・・・・・・・・・・・・・・ 96
キャパシタ・・・・・・・・・・・・・・・・・・・・・・・・ 144
キャリア・・・・・・・・・・・・・・・・・・・・・・・ 83, 129
吸収電流・・・・・・・・・・・・・・・・・・・・・・・・・・ 128
キュリー温度・・・・・・・・・・・・・・・・・・・・・・ 196
強磁性体・・・・・・・・・・・・・・・・・・・・・・・・・・ 194
共晶点・・・・・・・・・・・・・・・・・・・・・・・・・・・・ 44
強反転モード・・・・・・・・・・・・・・・・・・・・・・ 92
共有結合・・・・・・・・・・・・・・・・・・・・・・・・・・ 21
巨大磁気抵抗効果・・・・・・・・・・・・・・・・・・・ 216
許容帯・・・・・・・・・・・・・・・・・・・・・・・・・・・・ 24
許容電流・・・・・・・・・・・・・・・・・・・・・・・・・・ 41
禁制帯・・・・・・・・・・・・・・・・・・・・・・・・・ 24, 78
金属結合・・・・・・・・・・・・・・・・・・・・・・・・・・ 21

空乏層・・・・・・・・・・・・・・・・・・・・・・・・・・・・ 87
空乏モード・・・・・・・・・・・・・・・・・・・・・・・・ 92
クォーク・・・・・・・・・・・・・・・・・・・・・・・・・・ 14
クーパー対・・・・・・・・・・・・・・・・・・・・・・・・ 63

結合軌道・・・・・・・・・・・・・・・・・・・・・・・・・・ 24

232

結晶構造・・・・・・・・・・・・・・・・・・・・・・・・・・・ 25
ゲート酸化膜・・・・・・・・・・・・・・・・・・・・・・・ 92
原　子・・・・・・・・・・・・・・・・・・・・・・・・・・・・・ 14
原子間距離・・・・・・・・・・・・・・・・・・・・・・・・・・ 3
減磁曲線・・・・・・・・・・・・・・・・・・・・・・・・・・ 198
原子数密度・・・・・・・・・・・・・・・・・・・・・・・・・・ 2
原子分極・・・・・・・・・・・・・・・・・・・・・・・・・・ 136

高温減磁・・・・・・・・・・・・・・・・・・・・・・・・・・ 213
合　金・・・・・・・・・・・・・・・・・・・・・・・・・・・・・ 44
硬質磁性材料・・・・・・・・・・・・・・・・・・・ 203, 211
格子面・・・・・・・・・・・・・・・・・・・・・・・・・・・・・ 25
構成原理・・・・・・・・・・・・・・・・・・・・・・・・・・・ 18
高帯域フィルタ・・・・・・・・・・・・・・・・・・・・ 150
高電子移動度トランジスタ・・・・・・・・・ 100
高分子材料・・・・・・・・・・・・・・・・・・・・・・・・・ 6
鉱　油・・・・・・・・・・・・・・・・・・・・・・・・・・・ 163
交流ジョセフン効果・・・・・・・・・・・・・・・・ 66
固体絶縁材料・・・・・・・・・・・・・・・・・・・・ 164
固定抵抗器・・・・・・・・・・・・・・・・・・・・・・・ 47
コヒーラ現象・・・・・・・・・・・・・・・・・・・・・・ 54
固溶体・・・・・・・・・・・・・・・・・・・・・・・・・・・ 44
コンデンサ・・・・・・・・・・・・・・・・・・・ 144, 147

サ　行

最大エネルギー積・・・・・・・・・・・・・・・・・ 200
最大透磁率・・・・・・・・・・・・・・・・・・・・・・ 200
サイドウォール・・・・・・・・・・・・・・・・・・・ 119
サマリウムコバルト磁石・・・・・・・・・・・ 212
サマリウム鉄窒素磁石・・・・・・・・・・・・・ 214
サーミスタ・・・・・・・・・・・・・・・・・・・・・・・ 35
酸化物高温超電導体・・・・・・・・・・・・・・・ 67
三重点・・・・・・・・・・・・・・・・・・・・・・・・・・ 158
残留磁束密度・・・・・・・・・・・・・・・・・・・・ 198

磁　化・・・・・・・・・・・・・・・・・・・・・・・・・・ 184
磁化曲線・・・・・・・・・・・・・・・・・・・・・・・・ 200
磁化電流・・・・・・・・・・・・・・・・・・・・・・・・ 191
磁化ベクトル・・・・・・・・・・・・・・・・・・・・ 189
磁化容易軸・・・・・・・・・・・・・・・・・・・・・・ 186
しきい値電圧・・・・・・・・・・・・・・・・・・・・ 118

磁気異方性エネルギー・・・・・・・・・・・・・ 186
磁気記録材料・・・・・・・・・・・・・・・・・・・・ 210
磁気双極子・・・・・・・・・・・・・・・・・・・・・・ 184
磁気抵抗効果・・・・・・・・・・・・・・・・・・ 50, 215
磁気ヒステリシス曲線・・・・・・・・・・・・・ 198
磁気ひずみ・・・・・・・・・・・・・・・・・・・・・・ 186
磁気モーメント・・・・・・・・・・・・・・・・・・ 189
磁気量子数・・・・・・・・・・・・・・・・・・・・・・・ 16
磁　区・・・・・・・・・・・・・・・・・・・・・・・・・・ 185
磁　石・・・・・・・・・・・・・・・・・・・・・・・・・・ 184
磁性材料・・・・・・・・・・・・・・・・・・・・ 184, 203
磁性流体・・・・・・・・・・・・・・・・・・・・・・・・ 216
時定数・・・・・・・・・・・・・・・・・・・・・・・・・・ 148
自発磁化・・・・・・・・・・・・・・・・・・・・ 194, 196
磁　壁・・・・・・・・・・・・・・・・・・・・・・・・・・ 185
ジャイロセンサ・・・・・・・・・・・・・・・・・・ 172
弱反転モード・・・・・・・・・・・・・・・・・・・・・ 92
遮断周波数・・・・・・・・・・・・・・・・・・・・・・ 152
自由電子・・・・・・・・・・・・・・・・・・・・・・・・・ 78
充満帯・・・・・・・・・・・・・・・・・・・・・・・・・・・ 24
ジュール効果・・・・・・・・・・・・・・・・・・・・ 214
縮小投影露光装置・・・・・・・・・・・・・・・・ 112
受光素子・・・・・・・・・・・・・・・・・・・・・・・・ 101
主量子数・・・・・・・・・・・・・・・・・・・・・・・ 3, 15
消磁状態・・・・・・・・・・・・・・・・・・・・・・・・ 190
常磁性キュリー温度・・・・・・・・・・・・・・ 196
常磁性体・・・・・・・・・・・・・・・・・・・・・・・・ 194
初期磁化曲線・・・・・・・・・・・・・・・・・・・・ 198
ジョセフソン効果・・・・・・・・・・・・・・・・・ 64
ショットキー接合・・・・・・・・・・・・・・・・ 100
シリコーン油・・・・・・・・・・・・・・・・・・・・ 163
シリコンウエハ・・・・・・・・・・・・・・・・・・ 105
シリコン酸化膜・・・・・・・・・・・・・・・・・・・ 92
磁　歪・・・・・・・・・・・・・・・・・・・・・・・・・・ 186
磁歪材料・・・・・・・・・・・・・・・・・・・・・・・・ 214
真　空・・・・・・・・・・・・・・・・・・・・・・・・・・・・ 2
真性半導体・・・・・・・・・・・・・・・・・・・・・・・ 80
真性領域・・・・・・・・・・・・・・・・・・・・・・・・・ 84

水晶振動子・・・・・・・・・・・・・・・・・・・・・・ 176
水素結合・・・・・・・・・・・・・・・・・・・・・・・・・ 21
数密度・・・・・・・・・・・・・・・・・・・・・・・・・・・・ 2

索引

スタガ形	96
ステッパ	112
スピンコータ	111
スピン量子数	16
正　孔	78
正四面体構造	76
ゼーベック効果	61
絶縁材料	126
絶縁体	74
接触抵抗	53
接点材料	53
セルフアライン	119
繊維強化プラスチック	169
センダスト	206
双極子分極	136
増分透磁率	200
ソース	93
ソフトフェライト	207
損失電流成分	139

タ 行

ダイオード	86
体心立方格子	25
体積低効率	126
ダイヤモンド構造	76
太陽電池	97
多結晶	26
ダッシュマン定数	57
タッチパネル	170
単一量子井戸	101
単結晶	26
単　線	39
短チャネル効果	120
蓄積モード	92
チップ抵抗器	48
着　磁	190
中性子	14
超磁歪材料	214

超電導状態	63
超電導送電ケーブル	70
超電導マグネット	69
超電導量子干渉素子	68
直接遷移半導体	101
チョクラルスキー法	105
直流漏れ電流	128
ツェナー降伏現象	62
抵抗器	47
抵抗ひずみセンサ	49
抵抗率	74
低帯域フィルタ	150
鉄	204
鉄　損	201
電位障壁	90
電界放出	59
電気双極子	133
電気銅	37
電　極	144
電　子	14
電磁鋼板	204
電子状態	14
電子 - 正孔対生成	78
電子配列	76
電子分極	136
電子放出	57
伝動帯	24, 78
伝動電流	128
電歪性	176
同軸ケーブル	43
透磁率	190
導　体	74
導電材料	37
導電性高分子材料	53
導電率	126
等方性エッチング	113
透明電極材料	52
トップゲート	96
ドナー準位	83

索引

トムソン効果・・・・・・・・・・・・・・・・・・・・・・・・ 61
ドライエッチング・・・・・・・・・・・・・・ 51, 113
ドライ酸化・・・・・・・・・・・・・・・・・・・・・・・・ 107
トラッキング・・・・・・・・・・・・・・・・・・・・・・ 158
トランジスタ・・・・・・・・・・・・・・・・・・・・・・・ 90
ドリフト・・・・・・・・・・・・・・・・・・・・・・・・・・・ 90
ドリフト運動・・・・・・・・・・・・・・・・・・・・・・・ 30
ドレイン・・・・・・・・・・・・・・・・・・・・・・・・・・・ 93
トンネル効果・・・・・・・・・・・・・・・・・・・・・・・ 59

ナ 行

内蔵電位・・・・・・・・・・・・・・・・・・・・・・・・・・・ 87
ナノ結晶磁性合金・・・・・・・・・・・・・・・・・・ 209
軟質圧粉心・・・・・・・・・・・・・・・・・・・・・・・・ 209
軟質磁性材料・・・・・・・・・・・・・・・・ 203, 204

二次電子放出・・・・・・・・・・・・・・・・・・・・・・・ 60

ネオジム磁石・・・・・・・・・・・・・・・・・・・・・・ 213
熱 CVD ・・・・・・・・・・・・・・・・・・・・・・・・・・ 110
熱拡散・・・・・・・・・・・・・・・・・・・・・・・・・・・・ 107
熱過敏性抵抗器・・・・・・・・・・・・・・・・・・・・・ 35
熱減磁・・・・・・・・・・・・・・・・・・・・・・・・・・・・ 213
熱酸化・・・・・・・・・・・・・・・・・・・・・・・・・・・・ 107
熱電子放出・・・・・・・・・・・・・・・・・・・・・・・・・ 57
熱電対・・・・・・・・・・・・・・・・・・・・・・・・・・・・・ 61
熱平衡状態のエネルギーバンド図・・・・・・ 88
熱励起・・・・・・・・・・・・・・・・・・・・・・・・・・・・・ 78

ハ 行

配　向・・・・・・・・・・・・・・・・・・・・・・・・・・・・ 134
配向力・・・・・・・・・・・・・・・・・・・・・・・・・・・・・ 21
パウリの排他原理・・・・・・・・・・・・・・・ 18, 76
薄膜トランジスタ・・・・・・・・・・・・・・・・・・・ 95
発光素子・・・・・・・・・・・・・・・・・・・・・・・・・・ 101
発光ダイオード・・・・・・・・・・・・・・・・・・・・ 100
発熱材料・・・・・・・・・・・・・・・・・・・・・・・・・・・ 49
パーマロイ・・・・・・・・・・・・・・・・・・・・・・・・ 205
パーメンジュール・・・・・・・・・・・・・・・・・・ 207
バリアブルコンデンサ・・・・・・・・・・・・・・ 145

バリスタ・・・・・・・・・・・・・・・・・・・・・・・・・・・ 62
バルクハウゼン効果・・・・・・・・・・・・・・・・ 185
反強磁性・・・・・・・・・・・・・・・・・・・・・・・・・・ 194
反結合軌道・・・・・・・・・・・・・・・・・・・・・・・・・ 24
反磁性体・・・・・・・・・・・・・・・・・・・・・・・・・・ 194
反転層・・・・・・・・・・・・・・・・・・・・・・・・・・・・・ 92
半導体・・・・・・・・・・・・・・・・・・・・・・・・・・・・・ 74
半導体レーザダイオード・・・・・・・・・・・・ 100

非晶質・・・・・・・・・・・・・・・・・・・・・・・・・・・・・ 26
非晶質金属・・・・・・・・・・・・・・・・・・・・・・・・ 208
ヒステリシス損・・・・・・・・・・・・・・・・・・・・ 201
ヒステリシスループ・・・・・・・・・・・・・・・・ 199
比透磁率・・・・・・・・・・・・・・・・・・・・・・・・・・ 190
比分極率・・・・・・・・・・・・・・・・・・・・・・・・・・ 137
微分透磁率・・・・・・・・・・・・・・・・・・・・・・・・ 200
ヒューズ材料・・・・・・・・・・・・・・・・・・・・・・・ 55
比誘電率・・・・・・・・・・・・・・・・・・・・・・・・・・ 137
表皮効果・・・・・・・・・・・・・・・・・・・・・・・・・・・ 40
ビラリ効果・・・・・・・・・・・・・・・・・・・・・・・・ 215

ファンデルワールス結合・・・・・・・・・・・・・ 21
フィールド酸化膜・・・・・・・・・・・・・・・・・・ 118
フェライト・・・・・・・・・・・・・・・・・・・・・・・・ 203
フェライト磁石・・・・・・・・・・・・・・・・・・・・ 212
フェリ磁性・・・・・・・・・・・・・・・・・・・・・・・・ 194
フェルミ準位・・・・・・・・・・・・・・・・・・・・・・・ 78
フェルミ電位・・・・・・・・・・・・・・・・・・・・・・・ 57
フェロ磁性・・・・・・・・・・・・・・・・・・・・・・・・ 194
フォトリソグラフィ・・・・・・・・・・・・・・・・ 111
フォトレジスト・・・・・・・・・・・・・・・・・・・・ 111
フォノン・・・・・・・・・・・・・・・・・・・・・・・・・・・ 63
フォローティングゾーン法・・・・・・・・・・ 105
複素誘電率・・・・・・・・・・・・・・・・・・・・・・・・ 140
不純物半導体・・・・・・・・・・・・・・・・・・・・・・・ 82
不純物領域・・・・・・・・・・・・・・・・・・・・・・・・・ 84
物理気相成長・・・・・・・・・・・・・・・・・・・・・・ 110
ブラシ材料・・・・・・・・・・・・・・・・・・・・・・・・・ 54
プラズマ CVD ・・・・・・・・・・・・・・・・・・・・ 110
プラズモン・・・・・・・・・・・・・・・・・・・・・・・・・ 52
プリント配線・・・・・・・・・・・・・・・・・・・・・・・ 51
プローブ検査・・・・・・・・・・・・・・・・・・・・・・ 121

235

分　極	135
分極率	137
分散力	21
分　子	14
フントの法則	18

閉　殻	19
平均自由行程	51
平行ケーブル	42
ヘテロ接合	100
ペルチエ効果	61
変位電流	129

ボーア磁子	192
方向性けい素鋼	205
方向性電磁鋼板	204
飽和現象	198
飽和磁束密度	198
飽和領域	84
保磁力	198
ホットキャリア	119
ボトムゲート	96
ホール	78

マ 行

マイスナー効果	66
マイナループ	200
巻線抵抗器	48
マスク	112
マティッセンの関係	34
マテウチ効果	215
マルチゲートFET	122
ミラー指数	25
無方向性けい素鋼	204
無方向性電磁鋼板	204
めっき線	37
面心立方格子	25

ヤ 行

有機電界効果形トランジスタ	96
有機薄膜トランジスタ	96
誘起力	21
誘電正接	140
誘電損角	140
誘電体	136
誘電率	133
誘導放出	103
陽　極	144
陽　子	14
より線	40

ラ 行

リエントラントフローショップ	107
リチャードソンの式	58
リッツ線	40
量子井戸構造	102
量子状態	14
励起状態	20
レジストキュア	111
レチクル	112
レプトン	14
ろう付け材料	55
六法最密格子	25
ロンドン分散力	21

ワ 行

ワイドバンドギャップ半導体	103

英数字

BCC	25
*B-H*曲線	198
BSC理論	63

索引

CMOS 94
CMP 120
CVD 110
CV ケーブル 42
CZ 法 105

FCC 25
FRP 169
FZ 法 105

HCP 25
HEMT 100
HPF 150

LD 100
LDD 構造 119
LED 100
LOCOS 法 118
LP-CVD 110
LPF 150

M-H 曲線 200
MOCVD 110
MOSFET 93
MOS 構造 92
MR 流体 216

npn 形バイポーラトランジスタ 90
NTC サーミスタ 35
n チャネル MOSFET 92, 93

OF ケーブル 42, 164

pnp 形トランジスタ 92
pn 接合 86
POP ケーブル 42
PTC サーミスタ 35
PVD 110
p 軌道 15
p チャネル MOSFET 92, 94

SMC 209
SQUID 68
SQW 101
s 軌道 15

TEG 121
TFT 95

VVF ケーブル 42

2 次元電子ガス層 100
3 次元トランジスタ 122

237

〈監修者・著者紹介〉

湯本　雅恵（ゆもと　もとしげ）

1950年，埼玉県生まれ．1978年武蔵工業大学(現，東京都市大学)大学院工学研究科博士課程電気工学専攻修了．同年，同大学助手，その後，講師，助教授を経て，1995年教授．この間，フランス国立科学研究所（CNRS）にて客員研究員．誘電体材料の表面物性，放電物理，高電圧工学の研究に従事する．
工学博士
〈主な著書〉
　「電気磁気学の講義と演習」（共著／日新出版，2000年）
　「電気磁気学の基礎」（数理工学社，2012年）
　「演習と応用　電気磁気学」（共著／数理工学社，2013年）
〈所属学会〉
　電気学会，電気設備学会，放電学会，IEEE
【執筆箇所：1章】

青柳　稔（あおやぎ　みのる）

1961年，栃木県生まれ．1981年，小山工業高等専門学校電気工学科卒業．1990年，東京農工大学工学部電子工学科卒業．1998年，東京大学大学院工学系研究科電子情報工学専攻博士課程修了．1981-1988年，SONY株式会社．1990-2001年，日産自動車株式会社．2001-2003年，苫小牧工業高等専門学校電気電子工学科助教授．2003年より日本工業大学．現在，日本工業大学電気電子工学科教授．電気電子材料および電子回路システムの研究に従事している．
博士（工学）
〈所属学会〉
　電子情報通信学会，応用物理学会，日本材料学会，IEEE
【執筆箇所：2章，4章】

鈴木　薫（すずき　かおる）

1955年，福島県生まれ．1980年，日本大学大学院理工学研究科電気工学専攻博士前期課程修了．同年，日本大学理工学部電気工学科助手．1990年，同大学専任講師．1997年，同大学助教授．2007年より同大学教授．電気材料のレーザや放電プラズマによる創成と高機能化の研究に従事している．
工学博士
〈所属学会〉
　電気学会，応用物理学会，レーザー学会，放電学会
【執筆箇所：3章】

田中　康寛（たなか　やすひろ）

1961年，福岡生まれ．1986年，早稲田大学理工学部卒業．1988年，早稲田大学大学院理工学研究科修士課程修了．1991年，同大学同大学院同研究科博士課程修了．1992年，武蔵工業大学（現，東京都市大学）工学部講師．1998年，同大学同学部助教授．2004年より同大学同学部教授．現在，同大学工学部機械システム工学科教授．絶縁材料内部に蓄積する空間電荷分布の測定法開発を通して絶縁性評価の研究に従事している．
工学博士
〈主な著書〉
　「教えて？わかった！電磁気学」（共著／オーム社，2011）
〈所属学会〉
　電気学会，放電学会，日本設計工学会，IEEE，CIGRE，IEC
【執筆箇所：5章】

松本　聡（まつもと　さとし）

1955年，栃木県生まれ．1984年，東京大学大学院工学系研究科電気工学専攻博士課程修了．1984-2007年，株式会社東芝．2003-2007年，九州工業大学工学部客員教授．2007-2021年，九州工業大学工学部電気工学科教授．現在，芝浦工業大学名誉教授．高電圧工学，電力機器，電気材料，電気磁気学，電気電子計測を担当．
工学博士
〈主な著書〉
　工学の基礎「電気磁気学(改訂版)」（裳華房，2020）
〈所属学会〉
　電気学会上級会員，放電学会理事，IEEE Senior Member，CIGRE，IEC
【執筆箇所：6章】

- 本書の内容に関する質問は，オーム社ホームページの「サポート」から，「お問合せ」の「書籍に関するお問合せ」をご参照いただくか，または書状にてオーム社編集局宛にお願いします。お受けできる質問は本書で紹介した内容に限らせていただきます。なお，電話での質問にはお答えできませんので，あらかじめご了承ください。
- 万一，落丁・乱丁の場合は，送料当社負担でお取替えいたします。当社販売課宛にお送りください。
- 本書の一部の複写複製を希望される場合は，本書扉裏を参照してください。

[JCOPY] ＜出版者著作権管理機構 委託出版物＞

基本からわかる
電気電子材料講義ノート

2015年6月25日　第1版第1刷発行
2022年5月10日　第1版第4刷発行

監修者　湯本雅恵
著　者　青柳　稔・鈴木　薫・田中康寛・松本　聡・湯本雅恵
発行者　村上和夫
発行所　株式会社オーム社
　　　　郵便番号　101-8460
　　　　東京都千代田区神田錦町3-1
　　　　電話　03(3233)0641（代表）
　　　　URL　https://www.ohmsha.co.jp/

© 青柳　稔・鈴木　薫・田中康寛・松本　聡・湯本雅恵 2015

印刷・製本　平河工業社
ISBN978-4-274-21742-5　Printed in Japan

関連書籍のご案内

電気工学分野の金字塔、充実の改訂!

1951年にはじめて出版されて以来、電気工学分野の拡大とともに改訂され、長い間にわたって電気工学にたずさわる広い範囲の方々の座右の書として役立てられてきたハンドブックの第7版。すべての工学分野の基礎として、幅広く広がる電気工学の内容を網羅し収録しています。

電気工学ハンドブック 第7版
一般社団法人 電気学会 編

- B5判・2706頁 上製函入
- 本文PDF収録DVD-ROM付
- 定価(本体45000円[税別])

編集・改訂の骨子

■ 基礎・基盤技術を固めるとともに、新しい技術革新成果を取り込み、拡大発展する関連分野を充実させた。

■「自動車」「モーションコントロール」などの編を新設、「センサ・マイクロマシン」「産業エレクトロニクス」の編の内容を再構成するなど、次世代社会において貢献できる技術の取り込みを積極的に行った。

■ 改版委員会、編主任、執筆者は、その分野の第一人者を選任し、新しい時代を先取りする内容となった。

■ 目次・和英索引と連動して項目検索できる本文PDFを収録したDVD-ROMを付属した。

主要目次
数学/基礎物理/電気・電子物性/電気回路/電気・電子材料/計測技術/制御・システム/電子デバイス/電子回路/センサ・マイクロマシン/高電圧・大電流/電線・ケーブル/回転機一般・直流機/永久磁石回転機・特殊回転機/同期機・誘導機/リニアモータ・磁気浮上/変圧器・リアクトル・コンデンサ/電力開閉装置・避雷装置/保護リレーと監視制御装置/パワーエレクトロニクス/ドライブシステム/超電導および超電導機器/電気事業と関係法規/電力系統/水力発電/火力発電/原子力発電/送電/変電/配電/エネルギー新技術/計算機システム/情報処理ハードウェア/情報処理ソフトウェア/通信・ネットワーク/システム・ソフトウェア/情報システム・監視制御/交通/自動車/産業ドライブシステム/産業エレクトロニクス/モーションコントロール/電気加熱・電気化学・電池/照明・家電/静電気/医用電子・一般/環境と電気工学/関連工学

もっと詳しい情報をお届けできます。
◎書店に商品がない場合または直接ご注文の場合も右記宛にご連絡ください。

ホームページ http://www.ohmsha.co.jp/
TEL/FAX TEL.03-3233-0643 FAX.03-3233-3440

(定価は変更される場合があります)

関連書籍のご案内

パワーエレクトロニクス ハンドブック

POWER ELECTRONICS

パワーエレクトロニクスハンドブック編集委員会 編
B5判／上製(函入)744頁／本文収録CD-ROM付
定価(本体23000円【税別】)

昨今のパワーエレクトロニクス技術を網羅した，
待望の決定版！

このような方におすすめ

- ▶ パワーエレクトロニクス利用システム・装置の開発技術者
- ▶ これからパワーエレクトロニクス技術を利活用する他分野の研究者・技術者
- ▶ パワーエレクトロニクス・デバイスの設計・製造分野の研究者・技術者
- ▶ パワーエレクトロニクス回路の設計技術者
- ▶ 上記分野の営業担当者
- ▶ 上記関連分野を学習する学生・院生

主要目次

1編 応用
自動車／電気鉄道／産業ドライブシステム／産業エレクトロニクス／家庭のパワーエレクトロニクス／情報化社会とパワーエレクトロニクス／電力系統機器／超電導機器／自然エネルギー利用／資源と熱の有効利用／エネルギーの伝送と貯蔵／公共設備／電気加熱／宇宙・船舶

2編 簡単なスイッチング素子特性
ダイオードとスイッチング素子／パワーデバイスの種類と概要

3編 詳細なスイッチング素子特性
半導体デバイスの基礎／スイッチング素子／ワイドバンドギャップ半導体パワー素子／応用・実装・パッケージ／シミュレーション技術／ウェハ技術

4編 簡単なパワーエレクトロニクス回路特性
スイッチングの基礎／ひずみ波の取扱い／ひずみ波の特徴を表す指標／ひずみ波の電力と力率／基本回路入門／制御整流器／インバータ／チョッパ／サイクロコンバータ

5編 詳細なパワーエレクトロニクス回路特性
電圧変調／マルチレベルインバータ／多重化／マトリックスコンバータ／DC-DCコンバータ／パワーエレクトロニクスシステム／ゲート駆動回路／熱設計／保護回路／制御回路／標準化と電磁環境

6編 シミュレータによる回路解析・設計
シミュレータの現状／シミュレーション手法／各種シミュレータの概要と特徴／冷却・パッケージングシミュレータ

7編 電源システム
AC入力DC出力電源／DC入力DC出力電源／DC入力AC出力電源／DC入力高周波正弦波出力電源／無停電電源システム(UPS)

8編 ドライブシステム
電動機にかかわる電磁現象／永久磁石DCモータ／ブラシレスDCモータ／永久磁石AC同期モータ／誘導電動機／電動機の自動制御

もっと詳しい情報をお届けできます．
◎書店に商品がない場合または直接ご注文の場合は右記宛にご連絡ください．

ホームページ http://www.ohmsha.co.jp
TEL/FAX TEL.03-3233-0643 FAX.03-3233-3440

(定価は変更される場合があります)

A-1110-110

基本からわかる 講義ノート シリーズのご紹介

こだわりが沢山ありますよ

僕たちが大活躍！

❹ 大特長

1 広く浅く記述するのではなく，必ず知っておかなければならない事項についてやさしく丁寧に，深く掘り下げて解説しました

2 各節冒頭の「キーポイント」に知っておきたい事前知識などを盛り込みました

3 より理解が深まるように，吹出しや付せんによって補足解説を盛り込みました

4 理解度チェックが図れるように，章末の練習問題を難易度3段階式としました

基本からわかる 電気回路講義ノート
● 西方 正司 監修／岩崎 久雄・鈴木 憲吏・鷹野 一朗・松井 幹彦・宮下 收 共著
● A5判・256頁 ● 定価(本体2500円【税別】)

基本からわかる 電磁気学講義ノート
● 松瀬 貢規 監修／市川 紀充・岩崎 久雄・澤野 憲太郎・野村 新一 共著
● A5判・234頁 ● 定価(本体2500円【税別】)

基本からわかる パワーエレクトロニクス講義ノート
● 西方 正司 監修／高木 亮・高見 弘・鳥居 粛・枡川 重男 共著
● A5判・200頁 ● 定価(本体2500円【税別】)

基本からわかる 信号処理講義ノート
● 渡部 英二 監修／久保田 彰・神野 健哉・陶山 健仁・田口 亮 共著
● A5判・184頁 ● 定価(本体2500円【税別】)

基本からわかる システム制御講義ノート
● 橋本 洋志 監修／石井 千春・汐月 哲夫・星野 貴弘 共著
● A5判・248頁 ● 定価(本体2500円【税別】)

基本からわかる 電力システム講義ノート
● 新井 純一 監修／新井 純一・伊庭 健二・鈴木 克巳・藤田 吾郎 共著
● A5判・184頁 ● 定価(本体2500円【税別】)

基本からわかる 電気機器講義ノート
● 西方 正司 監修／下村 昭二・百目鬼 英雄・星野 勉・森下 明平 共著
● A5判・192頁 ● 定価(本体2500円【税別】)

もっと詳しい情報をお届けできます。
※書店に商品がない場合または直接ご注文の場合は，右記宛にご連絡ください。

ホームページ http://www.ohmsha.co.jp/
TEL／FAX TEL.03-3233-0643 FAX.03-3233-3440

(定価は変更される場合があります)